高等学校建筑环境与能源应用工程专业
"十三五"规划·"互联网+"创新系列教材

热质交换原理与设备

郝小礼　孔凡红　刘建龙　张振迎　主编

U0344212

中南大学出版社
www.csupress.com.cn

长沙

图书在版编目（CIP）数据

热质交换原理与设备／郝小礼等主编. --长沙：
中南大学出版社，2019.1
ISBN 978 - 7 - 5487 - 3453 - 6

Ⅰ.①热… Ⅱ.①郝… Ⅲ.①传热传质学－高等学校
－教材 ②换热器－高等学校－教材 Ⅳ.①TK124

中国版本图书馆 CIP 数据核字（2018）第 239504 号

热质交换原理与设备

郝小礼　孔凡红　刘建龙　张振迎　主编

□责任编辑	刘颖维
□责任印制	易红卫
□出版发行	中南大学出版社
	社址：长沙市麓山南路　　　　邮编：410083
	发行科电话：0731 - 88876770　传真：0731 - 88710482
□印　　装	长沙雅鑫印务有限公司

□开　　本	787×1092　1/16　□印张 14　□字数 356 千字
□版　　次	2019 年 1 月第 1 版　□2019 年 1 月第 1 次印刷
□书　　号	ISBN 978 - 7 - 5487 - 3453 - 6
□定　　价	49.00 元

高等学校建筑环境与能源应用工程专业
"十三五"规划·"互联网＋"创新系列教材编委会

出版说明
Publisher's Note

遵照《国务院关于印发"十三五"国家战略性新兴产业发展规划的通知》(国发〔2016〕67号)提出的推进"互联网+"行动,拓展"互联网+"应用,促进教育事业服务智能化的发展战略,中南大学出版社理工出版中心、中南大学廖胜明教授,湖南大学杨昌智教授,南华大学王汉青教授等共同组织国内建筑环境与能源应用工程领域的一批专家、学者组成了"高等学校建筑环境与能源应用工程专业'十三五'规划·'互联网+'创新系列教材"编委会,以共同商讨、编写、审定、出版这套系列教材。

本套教材的编写原则与特色:

1. 新颖性

本套教材打破传统的教材出版模式,融入"互联网+""虚拟化、移动化、数据化、个性化、精准化、场景化"的特色,最终建立多媒体教学资源服务平台,打造立体化教材。并采用"互联网+"的形式出版,其特点为:扫描书中的二维码,阅读丰富的工程图片,演示动画,操作视频,工程案例,拓展知识,三维模型等。

2. 严谨性

本套教材以《高等学校建筑环境与能源应用工程本科指导性专业规范》为指导,教材内容是在严格按照规范要求的基础上编写、展开和丰富的,精益求精,认真把好编写人员遴选关、教材大纲评审关、教材内容主审关。另外,关于本套教材的编辑出版,中南大学出版社将严格按照国家相关出版规范和标准执行,认真把好编辑出版关。

3. 实用性

本套教材主要针对21世纪学生的知识结构与素质特点,以应用型人才培养为目标,注重理论知识与案例分析相结合,传统教学方式与基于现代信息技术的教学手段相结合,重点培养学生的工程实践能力,提高学生的创新素质。

4. 先进性

本套教材既要能突出建筑环境与能源应用工程专业理论知识的传承,又要尽可能全面反映该领域的新理论、新技术和新方法。本着面向实践、面向未来、面向世界的教育理念,培养符合社会主义现代化建设需要,面向国家未来建设,适应未来科技发展,德智体美全面发展以及具有国际视野的建筑环境与能源应用工程专业高素质人才。

本套教材不仅仅是面向建筑环境与能源应用工程专业本科生的课程教材,还可以作为其他层次学历教育和短期培训教材,以及广大建筑环境与能源应用工程专业技术人员的专业参考书。由于我们的水平和经验有限,这套教材可能会存在不尽人意的地方,敬请读者朋友们不吝赐教。编审委员会将根据读者意见、建筑环境与能源应用工程专业的发展趋势和教学手段的提升,对教材进行认真的修订,以期保持这套教材的时代性和实用性。

编委会

2019 年 1 月

 # 前言

Preface

"热质交换原理与设备"是建筑环境与能源应用工程专业的一门重要的专业平台课，它比专业基础课(如流体力学、传热学、热力学等)更靠近专业知识，又比专业课(如空气调节、制冷技术、供热工程等)对理论知识有更深的要求。所以，它是专业基础课和专业课之间的一座桥梁，内容有一定的理论深度，要求学生将理论应用于分析专业中的具体问题。根据本课程的这种特殊要求，在现有教材基础上，结合多年的教学经验，组织编写了这本教材。

本教材共包括七章，其中第1章为绪论，概要性地讲述三种传递现象与传递机理。第2、3章分别讲述传质的两种方式——扩散传质与对流传质的基本原理与传递规律。第4章讲述热质同时传递规律及其相互影响。第5、6、7章结合建筑环境与能源应用工程专业的需要，将热质交换原理用于分析本专业的具体问题。其中，第5章讲述空气热湿处理的常用方法，以及空气处理过程中的热质传递问题。第6、7章分别介绍了本专业常见的直接和间接接触式热质交换设备的原理和热工计算方法。本书前四章是理论基础，后三章是热质传递理论在本专业的应用。

本书在的编写过程中，试图将各种新技术介绍给学生，以开拓学生的视野，同时注重文字表述上的通俗易懂、深入浅出。本书具有四个特点：①强调将热质传递理论用于分析生活和专业中的传递问题，书中给出了大量的发生在学生身边的传递现象，通过分析这些问题，可以帮助学生更好地理解传递理论。②增加了多种新技术，如间接蒸发冷水机组、能源塔、露点蒸发器、溶液除湿机等，在讲授热质传递理论的同时，帮助学生了解这些新技术。③每章均提供了大量的课后复习思考题，供学生课后复习思考，帮助学生更好地理解和掌握书本知识。④融入"互联网＋"技术，将大量的相关信息放置在云平台上，既可缩小纸质教材的篇幅，又可帮助学生拓宽知识，加深理解。

本书可作为普通高校建筑环境与能源应用工程专业课程教材，亦可供函授、夜大同类专业使用。同时，也可作为相关专业工程技术人员设计、施工、运行管理时的参考用书。

本书由湖南科技大学郝小礼编写第1章、第4章和第7章，中南大学孔凡红编写第2章和第3章，湖南工业大学刘建龙编写第6章，华北理工大学张振迎编写第5章。全书由郝小礼负责统稿和校对。书中第1章、第4章、第6章、第7章二维码内容由郝小礼负责编写，第2章、第3章二维码内容由孔凡红负责编写，第5章二维码内容由张振迎、郝小礼共同编写。

由于编者水平有限，书中存在的错漏和不妥之处，恳请广大专家和读者予以指正，不胜感激！

作　者
2018 年 12 月

目 录
Contents

第1章 传递现象与传递机理

传递理论作为定量把握自然过程的方法，涉及很多工程领域，它是一门从统一的观点出发，解析现象变化和方向的重要应用理论学科。传递现象的理论可为已有设备的改良和新设备的开发提供理论基础，对过程设计开发、生产操作及控制优化、过程机理分析等都有着重要指导意义。

完全不同的传递现象，其在传递规律上却具有极大的相似性，之所以存在这种相似性，在本质上是由于其内在的微观传递机理是相同的，因此，表现出外在的相似性。本章将简要介绍传递现象的研究与分析方法，讲述传递现象的两种微观传递机理及其数学描述，使读者能够在微观机理上理解传递现象的本质。

1.1 传递现象

传递现象是自然界和工业生产中普遍存在的现象，考察的是物系内部某物理量从高强度区域自动地向低强度区域转移的过程。对于物系中每一个具有强度性质的物理量(如速度、温度、浓度)来说，都存在着相对平衡的状态。当物系偏离平衡状态时，就会发生物理量的转移过程，使物系趋向新的平衡状态，所传递的物理量可以是质量、能量、动量或电量等。不论是哪种传递现象，其始终遵从热力学第一定律和第二定律。现象传递的数量，遵从热力学第一定律，即保持传递过程中物理量数量上的守恒。现象变化的方向遵从热力学第二定律，换言之，也可以说现象总是向着熵增的方向进行。例如物系内温度不均匀，则热量将由高温区向低温区传递，从高温区传出的热量，在数量上等于低温区传入的热量，总量上保持不变。但在热量传递的过程中，总熵是增加的，也就是说热能品位发生了下降。

1.1.1 传递现象的研究发展历程

作为一门独立的学科，传递现象理论形成于 20 世纪中期。随着化工"单元操作"被了解得更加深入，人们发现不同单元操作之间存在着共性。如过滤显然只是流体流动的一个特例；蒸发只不过是传热的一种形式；萃取和吸收操作中都包含有物质的转移或传递过程；蒸馏和干燥则是热量和质量传递同时进行的过程。可以说，单元操作只不过是热量传递、质量传递和动量传递的特例或特定的组合。对单元操作的任何进一步研究，最终都归结为对动量、质量和热量传递的研究。

在自然界和工程技术领域中，广泛地存在着动量、热量和质量的传递，对于建筑环境与能源应用工程专业来说，关心更多的也是动量、热量和质量传递，我们把动量、热量和质量传递简称为"三传"。在现实中，这些传递可能是发生在同一个物体内部，也可能发生在不同物体之间。有时可能只发生一种形式的传递，有时又可能是多种形式的传递同时发生，而且相互作用，相互影响。

最早关于动量、热量和质量这三种传递现象的讲授是分开进行的。动量的传递涉及流体的流动过程，主要是在《流体力学》中讲授。热量的传递与热传导、热对流等传热过程有关，因而是在《传热学》中讲授。而质量传递则主要是在《传质学》中进行讲授，主要关注的是物质的扩散与迁移。后来，随着研究的不断深入，人们发现，动量传递、热量传递和质量传递之间存在着某种内在的类似性，不同的传递过程不但可以用相似的数学模型进行描述，而且描述这三种传递过程的一些物理量之间还存在某些定量关系。美国人伯德（R. B. Bird）等首先在 1958 年出版了 Notes on Transport Phenomena 一书，主要目的是作为威斯康星大学化工系的必修课教材，后来又于 1960 年出版了经典的 Transport Phenomena（《传递现象》）一书，系统阐述了传递现象的基本原理，研究了动量传递、热量传递和质量传递之间的类似性。伯德在其 Transport Phenomena 一书中，将这三种传递过程统称为传递现象，并对三种传递现象进行了归纳总结，系统地阐述了传递现象的基本原理，采用统一的方法对三种传递现象进行研究和描述，奠定了传递理论的基础。

1.1.2 生活中的传递现象

除了在工农业生产中广泛存在三传现象外，三传现象在我们的日常生活中也无处不在。例如：夏天天气炎热，吹电扇可以让我们感觉凉爽一些，在吹电扇的时候，我们发现，除了正对着电扇的地方有风之外，在正对电扇旁边一点，也同样有吹风的感觉，这是为什么呢？这是动量传递引起的。在电扇的驱动下，风流以一定的速度从风扇流出，这部分风流具有较高的动量，而旁边的风流处于静止状态，动量为零，这样，就存在动量不均匀，所以，动量就会从电扇中心的位置，向旁边动量低的地方扩散，使得旁边原本静止的流体，也具有一定的动量，从而具有一定的流动速度，所以，即使不是正对着电扇，在电扇旁边一点，同样会感到有一定风流。动量传递的实例还有：高速旋转的砂轮，其周边会产生一股旋转的诱导气流；高速奔驰的列车，旁边会有很高的气流流动；等等，这些都是动量传递的结果。

冬天，同学们坐在教室里会感觉手冷，有同学买来了暖手宝，握着暖手宝，感觉手暖和多了。这是一个热量传递的实例，由于暖手宝在充电之后，能量增加，温度升高，所以具有更高的热量，而我们的手温度较低，具有较低的热量，当手与暖手宝接触时，热量就会从热量高的暖手宝向热量低的我们的手传递，使得我们的手热量增加，温度增高，所以我们的手就感觉暖和一些。同样的实例还有：夏天在空调房间感觉凉快、冬天在空调房间感觉暖和；冬天洗个热水澡，感觉全身温暖；握着刚倒满开水的水杯感觉烫手；等等，这些例子都说明了热量的传递，热量会从热量高的地方自发地向热量低的地方传递。

也许不少同学喜欢吃腌菜，其实，腌菜的过程，是一个质量传递过程。腌制是最常用的食品加工技术，食品的腌制过程，实际上是物质扩散和渗透相结合的过程。当对食品进行腌制时，相当于将细胞浸入食盐溶液中，食品外部溶液和食品组织细胞内部溶液之间存在浓度差，借助溶剂的渗透过程及溶质的扩散过程而发生质量传递，逐渐趋向平衡，当浓度差逐渐降低直至消失时，扩散和渗透过程就达到平衡。食品的腌制过程主要包括了两个传质过程：一个是盐从溶液中扩散进入食品组织内，另外一个是食品中的水渗透到溶液中去。这样，食品中的盐浓度增加了，而食品动植物组织细胞内水分减少，食品变咸。盐溶液在向食品中传质的同时，也向食品包含的微生物细胞内渗透，因而腌渍不但阻止了微生物向食品吸收营养物质，也使微生物细胞脱水，正常生理活动被抑制，从而起到食品防腐的作用。

除了腌菜过程，现实生活中还有很多其他的质量传递过程发生。比如：春天，当我从花丛旁边经过时，感觉到花香扑鼻；妈妈在厨房炒菜时，忘了打开油烟机，满屋子都是炒菜的味道；在水杯中放入一勺子白糖，白糖慢慢地不见了，而整杯水都变甜了；把煤堆放在墙角，过一段时间，发现墙壁变黑了；还有，金属加工工艺中，对金属表面进行渗碳以提高零件强度、冲击韧性和耐磨性的过程，也是一种质量传递过程。传质过程可以发生气体中，也可发生在液体中，还可以发生在固体中。

除了单独发生动量传递、热量传递和质量传递之外，很多时候是两种、甚至是三种传递同时发生。例如，用电饭煲煮饭的过程，就是热量传递和质量传递同时发生的过程。电饭煲是具有自动断电功能的煮饭常用炊具，电饭锅的使用简单方便，只需要将生米和水加入内胆，按下开关，就完全不用管了。当米饭蒸熟的时候，电饭锅会自动断电，防止"焦饭"。米饭煮熟的过程中包括两类传递过程：①水传质进入米粒内部被淀粉组织吸收的质量传递过程；②电加热丝将热量通过内胆传给锅内的水和米，使得整体加热到100℃的热量传递过程。通常情况下，这两类传递过程是同时进行的。电饭煲煮饭包括以下四个过程：①加热阶段，锅内的温度在达到100℃前，基本随时间增加而温度上升，这时水分和被加热的内胆直接接触从而被加热。而生米是泡在水中的，所以米饭的热是通过水传递过来的，避免了局部过热导致的"焦饭"。同时，由于泡在水中，水分逐渐通过生米的表面向其内部渗透。这一阶段中，水分的传质系数随着温度的升高逐渐上升。②恒温阶段，随着加热的不断进行，锅内温度达到水沸点温度。此时锅内还有液态水存在，会发生沸腾现象，故温度不再上升。这一阶段，水分逐渐向气相传递，以蒸汽的形式喷出电饭锅。同时，在沸点温度下的传质系数达到最高，水分以较快的速度进入米粒内部，很快就可以使传质达到平衡，也就是米饭煮熟了。③随着内胆中的液态水减少直到消失，这时，温度可以继续上升，故锅内温度出现了上升。这个阶段中，外界的液态水消失，随着温度升高，米饭内部的水分会反向外部传递，类似于干燥过程，米粒吸热，而水分传递到气相中。这时，电饭锅感应到温度上升，磁铁消磁，就会切断电源。如果不切断电源继续加热，底部受热不均匀的米粒将内部的水分蒸发完之后，就会出现"焦饭"的现象。④保温阶段，断电后，系统温度缓慢下降，电饭锅会将温度控制在60℃左右，对已经蒸熟的米饭进行保温。可见，简单的一个电饭煲煮饭过程，包含着复杂的传热、传质过程，两种传递现象同时发生。

除了以上介绍的几种传递知识之外，在我们生活中还存在着各种各样的三传现象，同学们在生活中，要注意发现这些问题，并用本门课程所讲述的理论知识来分析、解释这些身边发生的动量、热量、质量传递问题。

1.1.3　传递现象的分析和描述

传递现象可以从三种不同的尺度上进行分析和描述，即：分子尺度、微团尺度和设备尺度。在不同尺度上运用守恒原理对传递规律进行分析是传递现象研究的主要内容。

分子尺度上的传递：主要考察由于分子运动所引起的动量、热量和质量的传递。它以分子运动论为基础，借助统计学的方法，建立各物理量传递规律，比如流体力学中介绍的牛顿黏性定律、传热学中介绍的傅立叶定律和传质学中介绍的斐克定律（Fick's law）。从宏观上描述物质分子传递特性的三个物性参数分别为动量扩散系数（流体力学中又称为运动黏度）、热量扩散系数（传热学中又称作导温系数）、质量扩散系数。这三个参数是物性参数，只与物质种类、所处的状态有关，与流动状态、空间结构形式无关。

微团尺度上的传递：主要考察由大量分子所构成的流体微团运动所造成的动量、热量和质量的传递。微团又称流体质点，其尺寸远小于运动空间。微团将流体视为连续介质，忽略流体分子间存在的间隙，从而可使用连续函数的数学工具，从守恒原理出发，以微分方程的形式，建立描述传递规律的连续性方程、运动方程、能量方程和扩散方程，通过求解这些微分方程得到速度分布、温度分布和浓度分布。当流体做湍流运动时，也可以用三个参数分别描述与流体微团运动有关的传递特性：涡流动量扩散系数（又称涡流黏度）、涡流热量扩散系数和涡流质量扩散系数。这些传递特性参数不仅与物质种类和状态有关，还与流动状况、设备结构等有关，不是物性参数。

设备尺度上的传递：主要考察流体在设备中的整体运动所导致的传递现象，它以守恒原理为基础，在一定范围内进行总体平衡。描述设备尺度上的传递特性也可以用三个参数来表述：分别为摩擦阻力系数、传热系数和传质系数。这些传递特性参数既与流体特性密切相关，又与流动条件直接有关，所以同样也不是物性参数。

以上三种尺度上的传递现象相互联系，彼此相关，一般小尺度上的传递规律是研究下一级更大尺度上的传递现象的基础。

实际求解传递过程，一般是从守恒定律出发，求出相应的速度分布、温度分布、浓度分布，然后由这些分布相应求出摩擦阻力系数、传热系数和传质系数。传递现象之所以采用这样的步骤求解，是由于既然有传递发生，就应该有相应的推动力，而要形成推动力就必然要有对应的物理量分布。

分析传递现象可通过以下步骤进行：对传递现象进行物理分析，建立并化简数学模型，给定初始条件和边界条件（对于稳态传递过程，由于被传递的物理量不随时间变化，因此无须给出初始条件），通过数学运算解决实际问题。可见，给定初始条件和边界条件，对于传递现象的研究，是必不可少的环节。为解决某一个具体传递过程，必须用定解条件对方程组加以限制或约束，从而使具有普遍意义的方程转化为针对某一个具体问题的方程。因此，一个完整的数学模型，除了数学模型本身以外，还应当包括与之相适应的定解条件（包括初始条件和边界条件）。通过求解这些模型方程得到解析解或数值解，用以分析和解释物理现象，得出结论，并用来指导实践。

1.1.4   传递现象的基本研究方法

归纳起来，传递现象的研究方法主要有三种，即理论分析方法、实验研究方法和数值计算方法。

1. 理论分析方法

理论分析方法一般包括三个步骤：

第一步：建立简化的物理模型。这是理论研究方法最关键也是最困难的一步。建立模型的关键，并不在于无所不包地把各种因素都考虑和罗列进去。这不仅会使问题复杂化而得不到解决,而且也是不必要的。恰恰相反,应当尽可能合理地对问题进行简化,使之易于求解而又符合实际。当然要能正确地做出这种简化,需要对过程实质有深入的认识,而这一点正是问题的关键。模型的优劣也取决于对过程简化的合理性,要求做到简化而不失其真实性,使简化能满足应用要求,同时又能适应当前的实验条件,以便能进行模型鉴别和参数估计。另外,简化也要能适应现有计算能力。

第二步:建立数学模型。针对简化的物理模型,建立描写传递规律的微分方程组,并给出相应的初始条件和边界条件。数学模型建立之后,就将一个物理问题转变成了数学问题。

第三步:数学求解。利用各种数学工具(主要是偏微分方程、常微分方程、复变函数、近似计算等),求解数学模型的精确解析解或者近似解,并将结果和实验或观察资料相对照,确定解的准确程度及其适用范围。

2. 实验研究方法

实验研究方法在研究传递现象时也广泛使用。一方面,需要利用实验数据,对简化模型理论计算结果的正确性和可靠性进行检验。另一方面,当所研究的问题极其复杂,可靠的简化模型不容易建立,或者虽有模型,但因方程复杂,或者边界条件极其复杂,问题难于求解时,就只能依靠实验来确定过程变量之间的关系。一般是用因次分析和相似理论方法,通过实验来建立传递过程中各无因次准则数之间的函数关系,即建立过程的准则关联式,这是工程上经常采用的一种基本方法。

实验研究能够在与所研究的问题基本相同的条件下进行观测和实验,因此,通过实验所得出的结果一般来说是可靠的。但实验研究方法也存在以下缺点:实验方法往往受到模型尺寸的限制,实验过程中边界影响不能完全与实际过程相一致,实验研究往往需要消耗大量的人力、物力和财力。

3. 数值计算方法

数值计算方法是在 20 世纪 60 年代初发展起来的。由于数学发展水平的制约,理论研究方法往往只能局限于比较简单的物理模型。生产技术的日益提高,要求能研究更复杂、更符合实际的过程。高速电子计算机的出现,以及一系列有效的近似计算方法(如有限差分法、有限元法等)的发展,使数值计算在传递现象的研究中成为与理论研究和实验研究具有同等重要意义的研究方法,由此产生了计算流体力学、计算传热学等新的学科分支。数值方法的优点是能够解决理论研究无法解决的复杂流动、传热传质问题,和实验相比,所需费用和时间都较少,但有较高的精度。有些在实验室里无法实施的实验,却可采用数值方法来模拟。

综上所述,理论、计算和实验这三种方法各有利弊,互相依托,互相补充。实验用于检验计算结果的正确性和可靠性,提供建立物理模型的依据;而理论则能指导计算和实验,使之能够进行得富有成效,并且可以把部分实验结果推广到没有做过实验的一类问题中去;计算则可以弥补理论和实验的不足。理论、计算和实验这样不断相互补充,支撑着传递现象研究向前不断深入。

1.2   传递机理

当所研究的系统中存在速度梯度、温度梯度和浓度梯度时，会相应地发生动量、热量和质量的传递。传递的方式有两类，一类是分子传递，另一类是涡流传递。层流流动、导热和分子扩散都属于分子传递；湍流流动、湍流传热和湍流传质则属于涡流传递。下面将着重讨论分子传递的机理，分析三种分子传递现象的共性规律，建立分子传递规律的数学描述，最后简要介绍涡流传递机理与数学描述。

1.2.1   分子传递机理与数学描述

分子传递，广义地说，是由于分子不规则热运动的结果。例如对于流体，由于分子的不规则热运动，引起分子在各流层之间进行交换，如果各流层的速度、温度和浓度不同，就会在各流层之间产生动量、热量和质量传递。这三种传递现象有着共同的物理本质，都是由于分子热运动引起的传递现象。流体的黏性、分子热传导、分子质量扩散统称为分子传递。下面分别讨论分子动量传递、分子传热(导热)和分子传质的机理和数学描述。

1. 分子传递机理

分子动量传递机理可通过图 1-1 进行说明。如图 1-1 所示，假设沿 x 轴方向流动的相邻两层流体 1 和 2，其流速分别对应为 u_1 和 u_2，假设 $u_1 > u_2$。由于速度不同，两层流体在 x 轴方向上的动量也不同。由于流体分子无规律的热运动，流体层 2 中速度较慢的流体分子有一部分进入到速度较快的流体层 1 中，这些慢速运动的分子在 x 轴方向具有较小的动量，当它们与速度较快的流体层 1 内的分子相碰撞时，速度较快的流层 1 内的分子便把动量传递给由流层 2 进入的速度较慢的分子，并使流层 1 内的分子速度降低，动量减小。同时，速度较快的流体层 1 中也有同量的分子进入流速较慢的流体层 2 中，通过分子碰撞，使得流层 2 内的分子加速，动量增加。于是，由于流体层 1、2 之间的分子交换，使动量从高速流层向低速流层传递，实现了分子动量传递。分子动量传递的结果是产生阻碍流体相对运动的剪切力。这种传递一直达到固定的壁面，流体向壁面传递动量的结果，出现了壁面处的剪应力，成为壁面抑制流体运动的阻力。由此可见，动量传递是由于流体内部速度不均匀造成的，动量传递的方向是从流速大的区域传递到流速小的区域。

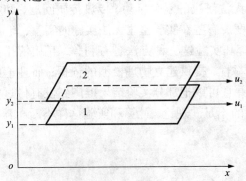

图 1-1   层流时分子动量传递机理

气体、液体和固体的导热机理不尽相同。

气体的导热是气体分子做不规则热运动时互相碰撞的结果。气体分子的动能与其温度有关，高温区的分子具有较大的动能，速度较大，当它们运动到低温区时，便与该区的分子发生碰撞，其结果是热量从高温区转移到低温区，从而实现以导热的方式进行热量传递。

液体的导热有两种理论。一种理论认为：液体的导热机理与气体的相同，差异在于液体分子间距较小，分子间的作用力对碰撞过程的影响较大，因而其机理变得更复杂。另一种理论则认为：液体的导热机理类似于非导电体的固体，即主要靠原子、分子在其平衡位置上振动，从而实现热量由高温区向低温区转移。

分子传递机理

固体的导热机理是晶格振动和自由电子的迁移。在非导电的固体中，导热是通过晶格振动（即原子、分子在其平衡位置附近振动）来实现的。对于良好的导电体，类似气体的分子运动，自由电子在晶格之间运动，将热量由高温区传向低温区。由于自由电子数目多，因而它所传递的热量多于晶格振动所传递的热量，这就是良好的导电体一般都是良好的导热体的原因。

浓度差、温度差、压力差、电场或磁场等都可能导致分子质量扩散。一般把由温度差引起的分子传质称为热扩散传质；由压力差引起的分子传质称为压力扩散传质；由电场或磁场等外力导致混合物组分受力不均所引起的扩散称为强制扩散传质。本书只介绍由浓度差引起的分子扩散传质。分子扩散在气相、液相和固相中均可发生。其扩散机理与导热类似，从本质上说，它们都是依靠分子的随机运动而引起的转移行为，不同的是前者为质量转移，而后者则是热量转移。研究质量传递的方法与研究热量传递的方法相似。在质量浓度梯度比较小，质量交换率比较小的场合，传质现象的数学描述与传热现象是类似的。在一定条件下，可以通过类比，把由传热所得到的结果直接用于传质。

2. 三种分子传递现象的数学描述

描述分子动量传递规律的定律是牛顿黏性定律。根据流体力学的知识，牛顿黏性定律为：

$$\tau = -\mu \frac{du}{dz} \tag{1-1}$$

式中：τ 为黏性切应力，N/m^2；μ 为流体的动力黏度系数，$Pa \cdot s$；u 为流体沿 x 轴方向的运动速度，m/s，如图 1-2 所示；z 为垂直于运动方向的坐标，m；$\frac{du}{dz}$ 为垂直于运动方向的速度梯度，或称为速度变化率，$1/s$。

从表面上看，牛顿黏性定律似乎与动量传递没有什么关系，然而，让我们分析一下黏性切应力 τ 的量纲。τ 的单位是 N/m^2，其可进一步表示为：

$$N/m^2 = \frac{kg \cdot m/s^2}{m^2} = \frac{kg \cdot m/s}{m^2 \cdot s}$$

上式中，分子是质量乘以速度的单位，也就是动量的单位。因此，从量纲分析可以看出，τ 是单位时间内，通过单位面积传递的动量，所以，τ 又可以称为动量通量。可见，牛顿黏性定律的确与动量传递有关，这从下面的实验也能得到一些解释。

如图 1-2 所示，设有上下两块平行放置、面积很大而相距很近的平板，板间充满了黏性

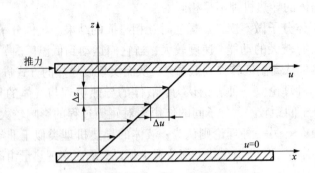

图 1 - 2　平板间的流体速度分布

流体。若将下板固定，而对上板施加一个恒定的外力，则上板会以恒定的速度 u 沿 x 轴方向运动。刚开始，紧贴在上板底面上的流体薄层将随上板一起以速度 u 运动，而下面的流体还处于静止状态。慢慢地，由于黏性作用，下面静止的流体也开始沿 x 轴方向运动，具有 x 轴方向的动量。就这样，动量由上平板沿 z 轴负方向，一直向下传递到下平板附近的流体，使下平板附近的流体层也具有一定的动量，当然两板之间的各流体层的速度由上而下依次降低，紧贴下板表面的流体层的速度为零。可见，正是由于黏性的作用，发生动量从速度高(或者说是动量高)的地方向速度低(或者说是动量低)的地方传递，这种传递正是由于分子作用引起的，所以说，牛顿黏性定律描述的是分子动量传递规律。

假设流体为不可压缩流体，即流体密度 ρ 为常数，则式(1 - 1)可以进一步写成如下形式：

$$\tau = -\frac{\mu}{\rho}\frac{\mathrm{d}(\rho u)}{\mathrm{d}z} = -\nu\frac{\mathrm{d}(\rho u)}{\mathrm{d}z} \tag{1 - 2}$$

$$\nu = \frac{\mu}{\rho} \tag{1 - 3}$$

式中：ν 为运动黏度，又称动量扩散系数，m^2/s。让我们对式(1 - 2)中的 ρu 进行一下量纲分析，密度 ρ 的单位为 kg/m^3，速度 u 的单位为 m/s，所以，ρu 的单位为：

$$\frac{kg}{m^3}\cdot\frac{m}{s}=\frac{kg\cdot m/s}{m^3}$$

上式右边的分子为动量单位，所以，ρu 是单位体积内所具有的动量，称为动量浓度，$\mathrm{d}(\rho u)/\mathrm{d}z$ 为动量浓度梯度。因此，式(1 - 2)的物理意义为：

动量通量 = - 动量扩散系数 × 动量浓度梯度

上式说明：动量传递通量等于动量扩散系数乘以动量浓度梯度。动量分子扩散速度与一个物性参数——动量扩散系数 ν 有关，同时与动量浓度梯度有关，动量浓度梯度越大，也就是动量越不均匀，动量扩散速度就越快。式中的负号表示，动量传递的方向与动量浓度梯度的方向相反，即：动量朝着动量浓度低的方向传递。

描述分子热量传递规律的定律是傅立叶定律。傅立叶定律是用于确定在物系内各点间存在温度差时，因热传导而导致的热流量大小的定律。1822 年，由法国数学物理学家傅立叶提出。根据傅立叶定律，在各向同性、均匀的一维温度场内，以导热方式传递的热通量可表示为：

$$q = -\lambda \frac{\mathrm{d}T}{\mathrm{d}z} \tag{1-4}$$

式中：q 为热流密度，又称热量通量，$\mathrm{J}/(\mathrm{m}^2 \cdot \mathrm{s})$；$\lambda$ 为热导率，$\mathrm{W}/(\mathrm{m} \cdot \mathrm{K})$；$T$ 为温度，K；$\frac{\mathrm{d}T}{\mathrm{d}z}$ 为温度梯度，K/m。

式(1-4)中，热流密度 q 为单位时间内通过单位面积所传递的热量，所以又可以称为热量通量，傅立叶定律描述的就是当存在温度梯度条件下，分子热量传递的大小。式(1-4)中，λ 为热导率，它表示的是物质的导热能力，属于物质的物理性质。其大小和物质的组成、结构、密度、压力和温度等有关。对于同一物质，λ 主要受温度的影响，压力的影响可以忽略。但在高压或真空下，则不能忽略压力对气体热导率的影响。若 λ 与方向无关，则称为各向同性导热，否则为各向异性导热。式(1-4)中负号表示热通量方向与温度梯度方向相反，即热量是沿着温度降低的方向传递。

对于导热系数 λ、定压比热容 c_p 和密度 ρ 均为恒值的导热问题，傅立叶定律可进一步改写为：

$$q = -\frac{\lambda}{\rho c_p} \frac{\mathrm{d}(\rho c_p T)}{\mathrm{d}z} = -a \frac{\mathrm{d}(\rho c_p T)}{\mathrm{d}z} \tag{1-5}$$

$$a = \frac{\lambda}{\rho c_p} \tag{1-6}$$

式中：a 在传热学中称为导温系数，也可称为热量扩散系数，其单位与动量扩散系数 ν 的单位是相同的，都是 m^2/s。同样，让我们对式(1-5)中的 $\rho c_p T$ 进行一下量纲分析，密度 ρ 的单位为 kg/m^3，定压比热 c_p 的单位为 $\mathrm{J}/(\mathrm{kg} \cdot \mathrm{K})$，温度 T 的单位为 K。所以，$\rho c_p T$ 的单位为：

$$\frac{\mathrm{kg}}{\mathrm{m}^3} \cdot \frac{\mathrm{J}}{\mathrm{kg} \cdot \mathrm{K}} \cdot \mathrm{K} = \frac{\mathrm{J}}{\mathrm{m}^3}$$

以上分析表明，$\rho c_p T$ 是单位体积内所具有的热量，称为热量浓度，$\mathrm{d}(\rho c_p T)/\mathrm{d}z$ 为热量浓度梯度。因此，式(1-5)的物理意义为：

热量通量 = -热量扩散系数 × 热量浓度梯度

上式说明：与分子动量传递相似，分子热量传递通量等于热量扩散系数乘以热量浓度梯度。同样的，热量分子扩散速度与一个物性参数——热量扩散系数 a 有关，同时与热量浓度梯度有关，热量浓度梯度越大，也就是热量越不均匀，热量扩散速度就越快。式中的负号表示，热量传递的方向与热量浓度梯度的方向相反，即：热量朝着热量浓度降低的方向传递。

描述分子质量传递规律的定律是斐克定律。混合物中各组分若存在浓度梯度时，则会产生分子扩散。对双组分系统，斐克在 1855 年首先提出了描述物质扩散质量通量的基本关系式。认为分子扩散所产生的质量通量可用下式表示：

$$j_A = -D_{AB} \frac{\mathrm{d}\rho_A}{\mathrm{d}z} \tag{1-7}$$

式中：j_A 为组分 A 的扩散质量通量，$\mathrm{kg}/(\mathrm{m}^2 \cdot \mathrm{s})$；$D_{AB}$ 为组分 A 在组分 B 中的质量扩散系数，m^2/s；ρ_A 为组分 A 的质量浓度，kg/m^3；$\frac{\mathrm{d}\rho_A}{\mathrm{d}z}$ 为组分 A 的质量浓度梯度，kg/m^4。

式(1-7)中，j_A 为单位时间内，通过单位面积所传递的 A 物质的质量，所以称为质量通量，斐克定律描述的就是当存在浓度梯度条件下，分子质量传递的大小。式(1-7)中，D_{AB}

为 A 物质在 B 物质中的质量扩散系数，它与组分的种类、温度、组成等因素有关。式(1-7)中的负号表示质量通量的方向与质量浓度梯度的方向相反，即组分 A 总是沿着浓度降低的方向进行传递。

与前面所讲的分子动量传递、分子热量传递相似，式(1-7)的物理意义也可表示为：

质量通量 = - 质量扩散系数 × 质量浓度梯度

上式表明：分子质量传递通量也等于质量扩散系数乘以质量浓度梯度。同样的，质量分子扩散速度与一个物性参数——质量扩散系数 D_{AB} 有关，同时与质量浓度梯度有关，质量浓度梯度越大，也就是物质分布越不均匀，质量扩散速度就越快。式中的负号表示，质量传递的方向与质量浓度梯度的方向相反，即：物质朝着质量浓度降低的方向传递。

3. 三种分子传递现象的统一描述

由牛顿黏性定律、傅立叶定律和斐克定律的数学表达式可以看出，动量、热量与质量传递过程的规律存在着许多类似性，各过程所传递的物理量都与其相应的强度因素的梯度成正比，并且都沿着负梯度(梯度降低)的方向传递。各式中的系数只是物质的状态函数，与传递的物理量及梯度无关。因此，通常将黏度(动量扩散系数)、导温系数(热量扩散系数)和质量扩散系数均视为表达传递性质或速率的物性常数。由于式(1-2)、式(1-5)、式(1-7)中，传递的物理量与相应的梯度之间均存在线性关系，故上述这三个定律又常称为分子传递的线性现象定律。

通过以上对于动量通量、热量通量和质量通量的分析，可以看出，通量为单位时间内，通过与传递方向相垂直的单位面积上的动量、热量和质量。这三种不同领域的物理量的传递，具有相似的数学表达式，均等于各自量的扩散系数与各自量的浓度梯度乘积的负值，故三种分子传递过程可用统一的方程来表述，即：

通量 = - 扩散系数 × 浓度梯度

写成微分形式即为：

$$FD\varphi = - C \frac{\mathrm{d}\varphi'}{\mathrm{d}z} \tag{1-8}$$

式中：φ 表示动量、热量或质量，$FD\varphi$ 表示物理量 φ 的通量，φ' 表示 φ 的浓度，$\mathrm{d}\varphi'/\mathrm{d}z$ 表示 φ 的浓度梯度，C 表示 φ 的扩散系数。扩散系数可以分别是 ν、a、D_{AB}，它们具有相同的因次，其单位都是 m^2/s，动量扩散系数(运动黏度)ν、热扩散系数(导温系数)a 和质量扩散系数 D_{AB} 可分别采用式(1-2)、式(1-5)、式(1-7)来定义，三者的定义式均为微分方程。浓度梯度则表示该通量传递的推动力，式中"负"号表示各量的传递方向均与该物理量的浓度梯度方向相反，即沿着浓度降低的方向进行。

通常将通量等于扩散系数乘以浓度梯度的方程称为现象方程，它是一种关联所观察现象的经验方程。可见动量、热量和质量传递过程有着统一的、类似的现象方程。由于现象方程的类似性，导致这三种传递过程具有类似特性。上述现象方程的类似仅适用于一维系统，这是因为热量和质量都是标量，但它们的通量则为矢量，在直角坐标系中有三个方向的分量；而动量为矢量，其通量为张量，有 9 个分量。另外，还应注意到，质量传递涉及到物质的移动，需要占用空间；而动量和热量的传递则不需要占用空间，并且热量可以通过间壁进行传递，质量和动量则不能。

1.2.2　湍流传递机理与数学描述

分子传递可以用现象方程来描述,但这种传递过程仅存在于固体、静止的流体或者做层流运动的流体中。当流体做湍流运动时,由于在流体内部存在着大大小小的漩涡,致使大量的流体微团做不规则的掺混运动,从而导致动量、质量和热量在流体内部的传递,称为涡流传递,或者称为流体微团传递。因此,对于做湍流运动的流体中,不仅存在着前面所讲的分子传递,还同时存在着由于流体微团运动所引起的动量、质量和热量传递。由于流体微团是由很多分子组成,其质量远远大于单个分子质量,因而微团传递效果远远大于分子传递效果。湍流传递是分子传递与微团传递共同作用的结果,所以湍流传递的传递速率一般远远大于分子传递速率。当然,在湍流强度剧烈的情况下,起主要作用的传递机理还是微团传递。

流体微团运动是相当复杂的,很难从理论上直接对微团传递进行分析描述。然而,研究发现,微团运动和分子运动具有一定的类似性,如图 1 - 3 所示。因此可以仿照描述分子传递性质的现象方程,对微团运动做相似处理,得到微团传递时传递通量的表达式。

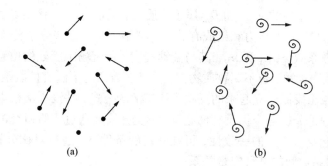

图 1 - 3　分子运动和旋涡运动的类似性

(a)分子运动；(b)微团运动

如涡流动量传递通量可写成:

$$\tau_\varepsilon = -\varepsilon \frac{\mathrm{d}(\rho u)}{\mathrm{d}z} \qquad (1-9)$$

式中:τ_ε 为涡流切应力,或称雷诺应力,也可称为涡流动量传递通量,N/m^2；ε 为涡流黏度,或者称为涡流动量扩散系数,m^2/s。

涡流热量传递通量可表示为:

$$q_\varepsilon = -\varepsilon_H \frac{\mathrm{d}(\rho c_p T)}{\mathrm{d}z} \qquad (1-10)$$

式中:q_ε 为涡流热量传递通量,$J/(m^2 \cdot s)$；ε_H 为涡流热量扩散系数,m^2/s。

对于组分 A,涡流质量传递通量可写成:

$$j_{A_\varepsilon} = -\varepsilon_M \frac{\mathrm{d}\rho_A}{\mathrm{d}z} \qquad (1-11)$$

式中:j_{A_ε} 为组分 A 的涡流质量传递通量,$kg/(m^2 \cdot s)$；ε_M 为涡流质量扩散系数,m^2/s。

式(1-9)、式(1-10)、式(1-11)中其余符号的物理意义与前面分子传递公式中的物理意义相同。

对于兼有分子传递和涡流传递的湍流流动，其通量计算可做叠加处理。此时的通量计算表达式为：

动量通量：

$$\tau_s = -(\nu + \varepsilon)\frac{\mathrm{d}(\rho u)}{\mathrm{d}z} = -\nu_s \frac{\mathrm{d}(\rho u)}{\mathrm{d}z} \qquad (1-12)$$

热量通量：

$$q_s = -(a + \varepsilon_H)\frac{\mathrm{d}(\rho c_p T)}{\mathrm{d}z} = -a_s \frac{\mathrm{d}(\rho c_p T)}{\mathrm{d}z} \qquad (1-13)$$

质量通量：

$$j_{A_s} = -(D_{AB} + \varepsilon_M)\frac{\mathrm{d}(\rho_A)}{\mathrm{d}z} = -D_{ABs}\frac{\mathrm{d}(\rho_A)}{\mathrm{d}z} \qquad (1-14)$$

上述表达式中，ν_s、α_s 和 D_{ABs} 可分别视为有效动量扩散系数、有效热量扩散系数和有效质量扩散系数。其单位也都同样是 m^2/s。在充分发展的湍流流动中，涡流扩散系数往往远远大于分子扩散系数，甚至可以忽略分子传递的影响。

应当指出，分子传递中的 ν、a 和 D_{AB} 属于物质的物理性质，为状态参数，其大小取决于物质的热力学状态，与温度、压力和组成有关。一般情况下，这些分子传递性质为各向同性的。而对于涡流扩散系数 ε、ε_H 和 ε_M，其与湍动程度、在流场中所处的位置和边壁粗糙度等因素有关，其既非状态参数，也不属物质物性，并且多数情况下涡流扩散系数是各向异性的。

上面这些从表象出发而建立起来的反映涡流扩散的公式，并没有从根本上解决湍流计算问题。湍流流动的理论分析至今仍没有彻底解决，仍然需要通过实验研究的方法来进行。但由于它们在导出概念及形式上的一致性，可在一定的条件下，通过对比分析（即所谓的三传类比）得出宏观传递系数间的某种定量关系。

1.2.3　不同传递现象之间的准数关联

在传递现象的研究过程中，有时候是动量传递、热量传递和质量传递中的两种或三种传递同时存在，而又以其中某一种传递过程为主。这时，采用准数关联来描述不同传递过程之间的关系就显得很有必要。一般用普朗特准则数 Pr、施密特准则数 Sc 和刘伊斯数 Le 这三个无因次准则数来表述这种关系。其物理意义分述如下：

$$Pr = \frac{动量传递的难易程度}{热量传递的难易程度} = \frac{\nu}{a} = \frac{c_p \mu}{\lambda} \qquad (1-15)$$

$$Sc = \frac{动量传递的难易程度}{质量传递的难易程度} = \frac{\nu}{D_{AB}} = \frac{\mu}{\rho D_{AB}} \qquad (1-16)$$

$$Le = \frac{热量传递的难易程度}{质量传递的难易程度} = \frac{a}{D_{AB}} = \frac{\lambda}{\rho c_p D_{AB}} \qquad (1-17)$$

由式（1-15）~式（1-17）可见，Pr 关联了动量传递和热量传递；Sc 关联了动量传递和质量传递；而 Le 则关联了质量传递和热量传递。当三个准数中的某一个等于 1 时，就可以用其中的一类传递结果来推算另一类传递的结果。此时，准则数所关联的两种传递的边界层是重合的，涉及的物理量（速度、温度或浓度）分布是相同，就可以用准则数中的一个量来求取另一个量，从而简化计算求解过程。

本章小结

本章介绍了传递现象及其描述与分析方法，重点介绍了传递现象的两种微观机理，给出了动量、热量和质量三种传递现象的分子传递规律，并给出了三种传递现象的统一描述公式。本章重点要掌握分子传递、微团传递这两种微观传递机理，理解动量、热量和质量三种传递现象的相似性，掌握三种扩散系数的物理意义，了解湍流传递的描述方法，理解 Pr、Sc 和 Le 这三个无因次准则数的物理意义。

复习思考题

1. 举例说明你生活中或者建筑环境与能源应用工程专业中的三种传递现象。

2. 传递现象可以从哪三种尺度进行描述？

3. 传递现象分析方法有哪三种？

4. 从微观角度看，传递现象有哪两种传递机理？

5. 简述分子动量、热量、质量传递机理。

6. 描述分子动量、热量、质量传递规律的定律分别是什么？

7. 介绍动量扩散系数、热量扩散系数和质量扩散系数的物理意义和单位，与哪些因素有关？

8. 理解通量计算公式。公式中负号的意义是什么？

9. 层流传热与传质中包含哪种微观传递机理？紊流传热与传质中又包括哪些微观传递机理？哪种传递机理起关键作用？

10. 简述 Pr、Sc 和 Le 这三个无因次准则数的物理意义。

11. 在热质交换原理与设备这门课程中将介绍三种传递现象，请问这三种传递分别是哪三种传递？描述这三种传递现象的分子传递规律分别是哪三个定律？请写出这三个定律的数学表达式，并解释每一个符号的物理意义。

第 2 章 扩散传质

扩散传质又叫作分子传质或分子扩散，是由分子无规则热运动而形成的物质传递现象，扩散可以是浓度梯度驱动下的质扩散，也可是由温度梯度或压力梯度驱动产生的质扩散，甚至对混合物施加一个有向的外加电势或其他势亦可产生扩散传质。而由消耗机械功(如风机、水泵等)驱动的大量流体流动不属于扩散传质。由温度梯度驱动的扩散传质称为热扩散，又称索瑞特效应；由压力梯度驱动的扩散传质称为压力扩散。扩散最终达到稳态时，浓度扩散、温度扩散和压力扩散相互平衡，建立一稳定状态。在工程计算中，为了简化计算，在温差或总压差不大的条件下，可不计热扩散或压力扩散，只考虑均温、均压下的浓度扩散。

本章主要介绍浓度梯度驱动的分子扩散传质过程，在传质微分方程及斐克定律的基础上，分析气态二元混合物中无主流速度和有主流速度稳态扩散传质基本规律，并进一步描述液体和固体中的稳态扩散传质过程。

2.1 扩散传质现象与基本概念

2.1.1 扩散传质现象

扩散传质现象

由浓度梯度驱动的扩散传质现象有很多，比如墨水在水中的扩散过程，喷在身上的香水在空气中的扩散过程，汽车尾气排放到空气中的过程，空气加湿器中的水蒸气向空气中的扩散过程，烟囱中的 SO_2 等污染气体向空气中的扩散过程，落在墙体表面的雨水在墙体内部的扩散过程等，都属于在气体、液体或固体中的扩散传质现象。

图 2-1 给出了一个典型的扩散传质小实验。假设一静止的密闭容器内有两种不同种类的气体，初始状态时，两种气体由隔板分开，存放在温度和压力相同的左右两侧，在无任何外部扰动的前提下抽掉隔板，由于隔板两侧的浓度差，左右两侧的气体会向对方扩散，直到达到动态平衡(假设扩散过程中温度和压力均不变)，此时，在传递方向的任一界面，每种组分左右方向的扩散量是相等的。

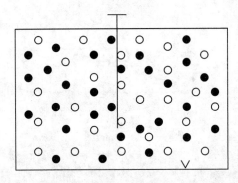

图 2-1 两组分混合物扩散

混合物组成表示方法

2.1.2　混合物组成表示方法

1. 浓度表示方法(质量浓度和摩尔浓度)

对于由两种或多种组分组成的混合物,任一种组分的浓度可以用质量浓度或摩尔浓度表示。质量浓度 $\rho_i(\text{kg/m}^3)$ 是指单位体积混合物中某种组分 i 的质量,摩尔浓度 $C_i(\text{kmol/m}^3)$ 是指单位体积混合物中某种组分 i 的千摩尔数。质量浓度和摩尔浓度的关系可以表示为:

$$\rho_i = C_i M_i \tag{2-1}$$

式中: M_i 为组分 i 的摩尔质量, kg/kmol。

混合物中所有组分的质量浓度之和为混合物的总质量浓度,混合物中所有组分的摩尔浓度之和为混合物的总摩尔浓度,即:

$$\rho = \sum_i \rho_i \tag{2-2}$$

$$C = \sum_i C_i \tag{2-3}$$

混合气体的总压力为各组分气体的分压力之和。当混合气体为理想气体时,根据理想气体方程 $pV = nRT$(p 为压强, V 为体积, n 为物质的量, R 为气体常数, T 为温度),组分 i 质量浓度和摩尔浓度可由其分压力表示。

$$\rho_i = \frac{p_i}{R_i T} \tag{2-4}$$

$$C_i = \frac{p_i}{RT} \tag{2-5}$$

式中: R 为通用气体常数, $R = 8314\ \text{J/(kmol·K)}$; R_i 为组分 i 的气体常数, $R_i = R/M_i$; p_i 为气体分压力, Pa。

2. 分数表示方法(质量分数和摩尔分数)

用组分的质量分数和摩尔分数来表征混合物中某种组分的含量比例称为分数表示方法。质量分数 a_i 是某种组分 i 的质量浓度 ρ_i 与混合物中总的质量浓度 ρ 的比:

$$a_i = \frac{\rho_i}{\rho} \tag{2-6}$$

摩尔分数 x_i 是某种组分 i 的摩尔浓度 C_i 与混合物中总的摩尔浓度 C 的比:

$$x_i = \frac{C_i}{C} \tag{2-7}$$

若为理想气体,则有:

$$a_i = \frac{\rho_i}{\rho} = \frac{p_i M_i}{\sum p_i M_i} \tag{2-8}$$

$$x_i = \frac{C_i}{C} = \frac{p_i}{p} \tag{2-9}$$

很明显,混合物中所有组分的质量分数之和、摩尔分数之和均为100%。

$$\sum_i a_i = 1 \tag{2-10}$$

$$\sum_i x_i = 1 \qquad\qquad (2-11)$$

【例2-1】 试推导某二元混合物中,某组分质量分数和摩尔分数的互换关系。

【解】 设二元混合物中包含组分 A 和组分 B,推导组分 A 的质量分数和摩尔分数的互换关系。

由质量分数 a_A 推导摩尔分数 x_A:

$$x_A = \frac{C_A}{C_A + C_B} = \frac{\rho_A/M_A}{\rho_A/M_A + \rho_B/M_B} = \frac{a_A/M_A}{a_A/M_A + a_B/M_B}$$

由摩尔分数 x_A 推导质量分数 a_A:

$$a_A = \frac{\rho_A}{\rho_A + \rho_B} = \frac{C_A M_A}{C_A M_A + C_B M_B} = \frac{x_A M_A}{x_A M_A + x_B M_B}$$

【分析】 混合物中质量分数和摩尔分数是通过各组分的摩尔质量相关联的。

【例2-2】 在含有等摩尔分数的 O_2、N_2 和 CO_2 的混合物中,各种组分的质量分数分别是多少?在含有等质量分数 O_2、N_2 和 CO_2 的混合物中,各种组分的摩尔分数分别是多少?

【解】 根据上一例题,O_2、N_2 和 CO_2 为等摩尔分数时,O_2 的质量分数为:

$$a_{O_2} = \frac{x_{O_2} M_{O_2}}{x_{O_2} M_{O_2} + x_{N_2} M_{N_2} + x_{CO_2} M_{CO_2}} = \frac{M_{O_2}}{M_{O_2} + M_{N_2} + M_{CO_2}}$$

$$= \frac{32}{32 + 28 + 44} = 30.8\%$$

同理可得,N_2 和 CO_2 的质量分数分别是 $a_{N_2} = 26.9\%$,$a_{CO_2} = 42.3\%$。

O_2、N_2 和 CO_2 为等质量分数时,O_2 的摩尔分数为:

$$x_{O_2} = \frac{a_{O_2}/M_{O_2}}{a_{O_2}/M_{O_2} + a_{N_2}/M_{N_2} + a_{CO_2}/M_{CO_2}}$$

$$= \frac{1/M_{O_2}}{1/M_{O_2} + 1/M_{N_2} + 1/M_{CO_2}} = \frac{1/32}{1/32 + 1/28 + 1/44} = 34.8\%$$

同理可得,N_2 和 CO_2 的摩尔分数分别是 $a_{N_2} = 39.8\%$,$a_{CO_2} = 25.4\%$。

【分析】 混合物中由于各组分的摩尔质量多是不相同的,因此某组分的质量分数和摩尔分数也是不相等的。

2.1.3   多组分系统的运动速度

混合物中组分迁移的快慢用速度来表示。对于混合物中的某种组分,当选择不同的参照物(坐标系)时,可用绝对速度和扩散速度表示;混合物整体迁移快慢可用平均速度(或称主体流动速度)来表示,如图2-2所示。

绝对速度是指以某一静止截面为参照物(静坐标系),某种组分 A 单位时间移动的距离。组分 A 的绝对速度用 u_A 表示,单位 m/s。

主体流动速度(或称平均速度)是指混合物整体相对于该静止界面单位时间移动的距离。以质

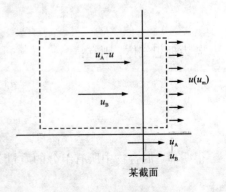

图2-2   传质速度

量为基准的是质量平均速度,用 u 表示;以摩尔为基准的是摩尔平均速度,用 u_m 表示,单位均为m/s。在扩散传质中,这种主体流动速度是指由分子尺度的运动导致的混合物整体运动速度。

扩散速度是指以具有混合物平均速度的某一截面为参照物(动坐标系),某种组分 A 单位时间移动的距离。绝对速度、平均速度和扩散速度的关系为:

$$绝对速度 = 平均速度 + 扩散速度$$

因此,组分 A 的质量扩散速度为 $u_A - u$,摩尔扩散速度为 $u_A - u_m$,单位均为 m/s。

2.2 传质通量

传质通量(又叫作质量传递速率或质量流密度)是指单位时间内,垂直通过单位面积的某一组分或混合物整体的数量,可以由质量传质通量 $kg/(m^2 \cdot s)$ 和摩尔传质通量 $kmol/(m^2 \cdot s)$ 表示。

2.2.1 扩散传质通量

由于质量扩散与导热具有相似的物理机理,因此质量扩散的传递速率方程也与导热的傅立叶定律具有相同的形式,著名的斐克定律就是用于描述扩散传质通量(扩散传质速率)与扩散传递驱动力之间的关系。如图 2-3 所示,根据斐克定律,组分 A 在组分 A、B 组成的二元混合物中的扩散质量通量可以表示为:

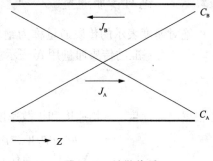

$$j_A = -D_{AB} \frac{d\rho_A}{dz} \qquad (2-12)$$

扩散摩尔通量可以表示为:

$$J_A = -D_{AB} \frac{dC_A}{dz} \qquad (2-13)$$

图 2-3 　扩散传质

式中: j_A 为组分 A 在扩散方向上的扩散质量通量, $kg/(m^2 \cdot s)$; J_A 为组分 A 在扩散方向上的扩散摩尔通量, $kmol/(m^2 \cdot s)$; D_{AB} 为二元质扩散系数, m^2/s。

若为理想气体,扩散摩尔通量也可以表示为:

$$J_A = -\frac{D_{AB}}{RT} \frac{dp_A}{dz} \qquad (2-14)$$

扩散传质通量还可以由扩散速度表示:

$$j_A = \rho_A (u_A - u) \qquad (2-15)$$

$$J_A = C_A (u_A - u_m) \qquad (2-16)$$

【例 2-3】 水蒸气和空气组成的二元混合系统中发生无主流流动的一维稳态扩散,已知水蒸气在空气中的质量扩散系数 D 为 2.55×10^{-5} m^2/s,在扩散方向上取三点(A、B、C)位置测量得水蒸气摩尔浓度分别为 $C_A = 0.3$ $kmol/m^3$, $C_B = 0.26$ $kmol/m^3$, $C_C = 0.05$ $kmol/m^3$, 其中 A、C 两点的距离为 0.5m,求水蒸气在 A、B、C 三点处的扩散速度。

【解】 由于水蒸气在空气中的扩散为一维稳态扩散，则扩散浓度梯度为常数，根据 A、C 点的测量浓度可计算浓度梯度为：

$$\frac{dC}{dz} = \frac{C_C - C_A}{\Delta z} = -\frac{0.3 - 0.05}{0.5} = -0.5 (\text{kmol/m}^4)$$

根据斐克定律，扩散通量为：

$$J_A = -D\frac{dC}{dz} = 2.55 \times 10^{-5} \times 0.5 = 1.28 \times 10^{-5} \text{ kmol/(m}^2 \cdot \text{s)}$$

根据扩散通量的扩散速度表达式 $J_A = C_A(u_A - u_m)$，已知 A、B、C 三点的浓度，而且是稳态扩散，因此，三点的扩散通量相等，因此，可计算三点的扩散速度分别为：

$$(u_A - u_m) = \frac{J}{C_A} = \frac{1.28 \times 10^{-5}}{0.3} = 4.3 \times 10^{-5} (\text{m/s})$$

$$(u_B - u_m) = \frac{J}{C_B} = \frac{1.28 \times 10^{-5}}{0.26} = 4.9 \times 10^{-5} (\text{m/s})$$

$$(u_C - u_m) = \frac{J}{C_C} = \frac{1.28 \times 10^{-5}}{0.05} = 2.56 \times 10^{-4} (\text{m/s})$$

【分析】 在一维稳态扩散中，扩散通量为常数，但扩散速度却是变化的，与摩尔浓度成反比，浓度越大扩散速度越小，浓度越小扩散速度越大。

2.2.2 绝对传质通量

由绝对速度表示的传质通量称为绝对传质通量，以质量为基准的绝对传质通量用 m 表示，以摩尔为基准的传质通量用 N 表示。以组分 A 为例，其绝对传质通量可以表示为：

$$m_A = \rho_A u_A \tag{2-17}$$
$$N_A = C_A u_A \tag{2-18}$$

根据绝对速度、平均速度和扩散速度的关系可得：

$$m_A = \rho_A u_A = \rho_A[u + (u_A - u)] = \rho_A u + j_A \tag{2-19}$$
$$N_A = C_A u_A = C_A u_m + C_A(u_A - u_m) = C_A u_m + J_A \tag{2-20}$$

由式(2-19)、式(2-20)可以看出，组分 A 的绝对传质通量为因混合物主体流动而迁移的组分 A 质量通量与组分 A 扩散质量通量之和。当 $u_m = 0$ 时，即主体不流动时，$N_A = C_A(u_A - u_m) = J_A$。同理，当 $u = 0$ 时，$m_A = j_A$。

混合物总的绝对传质通量为各组分的绝对传质通量之和，对于由组分 A、B 组成的二元混合物，其总的绝对传质通量为：

$$N = N_A + N_B = C_A u_A + C_B u_B \tag{2-21}$$

2.2.3 主流(平均)传质通量

由主体流动速度(平均速度)表示的传质通量称为主流传质通量，以质量为基准的主体传质通量为 $\rho_A u$，以摩尔为基准的主体传质通量为 $C_A u_m$。二元混合物的绝对传质通量可由主体流动速度(平均速度)表示为：

$$N = C u_m = (C_A + C_B) u_m \tag{2-22}$$

联合式(2-21)和式(2-22)得：

$$C u_m = C_A u_A + C_B u_B \tag{2-23}$$

可得主体流动速度(平均速度)与绝对速度的关系为:

$$u_m = \frac{C_A u_A + C_B u_B}{C} \quad\quad (2-24)$$

同理可得:

$$u = \frac{\rho_A u_A + \rho_B u_B}{\rho} \quad\quad (2-25)$$

因此,主流摩尔传质通量可以表示为:

$$C_A u_m = C_A \frac{C_A u_A + C_B u_B}{C} = x_A (N_A + N_B) \quad\quad (2-26)$$

$$C_B u_m = C_B \frac{C_A u_A + C_B u_B}{C} = x_B (N_A + N_B) \quad\quad (2-27)$$

主流质量传质通量可以表示为:

$$\rho_A u = \rho_A \frac{\rho_A u_A + \rho_B u_B}{\rho} = a_A (m_A + m_B) \quad\quad (2-28)$$

$$\rho_B u = \rho_B \frac{\rho_A u_A + \rho_B u_B}{\rho} = a_B (m_A + m_B) \quad\quad (2-29)$$

2.2.4 斐克定律的通用表达形式

把主体流动速度(平均速度)公式(2-24)代入绝对传质通量公式(2-20),可得:

$$N_A = C_A \frac{C_A u_A + C_B u_B}{C} + J_A \quad\quad (2-30)$$

由斐克定律,式(2-30)可进一步变化为:

$$N_A = x_A (N_A + N_B) - D_{AB} \frac{dC_A}{dz} \quad\quad (2-31)$$

同理,可得以质量为基准的表达形式为:

$$m_A = a_A (m_A + m_B) - D_{AB} \frac{d\rho_A}{dz} \quad\quad (2-32)$$

式(2-31)、式(2-32)称为斐克定律的通用表达形式。当混合物主体流动速度为 0,即无主体流动速度(平均速度)时:

$$N_A = J_A = - D_{AB} \frac{dC_A}{dz} \quad\quad (2-33)$$

2.2.5 质量扩散系数

1. 质量扩散系数定义

斐克定律中的质量扩散系数是针对二元混合物而言的,因此又叫作二元质量扩散系数,由斐克定律可得质量扩散系数表达式:

$$D_{AB} = \frac{j_A}{-\dfrac{d\rho_A}{dz}} = \frac{J_A}{-\dfrac{dC_A}{dz}} \quad\quad (2-34)$$

从上述可以看出，扩散系数是沿扩散方向上，在单位时间、单位浓度降条件下，组分 A 垂直通过单位面积的扩散质量或物质的量。质量扩散系数 D、动量扩散系数 ν、热量扩散系数 a 具有相同的单位(m^2/s)。质量扩散系数表示某种组分在另一种组分中的扩散能力，是物质的物理性质之一。

2. 二元气体混合物扩散系数的互等性

由组分 A 和组分 B 组成的二元混合物，假设混合物的总质量浓度为常数，即 $\rho = \rho_A + \rho_B$ 为常数，两侧分别微分可得：

$$\frac{d\rho_A}{dz} = -\frac{d\rho_B}{dz} \tag{2-35}$$

由斐克定律和扩散速度表示的组分 A、B 的扩散传质通量分别为：

$$j_A = -D_{AB} \cdot \frac{d\rho_A}{dz} = \rho_A(u_A - u) \tag{2-36}$$

$$j_B = -D_{BA} \cdot \frac{d\rho_B}{dz} = \rho_B(u_B - u) \tag{2-37}$$

将式(2-36)和式(2-37)两边相加，可推导出组分 A、B 的扩散质量通量之和为零。即：

$$\begin{aligned} j_A + j_B &= \rho_A(u_A - u) + \rho_B(u_B - u) \\ &= \rho_A u_A + \rho_B u_B - (\rho_A + \rho_B)u \\ &= \rho u - \rho u = 0 \end{aligned} \tag{2-38}$$

结合式(2-35)，由斐克定律可得：

$$j_A + j_B = -D_{AB} \cdot \frac{d\rho_A}{dz} + \left(-D_{BA} \cdot \frac{d\rho_B}{dz}\right) = (-D_{AB} + D_{BA})\frac{d\rho_A}{dz} \tag{2-39}$$

由式(2-38)、式(2-39)可知：

$$D_{AB} = D_{BA} = D \tag{2-40}$$

若假设总混合物的总摩尔浓度为常数，即 $C = C_A + C_B$ 为常数，两侧分别微分可得：

$$\frac{dC_A}{dz} = -\frac{dC_B}{dz} \tag{2-41}$$

同样可推导出：

$$D_{AB} = D_{BA} = D \tag{2-42}$$

以上推导表明，在二元混合物扩散中，组分 A 在组分 B 中的扩散系数与组分 B 在组分 A 中的扩散系数相等，因而不必再以下标标识，直接以 D 表示即可。

液体和气体同属流体，都具有流动性。气液混合后最终形成气液两相共存，在重力下出现分层，气体在上方，液体在下方，在气液界面上，达到平衡时，同样存在 $D_{AB} = D_{BA} = D$。

3. 扩散系数的性质

扩散过程可以发生在气体中，也可以发生在液体和固体中，扩散系数的大小主要取决于扩散物质和扩散介质的种类及其温度和压力，在不同介质中扩散系数值是有很大不同的。一般来说，气体中的扩散系数大于液体中的扩散系数，液体中的扩散系数大于固体中的扩散系数。气体在气体中的扩散系数约为 10^{-5} 数量级，在液体中的扩散系数约为 10^{-9} 数量级，在固体中的扩散系数约为 10^{-13} 数量级。因为没有通用的理论可以进行准确计算，扩散系数主要依靠实验测量，但实验测量也常常是困难的，并且实验测量误差也较大。表 2-1 给出了部分气体在气体和液体中的质扩散系数。附表 1、附表 2、附表 3 分别给出了常见的气体、液体和固体中的扩散系数供大家计算查阅。

表 2-1　气-气质量扩散系数和气体在液体中的质量扩散系数 $D(\mathrm{m^2/s})$

气体在空气中的 D，25℃，$p = 1.01325 \times 10^5$ Pa			
氨 - 空气	2.81×10^{-5}	苯蒸气 - 空气	0.84×10^{-5}
水蒸气 - 空气	2.55×10^{-5}	甲苯蒸气 - 空气	0.88×10^{-5}
CO_2 - 空气	1.64×10^{-5}	乙醚蒸气 - 空气	0.93×10^{-5}
O_2 - 空气	2.05×10^{-5}	甲醇蒸气 - 空气	1.59×10^{-5}
H_2 - 空气	4.11×10^{-5}	乙醇蒸气 - 空气	1.19×10^{-5}
液相，20℃，稀溶液			
氨 - 水	1.75×10^{-9}	氯化氢 - 水	2.58×10^{-9}
CO_2 - 水	1.78×10^{-9}	氯化钠 - 水	2.58×10^{-9}
O_2 - 水	1.81×10^{-9}	乙烯醇 - 水	0.97×10^{-9}
H_2 - 水	5.19×10^{-9}	CO_2 - 乙烯醇	3.42×10^{-9}

当假设二元混合物气体为理想气体时，其扩散系数也可用分子动力学理论得出：

$$D \propto p^{-1} T^{3/2} \tag{2-43}$$

式（2-43）可以应用于有限的压力和温度范围内，温度的单位为 K。从式（2-43）可以看出，温度和压力直接影响扩散系数的大小，其随着温度的增加或压力的降低而增加。当然根据理想气体的状态方程，浓度与温度、压力是相互关联的，因此扩散系数和浓度也是有关的，就像导热系数和温度相关一样。

当取理想气体压力 $p_0 = 1.01325 \times 10^5$ Pa，温度 $T_0 = 273$ K 时，部分气体的扩散系数 D_0 如表 2-2 所示。在其他 p、T 状态下的扩散系数可应用下式换算：

$$D = D_0 \frac{p_0}{p} \left(\frac{T}{T_0} \right)^{3/2} \tag{2-44}$$

表 2-2　气体在空气中的分子扩散系数 $D_0(\mathrm{m^2/s})$

气体	D_0	气体	D_0
H_2	5.11×10^{-5}	SO_2	1.03×10^{-5}
N_2	1.32×10^{-5}	NH_3	2.0×10^{-5}
O_2	1.78×10^{-5}	H_2O	2.2×10^{-5}
CO_2	1.38×10^{-5}	HCl	1.3×10^{-5}

注：$T_0 = 273$ K

对于二元气体混合物的扩散系数，也可以用吉利兰（Gilliland）提出的半经验公式进行估算：

$$D = \frac{435.7T^{3/2}}{p(V_A^{1/3} + V_B^{1/3})^2}\sqrt{\frac{1}{\mu_A} + \frac{1}{\mu_B}} \times 10^{-4} \tag{2-45}$$

式中：T 为热力学温度，K；p 为总压强，Pa；μ_A、μ_B 分别为气体 A、B 的摩尔质量，g/mol；V_A、V_B 分别为气体 A、B 在正常沸点时液态摩尔体积，m^3/mol。

几种常用气体的液态摩尔体积可以查表 2-3。

表 2-3   在正常沸点下液态摩尔体积（m^3/mol）

气体	摩尔体积	气体	摩尔体积
H_2	14.3×10^{-6}	CO_2	34×10^{-6}
O_2	25.6×10^{-6}	SO_2	44.8×10^{-6}
N_2	31.1×10^{-6}	NH_3	25.8×10^{-6}
空气	29.9×10^{-6}	H_2O	18.9×10^{-6}

但对于二元液体溶液的扩散系数，只能依靠实验测定；而对于气体、液体或固体在固体中的扩散机理极为复杂，可以参考相关文献，尚无普适性的理论可以应用。

【例 2-4】   有一圆柱形水杯，直径为 100 mm，底部盛有 20℃的水，水面距杯口 200 mm，流过杯口的空气为 20℃，相对湿度为 50%，气体的总压力为 $p = 1.013254 \times 10^5$ Pa。试计算此状态下水蒸气在空气中的扩散系数。

【解】   查表 2-2 可知，水蒸气在空气中的扩散系数为 $D_0 = 2.2 \times 10^{-5}$ m^2/s，根据公式（2-44），可得此状态下的扩散系数为：

$$D = D_0 \frac{p_0}{p}\left(\frac{T}{T_0}\right)^{3/2} = 2.2 \times 10^{-5} \times \frac{1.013 \times 10^5}{1.013 \times 10^5}\left(\frac{293}{273}\right)^{3/2} = 2.45 \times 10^{-5}(m^2/s)$$

也可以根据半经验公式（2-45）通过查表 2-3 估算该状态下扩散系数。

$$D = \frac{435.7T^{3/2}}{p(V_A^{1/3} + V_B^{1/3})^2}\sqrt{\frac{1}{\mu_A} + \frac{1}{\mu_B}} \times 10^{-4}$$

$$= \frac{435.7 \times 293^{3/2}}{1.013 \times 10^5 \times (18.9^{1/3} + 29.9^{1/3})^2}\sqrt{\frac{1}{18} + \frac{1}{28.9}} \times 10^{-4} = 1.95 \times 10^{-5}(m^2/s)$$

【分析】   可以看出，根据公式（2-45）计算的扩散系数 D 值和根据表 2-2 查得数据并经修正后的扩散系数 D 值相差约 20% 左右。在没有实验数据的情况下，根据半经验公式（2-45）估算扩散系数也是可以信赖的。

2.3 稳态扩散传质

通过以上分析我们知道，与质量扩散有关的分子运动可以导致混合物有整体流动，在这种情况下，扩散传质总的传质通量（绝对传质通量）包括扩散传质通量及由主体流动速度产生的质量通量两部分，这种传质我们称为有主流速度的扩散传质；当扩散混合物无主体流动速度或主体流动速度很小可以忽略时，我们可以称为无主流速度的扩散传质(或静止介质中的扩散传质)。本节主要分析有、无主体流动时的一维稳态扩散传质过程。

2.3.1　无主体流动扩散传质

在二元混合物中，当量很小的组分在另一静止组分中的扩散、有限气体或液体在固体主介质中的扩散，都可以假设扩散介质是静止的，忽略主体流动速度，即无主流速度的扩散传质，此时，根据公式(2-19)和式(2-20)，绝对传质通量等于扩散传质通量，即：

$$N_A = J_A = -D\frac{dC_A}{dz} \tag{2-46}$$

$$m_A = j_A = -D\frac{d\rho_A}{dz} \tag{2-47}$$

要想求得扩散传质通量，除了扩散系数外，还要确定组分传递方向上的浓度梯度，就像计算热流密度要知道温度梯度一样。由传热传质的类比性，温度函数由导热微分方程获得，传质组分的浓度函数也可由传质微分方程获得。

1. 扩散微分方程

与由热力学第一定律(能量守恒定律)和傅立叶定律推导导热微分方程相似，根据组分守恒定律和斐克定律也可以推导传质微分方程。对于由组分 A 和组分 B 组成的二元混合物，其扩散传质微分方程(扩散系数为常数时)为：

$$\frac{\partial \rho_A}{\partial \tau} = D\left(\frac{\partial^2 \rho_A}{\partial x^2} + \frac{\partial^2 \rho_A}{\partial y^2} + \frac{\partial^2 \rho_A}{\partial z^2}\right) + r_A \tag{2-48}$$

以摩尔浓度表示的传质微分方程为

$$\frac{\partial C_A}{\partial \tau} = D\left(\frac{\partial^2 C_A}{\partial x^2} + \frac{\partial^2 C_A}{\partial y^2} + \frac{\partial^2 C_A}{\partial z^2}\right) + R_A \tag{2-49}$$

在圆柱坐标系下

$$\frac{\partial C_A}{\partial \tau} = D\left[\frac{1}{r}\frac{\partial}{\partial r}\left(r\frac{\partial C_A}{\partial r}\right) + \frac{1}{r^2}\frac{\partial^2 C_A}{\partial \varphi^2} + \frac{\partial^2 C_A}{\partial z^2}\right] + R_A \tag{2-50}$$

在球坐标系下

$$\frac{\partial C_A}{\partial \tau} = D\left[\frac{1}{r^2}\frac{\partial}{\partial r}\left(r^2\frac{\partial C_A}{\partial r}\right) + \frac{1}{r^2\sin^2\theta}\frac{\partial^2 C_A}{\partial \varphi^2} + \frac{1}{r^2\sin\theta}\frac{\partial}{\partial \theta}\left(\sin\theta\frac{\partial C_A}{\partial \theta}\right)\right] + R_A \tag{2-51}$$

式中：r_A 和 R_A 分别是单位体积内部质源的组分 A 质量生成速率和摩尔生成速率，其单位分别是 kg/(m³·s)和 kmol/(m³·s)；τ 表示时间；r、φ、z 是圆柱坐标系下坐标轴；r、φ、θ 是球坐标系下坐标轴。

2. 一维稳态扩散传质

当二元混合物系统中组分扩散为一维稳态且没有内部质源时，直角坐标系下传质微分程可以简化为：

$$\frac{\partial^2 \rho_A}{\partial z^2} = 0; \quad \frac{\partial^2 C_A}{\partial z^2} = 0 \tag{2-52}$$

由此可得传质浓度分布函数为 $\rho_A = b_1 z + b_2$，$C_A = b_1' z + b_2'$（b_1，b_2 为常数）。若已知组分 A 两界面 z_1、z_2 处的摩尔浓度分别为 $C_{A,1}$，$C_{A,2}$，质量浓度分别为 $\rho_{A,1}$，$\rho_{A,2}$，可得其浓度分布函数为：

$$\rho_A = \frac{\rho_{A,2} - \rho_{A,1}}{z_2 - z_1} z + \frac{z_2 \rho_{A,1} - z_1 \rho_{A,2}}{z_2 - z_1} \tag{2-53}$$

$$C_A = \frac{C_{A,2} - C_{A,1}}{z_2 - z_1} z + \frac{z_2 C_{A,1} - z_1 C_{A,2}}{z_2 - z_1} \tag{2-54}$$

由斐克定律可知，扩散传质通量为定值，即：

$$J_A = -D \frac{dC_A}{dz} = -D \frac{C_{A,2} - C_{A,1}}{z_2 - z_1} \tag{2-55}$$

$$j_A = -D \frac{d\rho_A}{dz} = -D \frac{\rho_{A,2} - \rho_{A,1}}{z_2 - z_1} \tag{2-56}$$

式中：下标 1、2 表示组分 A 沿传递方向上两个已知浓度界面。若不需求解浓度分布函数，也可直接由斐克定律积分获得一维稳态时的扩散传质通量。

$$J_A \int_{z_1}^{z_2} dz = -\int_{C_{A,1}}^{C_{A,2}} D dC_A \tag{2-57}$$

通过积分，同样可得：

$$J_A = -D \frac{C_{A,2} - C_{A,1}}{z_2 - z_1} \tag{2-58}$$

对于无主流速度的扩散传质，其绝对传质通量等于扩散传质通量，由斐克定律通用表达式（2-31），可得：

$$N_A = J_A = -N_B = -J_B \tag{2-59}$$

可见，无主流速度的二元混合物一维稳态扩散（无内质源）是典型的等分子反方向扩散，组分 A、B 沿相反方向进行扩散，且扩散通量相等。等分子反方向扩散的情况多发生在二元组分的摩尔潜热相等的蒸馏操作中。等分子反方向扩散组分的绝对传质通量等于扩散传质通量。

$$N_A = J_A = -D \frac{C_{A,2} - C_{A,1}}{z_2 - z_1} \tag{2-60}$$

若二元混合物为理想气体，则有：

$$C_A = \frac{p_A}{RT} \tag{2-61}$$

可以用组分的分压力表示扩散通量：

$$N_A = J_A = \frac{D}{RT} \frac{p_{A,1} - p_{A,2}}{\Delta z} \tag{2-62}$$

3. 传质组分扩散质阻 R_m

定义传质的组分扩散质阻为传质浓度差和传质速率的比值，即：

$$R_m = \frac{\Delta C}{G} \tag{2-63}$$

式中：G 为传质速率，kmol/s。传质速率为传质通量与面积的乘积，表示单位时间传递的组分摩尔数，在直角坐标系中：

$$G_A = N_A A = \frac{C_{A,1} - C_{A,2}}{\delta / (DA)} \qquad (2-64)$$

式中：δ 为传质平板的厚度，m；则平壁传质组分扩散质阻为 $\delta/(DA)$。

由柱坐标系下传质微分方程(2-50)，可得一维(径向)圆柱稳态传质微分方程：

$$\frac{\partial}{\partial r}\left(r\frac{\partial C_A}{\partial r}\right) = 0 \qquad (2-65)$$

$$C_A = \frac{C_{A,1} - C_{A,1}}{\ln r_2 - \ln r_1}\ln\frac{r}{r_2} + C_{A,2} \qquad (2-66)$$

径向绝对传质通量：

$$N_A = -D\frac{\partial C_A}{\partial r} = \frac{D}{r\ln(r_2/r_1)}(C_{A,2} - C_{A,1}) \qquad (2-67)$$

传质速率 G_A 为：

$$G_A = N_A A = N_A \cdot 2\pi r L = \frac{2\pi L D}{\ln(r_2/r_1)}(C_{A,2} - C_{A,1}) \qquad (2-68)$$

所以，圆柱壁面的传质组分扩散质阻为 $\dfrac{\ln(r_2/r_1)}{2\pi L D}$，其中 L 为圆柱体的长。同理可得，球状壁面的传质组分扩散质阻 $\dfrac{1}{4\pi D}\left(\dfrac{1}{r_1} - \dfrac{1}{r_2}\right)$。

2.3.2 　 有主体流动的一维稳态扩散传质

在二元混合物中，当由分子运动导致的混合物有整体流动速度且不可忽略的情况下，称此二元混合物的扩散过程为有主流速度的扩散传质。如液体或固体吸收气体的过程(液体水吸收氨气)；液体或固体向气体中的扩散或升华(水面蒸发向空气中的扩散)。在扩散界面处，一种组分可以通过界面扩散(吸收或蒸发的组分)，另一种组分不能通过界面，因此又可以称为组分 A 通过停滞组分 B 的扩散。

当有主体流动速度的一维扩散过程达到稳态时，可由斐克定律的通用表达形式(2-31)、式(2-32)求其绝对传质通量。此时组分中的绝对传质通量包括因主体流动所产生的传质通量和扩散传质通量。

由组分 A、B 组成的二元混合物，假设组分 A 为扩散组分，组分 B 为停滞组分。对于液体或固体向气体中的扩散或升华过程，如图 2-4(a)所示。组分 A 在界面处与远处的浓度差驱动下发生分子扩散，组分 A 的分子运动导致二元混合物的主体流动。由于组分 B 随主流的扩散，会导致界面处组分 B 的浓度降低，因此组分 B 将由远处向界面进行分子扩散以补充组分 B 的浓度。

对于气体向液体或固体中的扩散或吸收过程，如图 2-4(b)所示，组分 A 在界面处被吸收，由于组分 A 不断通过相界面进入液相(或固相)，在界面处会留下"空穴"，为补充界面处组分 A 的浓度，引发 A、B 两种组分向界面递补因而形成主体运动，由于组分 B 不能被吸收将导致界面处组分 B 积聚，浓度升高，因此组分 B 将由界面向远处进行扩散。

当扩散过程达到稳态时，在一维传递方向上的任一截面，组分 A 和组分 B 的绝对传质通量都应该是常量(与没有内热源的一维稳态导热热流密度为常量相似)。取固(或液)相界面

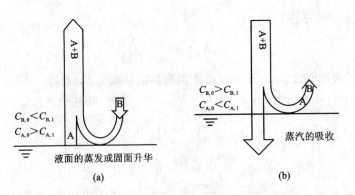

图 2 - 4　有主流速度的一维稳态扩散

为研究截面，根据斐克定律的通用表达形式，组分 A 的绝对传质通量为：

$$N_A = x_A(N_A + N_B) - D_{AB}\frac{dC_A}{dz} \tag{2-69}$$

由于界面处停滞组分 B 的绝对扩散通量为 0，即 $N_B = 0$，因此：

$$N_A = x_A N_A - D_{AB}\frac{dC_A}{dz} \tag{2-70}$$

整理可得：

$$N_A = -\frac{DC}{C - C_A}\frac{dC_A}{dz} \tag{2-71}$$

沿扩散方向上取两个平面 z_1、z_2。设组分 A、B 在 z_1、z_2 上的浓度分别为 $C_{A,1}$、$C_{B,1}$、$C_{A,2}$、$C_{B,2}$，系统总浓度 C 恒定，对上式进行分离变量并积分：

$$N_A\int_{z_1}^{z_2}dz = -\int_{C_{A,0}}^{C_{A,1}}\frac{DC}{C - C_A}dC_A \tag{2-72}$$

$$N_A = \frac{DC}{\Delta z}\ln\frac{C - C_{A,1}}{C - C_{A,0}} = \frac{DC}{\Delta z}\ln\frac{C_{B,1}}{C_{B,0}} \tag{2-73}$$

式(2-73)给出了一种组分(组分 A)在另一种停滞组分(组分 B)中扩散(单向扩散)传质的绝对传质通量计算公式。下面，将它与无主流流动的等分子反向扩散时的绝对传质通量相比较。对于无主体流动时，绝对传质通量等于扩散传质通量，即：$N_A = J_A$。在同样的传质浓度差下，无主流流动的等分子反向扩散的扩散传质通量可用下式计算：

$$J_A = -D\frac{C_{A,2} - C_{A,1}}{\Delta z} = D\frac{C_{B,2} - C_{B,1}}{\Delta z} \tag{2-74}$$

单向扩散绝对传质通量与等分子双向扩散传质通量之比，即公式(2-73)除以公式(2-74)可得：

$$\frac{N_A}{J_A} = \frac{C}{\dfrac{C_{B,2} - C_{B,1}}{\ln\dfrac{C_{B,1}}{C_{B,0}}}} \tag{2-75}$$

式中：$\dfrac{C_{B,2} - C_{B,1}}{\ln\dfrac{C_{B,1}}{C_{B,0}}}$ 称为组分 B 的对数平均浓度，用 C_{BM} 表示，则：

$$N_A = J_A \frac{C}{C_{BM}} \qquad (2-76)$$

把 C/C_{BM} 定义为"漂流因数",反映了二元混合物的主流速度对传质通量的影响。若为理想气体,方程(2-71)、方程(2-73)、方程(2-74)、方程(2-75)变为:

$$N_A = -\frac{Dp}{RT(p-p_A)}\frac{dp_A}{dz} \qquad (2-77)$$

$$N_A = \frac{Dp}{RT\Delta z}\ln\frac{p-p_{A,1}}{p-p_{A,0}} = \frac{Dp}{RT\Delta z}\ln\frac{p_{B,1}}{p_{B,0}} \qquad (2-78)$$

$$J_A = -\frac{D}{RT}\frac{p_{A,2}-p_{A,1}}{\Delta z} = \frac{D}{RT\Delta z}(p_{B,2}-p_{B,1}) \qquad (2-79)$$

$$\frac{N_A}{J_A} = \frac{p}{\dfrac{p_{B,2}-p_{B,1}}{\ln\dfrac{p_{B,1}}{p_{B,0}}}} \qquad (2-80)$$

此时,漂流因数为 p/p_{BM},其中组分 B 的对数平均分压 $p_{BM} = \dfrac{p_{B,2}-p_{B,1}}{\ln\dfrac{p_{B,1}}{p_{B,0}}}$。此时组分 A 的

绝对传质通量为:

$$N_A = J_A \frac{p}{p_{BM}} \qquad (2-81)$$

漂流因数反应了二元混合物的主体流动速度(平均速度)对组分传质速率的影响,由于 $C > C_{BM}$,$p > p_{BM}$,漂流因子大于 1,说明主流流动速度使组分 A 的传质通量(绝对传质通量)大于无主流速度的传质通量(扩散传质通量)。当混合物中组分 A 的浓度很低时 $C_{BM} \approx C_B \approx C$,$p_{BM} \approx p_B \approx p$(理想气体),可以认为绝对传质通量等于扩散传质通量,即无主流速度扩散传质。

当二元混合物的扩散截面积变化时,如沿半径为 r_0 的柱面或球面的一维稳态扩散,绝对传质通量不再是常量。假设一柱状或球状液体(或固体)表面向空气中蒸发或升华的过程,其中柱体只沿半径方向蒸发或升华,其他已知条件不变。根据公式(2-71),其绝对质量通量为:

$$N_A = -\frac{DC}{C-C_A}\frac{dC_A}{dr} \qquad (2-82)$$

此时虽然绝对传质通量不再是常量,但当达到稳态时,通过整个扩散面积的传质速率是常量,即:

$$G_A = N_A A = 常数 \qquad (2-83)$$

对于圆柱体 $A = 2\pi rL$,对于球体 $A = 4\pi r^2$,对公式(2-82)进行积分:

$$\int_{r_0}^{r_x}\frac{G_A}{A}dr = -\int_{C_{r0}}^{C_{rx}}\frac{DC}{C-C_A}dC_A \qquad (2-84)$$

$$G_A = \frac{-\displaystyle\int_{C_{r0}}^{C_{rx}}\frac{DC}{C-C_A}dC_A}{\displaystyle\int_{r_0}^{r_x}\frac{1}{A}dr} \qquad (2-85)$$

式中: C_{r0},C_{rx} 为柱状或球状液体(或固体)表面 r_0 及扩散方向上某截面 r_x 处的组分 A 摩尔浓度。

【例2-5】 试计算深6 m的井中水面蒸发对在井口流过的干空气的传质通量。已知井中空气静止,处在25℃和1.01325×10^5 Pa的状态,井水温度为25℃。

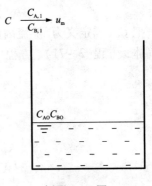

例题2-5图

【解】 空气难溶于水,不必考虑向水中的扩散。因此空气成为停滞的B组分,水蒸气为扩散组分A。井的横截面积沿井深不变。

由表2-1查得水蒸气-空气在25℃和1.01325×10^5 Pa状态下的质扩散系数$D = 2.55 \times 10^{-5}$ m²/s。扩散系组分总压力$p = 1.01325 \times 10^5$ Pa,在$x_1 = 0$处(液面),25℃的饱和水蒸气压为$p_{A,1} = 0.03125 \times 10^5$ Pa(根据附表4可查得298 K下的饱和水蒸气压力),$p_{B,1} = p - p_{A,1} = 0.982 \times 10^5$ Pa。在$x_2 = 6$ m处,为干空气主流,因此$p_{A,2} \approx 0$,$p_{B,2} = 1.01325 \times 10^5$ Pa。

取对数平均值,则:

$$p_{BM} = \frac{p_{B,2} - p_{B,1}}{\ln(p_{B,2}/p_{B,1})} = 0.996 \times 10^5 (\text{Pa})$$

计算得漂流因子:

$$\frac{p}{p_{BM}} = 1.017$$

通用气体常数$R = 8.134$ kJ/(kmol·K)。由式(2-81)可计算出水的蒸发率m_A。对于水,$M_A = 18$。于是:

$$m_A = \frac{18 \times 2.55 \times 10^{-5}}{8.314 \times 298} \times 1.017 \times \frac{0.0313 \times 10^5}{6} = 9.828 \times 10^{-5} [\text{kg}/(\text{m}^2 \cdot \text{s})]$$

即:

$$m_A = 9.828 \times 10^{-2} [\text{g}/(\text{m}^2 \cdot \text{s})] \text{ 或 } 0.354 [\text{g}/(\text{m}^2 \cdot \text{h})]$$

【分析】 由于漂流因子$\frac{p}{p_{BM}} = 1.017 \approx 1$,由式(2-81)计算的有主流流动的绝对传质通量$m_A$与无主流流动的扩散传质通量$j_A$相差不到1.7%。

【例2-6】 用于防水的抗水板材是由不透水的聚合物材料组成的。这种板材的微结构加工成具有许多直径为$d = 10$ μm的开口小孔,这些小孔穿透$L = 100$ μm的整个板厚。小孔的直径足够大,可传输水蒸气,但又可以防止液态水通过板材。在板的顶部有饱和液体,板的底侧有相对湿度为$\varphi_\infty = 50\%$的湿空气,已知温度$T = 298$ K和压力$p = 1.01325 \times 10^5$ Pa,试确定水蒸气在单个小孔中的传输速率。

【解】 根据题意假定:

(1)稳定态,等温,一维条件;

(2)小孔垂直地穿过板厚,小孔具有圆截面;

(3)二元系统由有水蒸气(A)和空气(B)组成。

根据附表4查得298 K饱和水蒸气压力$p_{sat} = 0.03165$ bar[①]。查表2-1得水蒸气-空气

---

① 1 bar = 1×10^5 Pa

(298 K)的扩散系数 $D_{AB} = 2.55 \times 10^{-5}\ \text{m}^2/\text{s}$。

开口小孔内水蒸气在空气中的扩散过程为典型
的组分 A 通过停滞组分 B 的扩散过程，其中水蒸气
为组分 A，空气为组分 B，假设气体混合物为理想气
体，根据公式(2-78)，组分 A 的传输速率为：

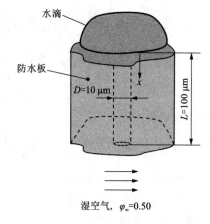

$$G_A = N_A A = \frac{DpA}{RTL}\ln\frac{p - p_{A,L}}{p - p_{A,0}} \qquad (1)$$

其中，小孔出口处的水蒸气分压力为：

$$p_{A,1} = p_{sat}\varphi_\infty = 3165 \times 50\% \qquad (2)$$

小孔内水表面的水蒸气分压力为：

$$p_{A,1} = p_{sat} = 3165 \qquad (3)$$

组分扩散传递的截面积为：

$$A = \pi \times \frac{d^2}{2} = \pi \times (5 \times 10^{-6})^2 \qquad (4)$$

例题 2-6 图

因此，单孔的蒸发速率为：

$$
\begin{aligned}
G_A &= N_A A = \frac{DpA}{RTL}\ln\frac{p - p_{A,L}}{p - p_{A,0}} \\
&= \frac{2.55 \times 10^{-5} \times 10^5 \times \pi \times (5 \times 10^{-6})^2}{8.314 \times 298 \times 10^{-4}}\ln\frac{10^5 - 3165 \times 50\%}{10^5 - 3165} \\
&= 1.34 \times 10^{-14}\ (\text{kmol/s})
\end{aligned} \qquad (5)
$$

【分析】　若忽略主流速度，则有：

$$N_A = J_A = -\frac{D}{RT}\frac{dp_A}{dz} \qquad (6)$$

单孔的组分传输速率可表示为：

$$
\begin{aligned}
G_A &= N_A A = -\frac{DA}{RT}\frac{dp_A}{dz} = \frac{\pi d^2 D}{4RTL}(p_{A,0} - p_{AL}) \\
&= \frac{\pi \times (10 \times 10^{-6})^2 \times 2.55 \times 10^{-5}}{4 \times 8.314 \times 298 \times 10^{-4}}(3165 - 3165 \times 50\%) \\
&= 1.3 \times 10^{-14}\ (\text{kmol/s})
\end{aligned} \qquad (7)
$$

(1)对比可以发现，混合物主体流动速度增大了组分 A 的扩散传质速率，当考虑主体流
动时，组分 A 的蒸发速率(传质速率)会略有增大。组分 A 的摩尔分数(或分压力)增高时，
组分 B 的对数平均分压降低，漂流因数 $\frac{p}{p_{BM}}$ 增加，主体流动速度变大，即主流流动速度对传质
速率的影响变大；而当水蒸气的浓度很小时，摩尔平均速度可忽略不计，扩散传质通量和绝
对传质通量近似相等。

(2)存在主体流动的扩散传质，主体流动使组分 A(非停滞组分)的传质速率增加，但是
组分 B(停滞组分)的传质速率却为 0。由二元混合物扩散传质可知 $J_B = -J_A$，组分 B 的扩散
传质通量与组分 A 的扩散传质通量大小相等方向相反，可见主体流动速度使同方向的扩散组
分 A 的传质速率增加 $N_A > J_A$，却使反方向的扩散组分 B 的传质速率降低 $N_B < J_B$。

2.3.3 液体中的一维稳态扩散

因为液体中的分子距离远小于气体中的分子间距离，因此液体中分子的扩散速率远小于气体中的分子扩散速率。

液体中的扩散通量仍可以用斐克定律通用表达式来描述，组分 A 在液体中的绝对传质通量可以表示为：

$$N_A = \frac{C_A}{C}(N_A + N_B) - D_{AB}\frac{dC_A}{dz} \qquad (2-86)$$

需要注意的是，组分 A 在液体中的扩散系数并不是常数，而是随着组分 A 浓度的变化而变化，且系统的总浓度也并非到处保持一致，因此直接求解很困难。为了使斐克定律通用表达式仍可用于求解液体中的扩散通量，扩散系数可以取变化浓度范围内的平均扩散系数，总浓度也可以用研究区域内总浓度的平均值代替。

2.3.4 固体中的一维稳态扩散

固体中的扩散，包括气体、液体或固体在固体内部的扩散，一般来说固体中的扩散可以分为两种类型：一种是与固体内部结构基本无关的扩散；另一种是与固体内部结构有关的多孔介质中的扩散。

1. 与固体内部结构无关的稳态扩散

固体可以看作是均匀物质时，当扩散溶质溶解于固体中，并形成均匀质，这种扩散即为与固体内部结构无关的扩散，这类扩散过程比较复杂，且因物系而异，但其扩散仍然遵循斐克定律，可以使用斐克定律的通用表达式求解绝对传质通量。在固体扩散中，扩散质的浓度一般比较低，主流速度很小可忽略，因此：

$$N_A = J_A = -D\frac{dC_A}{dz} \qquad (2-87)$$

2. 与固体内部结构有关的稳态扩散——多孔介质中的稳态扩散

一般的固体均为多孔介质，其内部有大量的孔隙，当扩散介质在孔隙内扩散时，其扩散通量除了与扩散物质本身的性质有关外，还与孔隙的尺寸结构密切相关，这种扩散即为与固体内部结构有关的稳态扩散，如图 2-5 所示。按照扩散物质分子运动的平均自由程和孔道直径的关系，多孔固体中的扩散分为斐克型扩散、克努森扩散及过渡区扩散等几种类型。

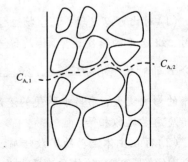

图 2-5 多孔固体示意图

（1）斐克型扩散

当固体内部孔道的直径 d 远大于流体分子运动自由程 ℓ 时，一般 $d \geq 100\ell$，则扩散时扩散分子之间的碰撞机会远大于分子与壁面之间的碰撞，因此扩散仍遵循斐克定律，稳态时其扩散通量可以表示为：

$$N_A = -D_P \frac{dC_A}{dz} \qquad (2-88)$$

式中：D_P 为"有效扩散系数"，它与一般双组分中 A 的扩散系数 D 不等，但可以由 D 经过校正获得。

由于多孔介质中的扩散路径为曲折扩散，假设为直线路径的 τ 倍（τ 被称为曲折因数），而且组分在多孔介质内扩散的面积为孔道的截面积并非多孔介质的总截面积，因此还需要孔隙率 ε 矫正扩散面积。于是 D_P 可以表示为：

$$D_P = \frac{\varepsilon D}{\tau} \qquad (2-89)$$

高压下的气体和常压下的液体一般容易发生斐克型扩散。曲折因数不仅与曲折路径长度有关，还与固体内部毛细通道的结构有关，因此其与孔隙率一般通过实验确定。

（2）克努森扩散

当固体内部孔道的直径远小于流体分子运动自由程 ℓ 时，一般 $\ell \geqslant 100d$，则扩散时扩散分子与壁面之间的碰撞机会远大于分子之间的碰撞，在这种情况下，分子之间的扩散阻力可忽略，组分 A 通过孔道的扩散阻力主要取决于分子与壁面的碰撞阻力。这种扩散现象称为克努森扩散，低压下的气体一般容易发生克努森扩散。克努森扩散不再遵循斐克定律，但是仍可以写成与斐克定律相同的形式：

$$N_A = -D_{KA} \frac{dC_A}{dz} \qquad (2-90)$$

式中：D_{KA} 为克努森扩散系数，其表达式为：

$$D_{KA} = 97\bar{r} \left(\frac{T}{M_A} \right)^{\frac{1}{2}} \qquad (2-91)$$

式中：$\bar{r}$ 为孔道的平均半径，m；T 为气体温度，K；M_A 为气体摩尔质量，kg/kmol。

（3）过渡区扩散

当固体内部孔道的直径 d 与流体分子运动自由程 ℓ 相差不大时，此时既有斐克型扩散也有克努森扩散，两种扩散影响同样重要，称为过渡区扩散。过渡区的扩散方程也可以写成斐克定律形式：

$$N_A = -D_{NA} \frac{dC_A}{dz} \qquad (2-92)$$

或

$$N_A = -D_{NA} \frac{p}{RT} \frac{dx_A}{dz} \qquad (2-93)$$

式中：D_{NA} 为过渡区扩散系数。可用克努森数 Kn（$Kn = \frac{\ell}{2\bar{r}}$）判断气体在多孔固体内扩散类型，当 $0.01 \leqslant Kn \leqslant 10$ 时为过渡区扩散，当 $Kn \leqslant 0.01$ 时为斐克型扩散，当 $Kn \geqslant 10$ 时为克努森扩散。

3. 固体中的一维稳态扩散求解

由以上分析可知，无论是否与固体内部结构有关，无论为何种扩散类型，固体中的扩散传质通量可统一写成如下形式：

$$N_A = -D_S \frac{dC_A}{dz} \tag{2-94}$$

式中：D_S 为固体中的扩散系数，m^2/s。

2.4　建筑环境领域扩散问题分析

2.4.1　空气中的扩散传质问题

1. 空气中水蒸气的扩散

水分的蒸发及扩散是自然界中最典型的传热传质现象，地球上海洋及江河湖泊中水分的蒸发扩散也是云雾、降雨、降雪及冰雹等自然现象的形成基础，影响着人类的生活和工作环境以及地球生物圈的生态平衡，而室内水面的蒸发及其扩散，还影响着供暖空调系统的湿负荷及室内空气的舒适度。人类舒适的室内相对湿度是 40% ~ 60%，低于 30% 属于干燥环境，高于 70% 属于潮湿环境。若相对湿度高于 80% 并持续一段时间，围护结构内表面受潮将有产生霉菌的危险，不仅影响室内空气的舒适性，还将影响居住者的身体健康。

对于水面蒸发现象，越接近水面湿度越大，如果把自然界的水面蒸发及其扩散宏观地完全看作静止的水面和静止的空气相接触，就可以近似地看作是等温下分子的扩散传质（漂流因数近似等于 1），如图 2-6 所示，水分的扩散传质通量为：

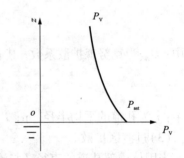

图 2-6　水蒸气在空气中的扩散
P_v—水蒸气分压力，Pa
P_{ast}—饱和水蒸气分压力，Pa
z—z 轴方向

$$m_A = -\frac{D}{R_w T}\frac{dp_w}{dz} \tag{2-95}$$

式中：p_w 为空气中的水蒸气分压力，Pa；R_w 为水蒸气气体常数，$R_w = \dfrac{R}{M_w}$，其中 $R = 8314\ \mathrm{J/(kmol \cdot K)}$，$M_w$ 为水蒸气摩尔质量，kg/kmol。若考虑到风的作用，则水面水蒸气的传递主要为对流传质过程，对流传质过程将在下一章中详述。

实际上，在自然环境中，总会有温差的存在，大气也会存在对流，风速会增大蒸发速率，因此室外大气中水面的实际蒸发率用暴露在大气中的标准蒸发盘内水面高度在一昼夜时间内的降低值来测量。标准蒸发盘包括平放在陆地上的"陆基盘"和放在水面上的"漂泊盘"。根据长期积累的数据资料，陆基盘的蒸发率 E 可以由下式进行计算：

$$E = (181 + 1.25\overline{u})(p_s - p_w)^{0.88} \tag{2-96}$$

式中：$\overline{u}$ 为平均风速，km/天；$p_s - p_w$ 为盘正上方 0.5 m 处大气干球温度下的饱和水蒸气压力和实际空气中水蒸气分压力的差值，atm。考虑到周围环境的额外传热对盘蒸发率的影响，在上式的基础上对其进行修正，"陆基盘"取 0.7，"漂浮盘"取 0.8。

2. 室内建材有机挥发性化合物的扩散问题

人们大多数时间在室内度过，因此室内空气品质的优劣对人身体健康影响很大。随着合成建材和建筑装修装饰材料的大量使用，其散发的挥发性有机物（简称 VOCs）会对长期生活和工作在室内的人们造成不良影响，出现一些病态反应，如头痛、困倦、恶心和流鼻涕等，还会对人的呼吸系统、心血管系统以及神经系统造成伤害，严重的可以致癌。

空气中的扩散传质问题

要想有效地控制室内建材 VOCs 的散发，需要对其散发特性有所了解，一般研究室内建材 VOCs 散发特性的方法有两种：实验测定法和数值模拟法。实验测定法可靠准确，但是难以了解其散发的物理机制，难以了解非实验条件下的散发情况。数值模拟法分析建材 VOCs 散发过程可以在一定程度上弥补实验测定方法的不足，但是仍需首先获得建材 VOCs 散发的相关特性参数，如传质系数 D、分离系数 K 等。

假设一建材平板内 VOCs（组分 A）扩散为一维传质（x 轴方向），底部与不渗透表面接触（绝质边界），则其质量扩散方程为：

$$\frac{\partial C_A(x, \tau)}{\partial \tau} = D \frac{\partial^2 C_A(x, \tau)}{\partial x^2} \tag{2-97}$$

初始条件：

$$\tau = 0 \quad C_A(x, \tau) = C_0(x) \tag{2-98}$$

边界条件：

$$x = 0 \quad \frac{\partial C_A(x, \tau)}{\partial x} = 0$$

$$x = L \quad \frac{\partial C_A(x, \tau)}{\partial x} = h_m(C_s(\tau) - C_\infty) \tag{2-99}$$

纳米 TiO_2 光催化处理室内 VOCs 是近年来兴起的一项新技术，其研究中也涉及一些对流传质问题。含有 VOCs 有机挥发物的空气进入光催化反应器反应段，反应段内的光催化反应会降解有机挥发物，使得其出口处有机挥发物浓度有所降低。

3. 室外大气污染中的扩散问题

近些年来，我国大气污染严重，各种工业、农业及生活污染物的排放造成了空气中的污染现象，多地年空气污染天数超过 50%，大气污染问题越来越得到人们的重视，污染物在大气中的传递是典型的扩散问题。从理论上分析，污染物

空气中的扩散传质问题

在大气中的扩散与风和空气湍流等气象条件关系最为密切，与天气形势和天气过程也相关。

（1）风的影响

风能够将污染物输送到其他地方，使污染得到扩散。风的速度对扩散的影响最大，不难理解，风速越大，污染物就容易被吹走，扩散就越好；而风的方向不仅和扩散有关，还与外部污染源的输入有关。如对温州来说，北风可能会带来污染物，最明显的是沙尘暴，而东风或者东南风则相对比较干净。

（2）湍流的影响

风不总是稳定的，一般是时而大，时而小，即呈现阵风的特点。同时在地面，风向也是

随时可能变化的。风的这种无规则的现象就是湍流。湍流有很强的大气扩散能力。湍流强则扩散好。湍流强度可以通过大气稳定度来反映。风速越大，稳定度越差，则湍流也越强。除了风速，太阳辐射和天空的云量也影响大气稳定度。例如，在晴朗的夏天中午，太阳辐射很强烈，地面温度很高，高空温度相对很低，大气就处于很不稳定状态，大气扩散程度很高。

（3）天气形势和天气过程的影响

天气形势和天气过程会形成特定的风场和湍流模式，还可能会输送来外来污染物。一般来说，在低压控制区，空气上升，有利于扩散；在强高压控制区，空气下沉，容易形成逆温，则不利于扩散。天气过程对空气质量也有明显影响，如冷锋过境能清除空气中的污染物，但冷锋过境后的气象条件则不利于污染扩散；而相同的排放源在不同气象条件下，空气中污染物浓度最大可以相差几十倍，甚至几百倍。

2.4.2 建筑围护结构的热湿传递问题

建筑围护结构是典型的毛细多孔结构，其孔洞充满着湿空气、液态水甚至冰。结构内的热传递、湿传递及空气渗透是一个典型的热质耦合传递过程。围护结构内的水分因蒸发而吸收的潜热和释放的湿量将影响建筑物的热工性能甚至产生霉菌。围护结构的热湿传递过程对建筑的热性能、工程耐久性、室内空气舒适度以及建筑能耗都产生重要影响。

假设一厚度为 L 的围护结构，其内部的湿包括液态含湿量和气态含湿量，对于气态含湿量，其气相扩散传质通量可以表示为：

$$J_v = -D_v \theta_v \frac{\partial p_v}{\partial x} \qquad (2-100)$$

忽略重力导致的液相迁移，其液态的扩散传质通量可以表示为：

$$J_l = -\rho_l \theta_l k_l \frac{\partial p_l}{\partial x} \qquad (2-101)$$

总的传质通量为：

$$J_m = -\rho_l \theta_l k_l \frac{\partial p_l}{\partial x} - D_v \theta_v \frac{\partial p_v}{\partial x} \qquad (2-102)$$

式中：θ_l 为多孔介质内液相体积含湿量，m^3/m^3；θ_v 为多孔介质内气相体积含湿量，m^3/m^3；D_v 为蒸气扩散系数，$kg/(m \cdot s \cdot Pa)$；k_l 为液态含湿量渗透系数，$m^2/(s \cdot Pa)$；p_v 为多孔介质内水蒸气分压力，Pa；p_l 为多孔介质内液态水的压力，Pa。

对于我国节能建筑应用较多的外保温围护结构，特别突出的是水蒸气在墙体内部的扩散和凝结，由于多孔材料内产生凝结水使其保温性能随含湿量的增加或结冰而急剧下降，导致建筑能耗增大，这也是一些节能建筑不节能的重要因素。我国严寒和寒冷地区新建建筑第一年需显著提高供暖负荷，尤其是第一个月最明显，增加的能耗占 17.3% ~ 35.2%，第一年增加的能耗占 4.8% ~ 14.5%。围护结构通过表面的吸放湿过程也会引起围护结构内部含湿量的变化、相变以及温度分布的变化，从而直接或间接地影响着显热负荷；而且围护结构表面水蒸气的扩散还会直接影响室内空气的相对湿度，进而影响居住者的能量平衡、热感觉、皮肤的润湿感、对衣物的触觉感及空气品质。从居住者的舒适角度考虑，室内空气相对湿度50% 最优，较低的相对湿度会影响人的呼吸系统。而较高的相对湿度，有的学者认为，其本身不会影响到人体的健康，其产生的危害主要是由于建筑围护结构中的湿积累和室内相对湿度过高而引发内表面霉菌生长。霉菌会使墙体表面尤其是墙角腐蚀，保温材料性能降低，降低建筑使用年限，更主要的是霉菌还会对人体的健康造成潜在的威胁，室内霉菌污染也是空气污染的重要方面。目前国内外学者对霉菌的定性研究较多，对霉菌的产生原理等定量研究还处于起始阶段，还需要更多的研究者深入研究。

围护结构的含湿量及其扩散还会降低其强度、表面长霉并对钢筋产生锈蚀危害，含湿量反复的冻融现象还会出现破坏性的挤压应力，影响混凝土与保温层的黏结强度，造成外保温墙体外饰面砖脱落。二者作用的最终结果是直接影响墙体的安全性和使用寿命，以至于许多建筑物在使用几年后便出现墙表面剥蚀、渗漏、发霉甚至结构出现损坏等现象。

本章小结

■ 本章主要内容

（1）扩散传质机理及基本概念

扩散传质的定义及传递机理；扩散传质相关的基本概念；

质量浓度、摩尔浓度、质量分数、摩尔分数、主流速度、扩散速度及各速度表示的传质通量（包括绝对传质通量和扩散传质通量）。

（2）扩散传质微分方程、斐克定律与扩散传质通量

扩散传质微分方程与导热传热微分方程的相似性、简单的一维稳态扩散传质微分方程；

斐克定律及其意义，质扩散系数的定义及性质，扩散传质通量的求解。

（3）斐克定律通用表达形式与绝对传质通量

斐克定律通用表达形式的推导，绝对传质通量的求解。

（4）有、无主流流动的二元混合物稳态扩散

有、无主流流动的二元混合物稳态扩散机理、基本规律及典型问题求解。

（5）液体和固体中的稳态扩散

固体、液体中分子稳态扩散的特点及过程。

■ 本章重点

斐克定律及其相关内容的掌握及应用；二元气体混合物中的稳态扩散，包括无主流速度的二元气体混合物中的稳态扩散（等分子反方向扩散）和有主流速度的二元气体混合物中的稳态扩散（组分 A 通过停滞组分 B 的稳态扩散）。

■ 本章难点

本章的难点是扩散传质通量与绝对传质通量之间的关系及其分析计算。

绝对传质通量包括扩散传质通量以及由于主体流动速度产生的质量通量两部分。在没有主流速度时，扩散传质通量等于绝对传质通量；有主流速度时，可以用漂流因子（主流速度对传质速率的影响）表达二者之间的关系。

在进行分析计算时，要判断扩散传质是否有主流速度，为了能够准确判断，需要知道主流速度的成因，主流速度是指与质量扩散有关的分子运动导致的混合物整体流动。下列几种情况下，扩散导致的主体流动可不考虑：当量非常小的组分 A 在静止组分 B 中的扩散；当组分在静止液体或固体中发生的扩散。

典型的有主流速度的扩散传质是停滞界面的组分 A 通过停滞组分 B 的稳态扩散，此时判

断是否有停滞界面是判断是否有主流速度的重要前提。对于二元混合物系统，停滞界面的重要特点是两种组分一种可以通过，另一种不能通过，不能通过的组分称为停滞组分，即绝对传质通量为零；由于是稳态扩散，则扩散路径上的任何界面上停滞组分的绝对传质通量都为零。

复习思考题

1. 试列举几个你身边的热质交换现象。

2. 试推导组分的质量浓度和摩尔浓度之间的关系。

3. 试推导组分的质量分数和摩尔分数之间的关系。

4. 试说明组分的扩散速度、绝对速度和主体流动速度的关系；分析组分的扩散传质通量，绝对传质通量和平均传质通量的关系。

5. 试推导斐克定律的普遍表达形式。

6. 质量扩散系数是如何定义的？影响质量扩散系数值大小的因素主要有哪些？

7. 试分析主体流动速度对传质通量的影响。

8. 相同条件下，同一种物质，在气体、液体和固体中，哪种质量扩散系数最大？哪种质量扩散系数最小？为什么？

9. 在煤层中，吸附着大量的瓦斯气体，为了减少瓦斯在煤炭开采过程中引起的灾害，一般在煤炭开采之前，对瓦斯进行抽放，为了提高抽放速度，从固体扩散传质的角度来看，你认为应该怎么做？为什么？

10. 气体的质量扩散系数与温度和压力是有关系的，请问气体扩散系数随温度升高怎么变化？随压力增大，气体扩散系数又如何变化？为什么会有这样的变化？请从分子运动论的角度进行解释。

11. 从分子运动论的观点来分析质量扩散系数 D 和压力 p、温度 t 的关系。并计算总压力为 1.01325×10^5 Pa、温度为 $25℃$ 时，下列气体之间的质量扩散系数：（1）氧气和氮气；（2）氨气和空气。

12. 假定空气只有 O_2 和 N_2 两种组分，它们的分压比为 $0.21:0.79$，它们的质量分数分别是多少？

13. 一个容器中装有 CO_2 和 N_2 的混合物，其温度为 $25℃$，每种组分的分压均为 1 bar。计算每种组分的摩尔浓度、质量浓度、摩尔分数和质量分数。

14. 氮气和空气在总压力为 1.01325×10^5 Pa、温度为 $25℃$ 的条件下作等分子反方向扩散，已知扩散系数为 0.6×10^{-4} m^2/s，在垂直于扩散方向上距离为 10 mm 的两个平面上，氮气分压力为 16000 Pa 和 5300 Pa。试计算此两种气体的摩尔扩散通量。

15. 10 bar 和 $27℃$ 的气态氢放在直径为 100 mm 壁厚为 2 mm 的钢制容器中。钢壁内表面的氢的浓度分别为 1.5 kmol/m^3，外表面氢的浓度可以忽略。氢在钢材中的质量扩散系数约为 0.3×10^{-12} m^2/s，求开始时通过钢壁的氢的质量损失速率和压力下降速率。

16. 一层塑料薄膜将氢气与气体主流隔开。在稳态条件下，薄膜内外表面的氢气浓度分别为 0.02 kmol/m^3 和 0.005 kmol/m^3。薄膜的厚度为 1 mm，氢气对该塑料的二元扩散系数为 10^{-9} m^2/s，问氢气的质量扩散通量是多少？

17. 一个开口容器的直径为 0.2 m，容器开口处比 27℃ 的水面高 80 mm，容器暴露于 27℃ 和相对湿度为 25% 的周围空气中。假定只发生质量扩散，确定蒸发速率。在考虑整体运动的情况下确定蒸发速率。

18. 当水蒸气在保温层上凝结时，保温层的保温能力下降（其导热系数增加）。严寒季节，潮湿的室内水蒸气通过干墙（温度为 10℃）扩散并在隔气层附近凝结。对 3 m×5 m 的墙，设室内空气和隔气层中水蒸气压力分别为 0.03 bar 和 0.0 bar，试估算此时水蒸气的质量扩散传质通量。已知干墙厚 10 mm，水蒸气在墙体材料中的溶解度约为 5×10^{-3} kmol/(m³·bar)。水蒸气在干墙中的二元扩散系数为 10^{-9} m²/s。

19. 压力为 $2 \times 1.01325 \times 10^5$ Pa 的氢气在直径为 40 mm、壁厚为 0.5 mm 的圆管内流动。圆管外表面暴露在氢气分压为 $0.1 \times 1.01325 \times 10^5$ Pa 的气态主流中，氢气在钢材中的扩散系数和溶解度分别为 1.8×10^{-11} m²/s 和 160 kmol/(m³·atm)。当系统温度为 500 K 时，单位长度的圆管，氢气的质量损失速率有多大？

20. CO_2 和 N_2 在直径为 50 mm、长度为 1 m 的圆管内进行等摩尔反向扩散。管内压力和温度分别为 1.01325×10^5 Pa 和 25℃。管的两端分别与大容器相连，每个容器中各组分的浓度均为定值，其中一个容器中的 CO_2 的分压力为 100 mmHg①，另一个容器中的 CO_2 的分压力为 50 mmHg。试计算通过圆管的 CO_2 的传质速率为多少？

21. 考虑液体 A 蒸发到含有 A 和 B 二元气体混合物的柱状容器。下列哪一种情况具有最大的蒸发速率。（1）气体 B 在 A 溶液中的溶解度为无穷大；（2）气体 B 不溶于液 A。当柱状容器顶端的蒸气压力为"0"，而蒸气的饱和压力占总压力的 1/10 时，上述两种情况的蒸发速率比为多大？

22. 一个半径为 r_0 的球状液滴 A 在静止的气体 B 中蒸发。请导出 A 的蒸发速率与 A 的饱和压力 $[p_A(r_0) = p_{A,\,sat}]$、A 在半径 r 处的分压 $[p_A(r)]$、总压 p 和其他必要分量之间的关系。假定液滴及混合物的压力 p 和温度 T 均恒定。

23. 直径为 10 mm 的萘球在空气中进行稳态扩散。空气的压力为 101.3 kPa，温度为 318 K，萘球表面温度也维持在 318 K。在此条件下，萘在空气中的扩散系数为 6.92×10^{-6} m²/s，萘的饱和蒸气压为 0.074 kPa。试计算萘球表面的摩尔扩散通量 N_A。

24. 假设空气中悬浮着一个半径为 5 mm 的球型水珠，水温为 30℃，空气温度也为 30℃，大气压力为 1.01325×10^5 Pa，空气相对湿度为 50%，试计算水球表面的扩散通量。假设扩散在稳定状态下进行。

---

① 1 mmHg = 1.3332×10^2 Pa

第3章 对流传质

　　流体的本质是具有流动性，建筑环境与能源应用工程专业所研究的流体中，很多处于流动状态，因此，经常遇到对流传质问题，即运动着的流体之间或流体与壁面之间的物质传递问题。例如喷淋室和冷却塔中，空气与水之间的对流传质问题；蒸发器和冷凝器中，制冷剂和壁面之间的对流传质问题等。

3.1 对流传质的基本理论

3.1.1 对流传质的定义与传递机理

　　对流传质是指流体与物体壁面接触时相互间的传质过程，这种过程既包括由流体位移所产生的对流作用，同时也包括流体分子间的扩散作用。这种分子扩散和对流扩散的综合称为对流传质。分子扩散起着重要的组成作用，但流体的流动确是其存在的基础。

　　速度的分布能够决定流体中热量传递和组分传递的量，因此流体的流动状态对对流传质的强弱有着很复杂的影响。如图 3－1 所示，流体层流和湍流两种状态下对流传质有明显的区别：层流流体流动极为规则，能够识别流体质点运动的流线，因此层流对流传质过程主要依靠分子传质；湍流流体的流动是极为不规则的，包括最邻近界面的黏性底层，影响最大的湍流区以及二者之间的过渡层。黏性底层速度分布几乎是线性的，其组分传递也以分子扩散为主，湍流区主要特征表现为流体微团三维随机运动，形成很多旋涡的混沌状态，因此其传质过程以湍流传质为主。

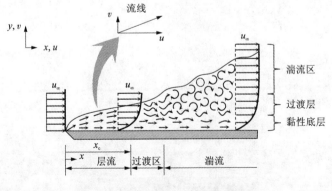

图 3－1　平板上速度边界层的发展

x_c—层流长度，m

对流传质不仅与动量和热量传输过程类似，而且还存在密切的依存关系。与对流传热一样，对流传质速率在很大程度上取决于流体处于哪种流态，湍流状态的流体由于其强烈的扰动性，对流传质速率要比层流状态快得多。流体对流流动很多时候是层流状态和湍流状态同时发生，以流体外掠平板为例，层流流态就发生在湍流流态之前，中间还包含着过渡区，因此，同一表面的对流传质速率会随着流体的流动状态及流体扰动的剧烈程度而变化。一般来说，湍流流态的对流传质速率大于层流流态的对流传质速率，受迫流动的平均对流传质速率将比自然对流快速得多。

3.1.2　对流传质通量

对流传质过程与对流传热过程相似，如组分 A 摩尔浓度为 $C_{A,\infty}$ 的混合流体以 u_∞ 的来流速度流过一个表面，而该表面处组分 A 具有均匀的摩尔浓度 $C_{A,s}$ （$C_{A,s} \neq C_{A,\infty}$），如图 3 − 2 所示，则会发生组分 A 的对流传质过程，其对流传质速率可用对流传质通量表达，与对流传热的牛顿冷却定律相似，组分 A 的摩尔对流传质通量可以表示为：

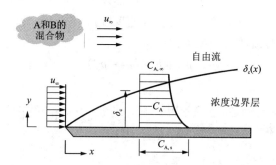

图 3 − 2　平板上建立的组分浓度边界层

u_∞ —来流速度，m/s；$C_{A,\infty}$ —混合物中组分 A 摩尔浓度，kmol/m³；

C_A —边界层内组分 A 摩尔浓度，kmol/m³；δ_c —浓度边界层厚度，m；

$C_{A,s}$ —组分 A 在表面处的摩尔浓度，kmol/m³；$\delta_c(x)$ —沿流动方向上 x 处的浓度边界层厚度，m

$$N_A = h_m(C_{A,s} - C_{A,\infty}) = h_m \cdot \Delta C_A \qquad (3-1)$$

若已知组分 A 在流体中及界面上的分压力，组分 A 的摩尔对流传质通量也可以表示为：

$$N_A = h'_m(p_{A,s} - p_{A,\infty}) \qquad (3-2)$$

式中：h_m、h'_m 分别为以摩尔浓度和分压力为驱动力的对流传质系数，单位分别为 m/s 和 kmol/(m²·s·Pa)。由于对流过程中流体的流态会发生变化，因此，对流传质系数也会沿表面发生变化，因此平均对流传质通量对应平均对流传质系数，局部对流传质通量对应局部对流传质系数，平均对流传质系数与局部对流传质系数之间的关系为：

$$\bar{h}_m = \frac{1}{A}\int_A h_m \mathrm{d}A \qquad (3-3)$$

在式（3−1）的两边分别乘以组分 A 的摩尔质量，就可获得组分 A 的质量对流传质通量表达式：

$$m_A = h_m(\rho_{A,s} - \rho_{A,\infty}) \qquad (3-4)$$

3.1.3　对流传质系数

求解对流传质问题的基本目的可以归结为获得不同对流传质工况下的对流传质系数和对流传质通量。而对流传质通量的计算主要取决于对流传质系数的获得，因此，对流传质过程的分析主要可以归结为获得不同对流传质工况下的对流传质系数。但是对流传质系数的确定是一项复杂的问题，它与流体的性质、壁面的几何形状和粗糙度、流体的速度等因素有关。这种独立变量的多样性是由于对流传质与在其表面上形成的边界层有关。

【例3-1】　经测定，处于25℃干燥的自然流动空气中，直径为230 mm的盘中，25℃水的质量损失速率为1.5×10^{-5} kg/s。已知25℃的饱和水蒸气压为$p_{sat} = 0.031 \times 1.01325 \times 10^5$ Pa。试确定：

(1)这种情形下的对流传质系数。

(2)若环境空气温度不变，相对湿度为50%时的水蒸气质量损失速率。假定对流传质系数不变。

(3)确定水和环境空气的温度均为47℃时的蒸发质量损失速率。（假定对流传质系数不变，且环境空气是干燥的。47℃时水的饱和蒸气压为$p_{sat} = 0.1053 \times 1.01325 \times 10^5$ Pa。）

【解】　(1)由对流传质质量损失率公式：

$$m_A = h_m A(p_S - p_\infty)$$

可得：

$$h_m = \frac{m_A}{A(p_S - p_\infty)} = \frac{1.5 \times 10^{-5}}{\frac{\pi}{4} \times 0.23^2 \times (p_{sat,25} - 0)} = 1.15 \times 10^{-7} \left[kg/(m^2 \cdot s \cdot Pa) \right]$$

(2)由对流传质质量损失率公式可得：

$$m_A = h_m A(p_S - p_\infty)$$
$$= 1.15 \times 10^{-7} \times \frac{\pi}{4} \times 0.23^2 \times (p_{sat,25} - 50\% p_{sat,25})$$
$$= 7.5 \times 10^{-6} (kg/s)$$

(3)同样，由对流传质质量损失率公式可得：

$$m_A = h_m A(p_S - p_\infty)$$
$$= 1.15 \times 10^{-7} \times \frac{\pi}{4} \times 0.23^2 \times (p_{sat,47} - 0)$$
$$= 5.1 \times 10^{-5} (kg/s)$$

3.1.4　热质传递常用的准则数及其物理意义

对流传质与对流传热相类似，表征对流传质过程的准则数与对流传热准则数有相类似的组成形式。根据对流传热的相关准则数，改换组成准则数的各相应物理量及几何参数，即可导出对流传质的相关准则数。对流传热、对流传质都与动量传递密切相关，多数情况是流体在强制流动下的对流过程，因此其质传递强度必然与雷诺准则数有关。

(1)雷诺数 Re

Re 是在流体运动中，惯性力与黏滞力的比值：

$$Re = \frac{uL}{\nu} = \frac{uL\rho}{\mu} \tag{3-5}$$

式中：u 为流体流动速度，m/s；L 为特征长度，m；ν 为动量扩散系数，也叫运动黏滞系数，m^2/s；ρ 为流体密度，kg/m^3；μ 为动力黏滞系数，Pa·s。

可见，Re 是表征流体运动中，黏性作用和惯性作用的相对大小的无因次数，也是衡量作用于流体上的惯性力与黏性力之间的相对大小的一个无量纲相似参数。

（2）施密特准则数 Sc

Sc 对应于对流传热中的 Pr。Pr 是流体的动量扩散系数（运动黏度）ν 与流体的热量扩散系数 a 之比，表示了物质的动量传递能力与热量传递能力的相对强弱。

$$Pr = \frac{\nu}{a} \tag{3-6}$$

类似地，Sc 是流体的动量扩散系数（运动黏度）ν 与流体的质量扩散系数 D 之比，表示了物质的动量传递能力与质量传递能力的相对强弱。

$$Sc = \frac{\nu}{D} \tag{3-7}$$

（3）刘伊斯数 Le

Le 是热量扩散系数与质量扩散系数之比：

$$Le = \frac{a}{D} = \frac{Sc}{Pr} \tag{3-8}$$

它是联系热量扩散能力和质量扩散能力的相似准则，体现了传热和传质之间的联系。

（4）宣乌特准则数 Sh

Sh 对应于对流传热中的努谢尔特准则数 Nu。

$$Nu = \frac{hL}{\lambda} \tag{3-9}$$

Nu 是一个待定数，其中包含未定的表面传热系数，它是以边界层导热热阻与对流传热热阻之比表示对流换热过程强弱的准则数。

$$Sh = \frac{h_m L}{D} \tag{3-10}$$

Sh 是流体的边界层扩散传质阻力与对流传质阻力之比，它表示了对流质交换过程的强弱。

（5）传质斯坦顿准则数 St_m

St_m 对应于对流传热中的传热斯坦顿准则数 St。

St 是对流换热的 Nu、Pr 以及 Re 的综合准则数：

$$St = \frac{Nu}{Re \cdot Pr} = \frac{h}{\rho c_p u_\infty} \tag{3-11}$$

与此类似，对流传质的 St_m 为：

$$St_m = \frac{Sh}{Re \cdot Sc} = \frac{h_m}{u_\infty} \tag{3-12}$$

与传热、传质相关的常见准则数见表 3-1。

表 3-1 部分传热和传质的无量纲组合

名称	定义式	意义
毕渥数 Bi	$\dfrac{hL}{\lambda_s}$	固体的内热阻与边界层热阻之比
传质毕渥数 Bi^*	$\dfrac{h_m L}{D_{AB}}$	内部的组分传递阻力与边界层组分传递阻力之比
邦德数 Bo	$\dfrac{g(\rho_1 - \rho_v)L^2}{\sigma}$	重力与表面张力之比
摩擦系数 C_f	$\dfrac{\tau_s}{\rho u^2/2}$	无量纲表面切应力
傅立叶数 F_0	$\dfrac{a\tau}{L^2}$	固体中导热速率与热能贮存速率之比,无量纲时间
传质傅立叶数 F_0^*	$\dfrac{D_{AB}\tau}{L^2}$	组分扩散速率与组分贮存速率之比,无量纲时间
摩擦因子 f	$\dfrac{\Delta p}{(L/D)(\rho u_m^2/2)}$	内部流动的无量纲压力降
格拉晓夫数 Gr	$\dfrac{g\beta(T_s - T_\infty)L^3}{v^2}$	浮升力与黏性力之比
科尔伯恩 j 因子 j_H	$St\,Pr^{2/3}$	无量纲传热系数
科尔伯恩 j 因子 j_m	$St_m Sc^{2/3}$	无量纲传质系数
刘伊斯数 Le	$\dfrac{a}{D_{AB}}$	热扩散系数与质量扩散系数之比
努谢尔特准则数 Nu_L	$\dfrac{hL}{\lambda}$	边界层导热热阻与对流热阻之比
普朗特准则数 Pr	$\dfrac{c_P\mu}{\lambda} = \dfrac{v}{a}$	动量扩散系数与热扩散系数之比
雷诺数 Re	$\dfrac{uL}{v}$	惯性力与黏性力之比
施密特准则数 Sc	$\dfrac{v}{D_{AB}}$	动量扩散系数与质量扩散系数之比
宣乌特准则数 Sh	$\dfrac{h_m L}{D_{AB}}$	边界层扩散传质质阻与对流传质质阻之比
传热斯坦顿准则数 St	$\dfrac{h}{\rho u c_P} = \dfrac{Nu}{RePr}$	修正的 Nu
传质斯坦顿准则数 St_m	$\dfrac{h_m}{u} = \dfrac{Sh}{ReSc}$	修正的 Sh

3.2 边界层理论及其意义

3.2.1 流动区域划分

当某流体以速度 u_∞ 流过某静止固体表面,如图 3-1 所示,由于固体表面阻力会影响流体的流动状态,与固体表面接触的流体质点,它们的速度为零,这些停滞的质点会阻碍临近流体层中质点的运动,而后者又阻碍上一层质点的运动,而且这种阻碍沿流动方向不断发展,形成了一个流体黏性作用不可忽略的薄层——流动边界层(又称速度边界层)。而边界层内紧贴壁面速度为零的这一部分流体层称为停滞层。这种由流体黏性所产生的内摩擦作用的影响,由壁面逐层达到流体内部并逐渐减小,当流体黏性作用影响可以忽略时,边界层即结束;边界层外的流体可以视为理想流体,可用欧拉方程描述,这部分区域称为主流区。

流动边界层由近代流体力学的奠基人,德国人普朗特于 1904 年首先提出。后来在流动边界层概念的基础上,还提出了温度边界层、浓度边界层和反应边界层等理论。应用边界层理论可以计算黏性流体运动时的速度分布,这为阐明传热和传质机理,计算温度分布、浓度分布等奠定了基础,同时也为传热、传质等过程的强化指明了方向。

3.2.2 三种边界层的定义

边界层的概念对于理解表面与流过表面的流体之间的对流传热和传质有重要意义,本部分将描述速度、热以及浓度边界层,并介绍它们与摩擦系数、对流换热系数以及对流传质系数之间的关系。假设一长度为 L 的平板,流体以与平板平行的速度 u_∞、温度 t 流过平板表面。

1. 速度边界层

如图 3-3 所示,当流体质点与表面接触时,它们的速度为零。这些质点会阻碍临近流体层中质点的运动,而后者又阻碍上一层质点的运动,依此类推,直到离开表面的距离 $y = \delta$ 时,才可以忽略这种影响。流体运动的受阻是与作用在平行于流体速度的平面上的切应力 τ 有关的。随着离开表面的距离 y 的增加,流体的 x 轴速度分量 u 也必定增加,直到它接近自由流的值 u_∞。下标 ∞ 用于表示边界层外自由流中的条件。

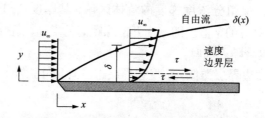

图 3-3 在平板上建立的速度边界层

δ—速度边界层厚度,m;$\delta(x)$—沿流动方向上 x 处的速度边界层厚度,m;τ—切应力,Pa

δ 为速度边界层厚度,通常定义为 $u = 0.99u_\infty$ 处的 y 值。边界层速度分布是指边界层内 u 随 y 的变化规律。因此,流体的流动可分成两个不同的区域来描述,一个是很薄的流体层

（边界层），该区域内的速度梯度和切应力都很大；另一个是边界层以外的区域，该区域速度梯度和切应力可以忽略。随着离前缘的距离的增加，黏性的影响逐步渗透进自由流中，边界层也相应增厚（δ 随 x 增加）。只要有流体流过表面，就会产生这种边界层，它在涉及对流传递的问题中极为重要，表面切应力与表面的摩擦作用相关。

2. 温度边界层

与流体流过表面时产生速度边界层一样，如果流体温度和表面温度不同，必将形成温度边界层，如图 3-4 所示。如果是等温平板上的流动，在前缘处，温度分布是均匀的，有 $T(y) = T_\infty$。在平板上平板会与接触的流体质点层交换能量，依次地，这些流体质点和临近流体层中的质点交换能量，并在流体中产生温度梯度。这个存在温度梯度的流体区域就是热边界层，通常其厚度 δ_t 定义为对应于温度比 $[T_S - T(y)] / (T_S - T_\infty) = 0.99$ 处的 y 值。随着离开前缘的距离的增加，传热的影响逐步渗透进自由流中，相应地，热边界层会增厚。

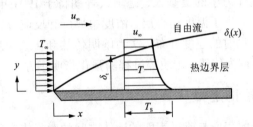

图 3-4　等温平板上建立的热边界层

δ_t—温度边界层厚度，m；$\delta_t(x)$—沿流动方向上 x 处的温度边界层厚度，m；

T_S—表面温度，K；T_∞—来流温度，K；T—边界层内流体温度，K

3. 浓度边界层

当空气流过水面时，水会蒸发，水蒸气会传到空气流中，这是典型的对流传质过程。考虑更一般的情形，如图 3-2 所示，假设流过表面的为由组分 A、B 组成的二元混合物，自由流中组分 A 的摩尔浓度为 $C_{A,\infty}$，表面处组分 A 的摩尔浓度为 $C_{A,S}$，如果二者不相等，将会发生组分 A 的对流传递。在这种情况下，与速度边界层和温度边界层类似，将会出现浓度边界层。浓度边界层是存在传递组分浓度梯度的流体区域，其厚度 δ_m 定义为 $[C_{A,S} - C_A(y)] / (C_{A,S} - C_{A,\infty}) = 0.99$ 所对应的 y 值。随着离开前缘距离的增加，组分传递的影响逐步深入到自由流中，浓度边界层也会随之加厚。

与速度边界层和温度边界层类似，浓度边界层也具有尺寸极小、法线方向浓度梯度大的特点。

3.2.3　三种边界层厚度的相对大小

有可能会发生三种边界层共存的现象，在给定的位置上，边界层的厚度可能不一样。那么如何来判定边界层厚度的相对大小呢？

Pr 反映了流体中动量扩散与热扩散能力的对比。流体的运动黏度反映了流体中由于分子运动而扩散动量的能力,这一能力越大,黏性的影响传递越远,因而流动边界层越厚。同样,热扩散系数反映了流体中热量扩散的能力,这一能力越大,温度边界层越厚,因而 v 与 a 的比值即 Pr,反映了速度边界层和温度边界层厚度的相对大小。同理 v 与 D 的比值即 Sc,反映了速度边界层和浓度边界层厚度的相对大小;a 与 D 的比值即 Le 数,反映了温度边界层和浓度边界层厚度的相对大小,如图 3 - 5 所示。对于空气中的热湿交换过程,可看作 $Le \approx 1$,即可看作是温度边界层和浓度边界层曲线重合、厚度相等的情况。

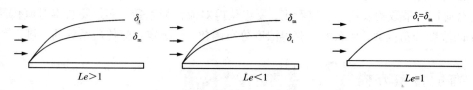

图 3 - 5　温度边界层和浓度边界层的相对大小

3.2.4　边界层理论的重要意义

对流过任意表面的流动,速度边界层总是存在的,因而存在表面摩擦。同样地,如果表面和自由流的温度不同,就会存在热边界层,从而存在对流传热。类似地,如果一种组分在表面处的浓度和它在自由流中的浓度不同,就会存在浓度边界层,从而存在对流传质。速度边界层的范围是 $\delta(x)$,其特征是存在速度梯度和切应力。温度边界层的范围是 $\delta_t(x)$,其特征是存在温度梯度和传热。浓度边界层的范围是 $\delta_m(x)$,其特征是存在浓度梯度和组分传递。

三种边界层的主要表现形式是表面摩擦、对流传热以及对流传质,因此其相关联的边界层参数分别为摩擦系数 C_f、对流传热系数 h 以及对流传质系数 h_m。

边界层理论把流动区域分为主流区和边界层区,主流区可看作理想流体的流动,温度和浓度变化可看作零;而在边界层区需要考虑流体的黏性作用、温度的变化和传递组分浓度的变化。由于边界层的引入,可以大大简化对流传递问题的难度,在主流区内为等温、等浓度的势流,各种参数视为常数。所有的变化过程都集中在边界层内,因此边界层内部具有较大的速度梯度、温度梯度和浓度梯度。根据边界层的特点,可以把描述主流区和边界层区流体的连续性方程、动量方程和能量方程予以简化至较易求解的形式。浓度边界层的概念是研究对流传质的理论基础,运用浓度边界层的特性,简化对流传质过程,确立浓度分布,最终求解对流传质系数,以方便对流传质的计算。

3.2.5　对流传质系数的定义式

与对流传热相似,表面与自由流中流体的对流组分传递是由边界层中的状态来决定的。在二元混合物对流传质的边界层中,在 $y > 0$ 的任意点上,组分的传递是由流体的整体流动(平流)和扩散共同引起的,而在 $y = 0$ 及表面位置处为不流动流体(这里忽略由于扩散而引起的流动速度),在该层中,流体的流动只以扩散方式进行,应用斐克定律可得:

$$N_A = -D \left. \frac{\partial C_A}{\partial y} \right|_{y=0} \qquad (3 - 13)$$

与流体牛顿冷却定律类似,组分 A 的摩尔对流传质通量为:

$$N_A = h_m (C_{A,s} - C_{A,\infty}) \tag{3-14}$$

联立式(3-13)和式(3-14)，可得对流传质系数表达式：

$$h_m = -\frac{D}{C_{A,s} - C_{A,\infty}} \frac{\partial C_A}{\partial y}\Big|_{y=0} \tag{3-15}$$

因此，表面处的浓度梯度 $\dfrac{\partial C_A}{\partial y}\Big|_{y=0}$ 对浓度边界层中的状态有很强影响，也会对对流传质系数产生影响，继而影响到边界层中组分传递的速率。

由对流传质系数的表达式可以看出，要想获得对流传质系数，必须要获得对流传质流中组分 A 的浓度分布函数，那么如何获得浓度分布函数，是确定对流传质系数的关键。

3.3　对流传质方程

3.3.1　层流对流传质微分方程推导

在多组分系统中，当进行多维、非稳态、或伴有化学反应的传质时，必须采用传质微分方程才能全面描述此情况下的传质过程。多组分传质微分方程的推导原则与单组分连续性方程的推导相同，即进行微分质量衡算，故多组分系统的传质微分方程，亦称为多组分系统的连续性方程。

以双组分系统为例，对传质微分方程进行推导。根据欧拉(Euler)的观点，在流体中取一边长为 dx、dy、dz 的流体微元，该流体微元的体积为 dxdydz，如图 3-6 所示，以该流体微元为物系，周围流体作为环境，对二元混合物中的组分 A 进行微元质量或摩尔量衡算。衡算所依据的定律为质量守恒定律。对于组分 A，根据质量守恒定律，很容易获得其摩尔量守恒关系。因此，对于选定的微元体，有：

流体微元内积累的组分 A 摩尔量速率 = 流入微元体的摩尔量速率 -
流出微元体的摩尔量速率 +
反应生成的摩尔量速率　　　　　(3-16)

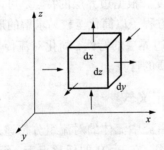

图 3-6　对流传质微元

1.流体流入、流出微元体的质量速率差

设在点(x、y、z)处，流体的摩尔平均速度为 u_m，它在直角坐标系中的分量为 u_{mx}、u_{my}、

u_{mz}，则组分 A 在三个坐标方向上由平均速度产生的摩尔传质通量分别为 $C_A u_{mx}$、$C_A u_{my}$、$C_A u_{mz}$，由于分子扩散产生的扩散传质通量分别为 J_{Ax}、J_{Ay}、J_{Az}。因此微元体各面流入流出的质量中包含主流传质通量和扩散传质通量。其中沿 x 轴方向输入的总摩尔传质速率为：

$$(C_A u_{mx} + J_{Ax}) \mathrm{d}y\mathrm{d}z \big|_x \qquad (3-17)$$

沿 x 轴方向输出的总传质速率为：

$$(C_A u_{mx} + J_{Ax}) \mathrm{d}y\mathrm{d}z \big|_{x+\mathrm{d}x} = (C_A u_{mx} + J_{Ax}) \mathrm{d}y\mathrm{d}z \big|_x + \frac{\partial\left[(C_A u_{mx} + J_{Ax})\mathrm{d}y\mathrm{d}z\right]}{\partial x}\mathrm{d}x \qquad (3-18)$$

组分 A 沿 x 轴方向输出输入的摩尔传质速率差为：

$$\left[(C_A u_{mx} + J_{Ax})\big|_x + \frac{\partial(C_A u_{mx} + J_{Ax})}{\partial x}\mathrm{d}x\right]\mathrm{d}y\mathrm{d}z - (C_A u_{mx} + J_{Ax})\mathrm{d}y\mathrm{d}z\big|_x$$

$$= \left[\frac{\partial(C_A u_{mx})}{\partial x} + \frac{\partial J_{Ax}}{\partial x}\right]\mathrm{d}x\mathrm{d}y\mathrm{d}z \qquad (3-19)$$

同理，组分 A 沿 y、z 轴方向输出、输入的摩尔传质速率差分别为：

$$\left[\frac{\partial(C_A u_{my})}{\partial y} + \frac{\partial J_{Ay}}{\partial y}\right]\mathrm{d}x\mathrm{d}y\mathrm{d}z \qquad (3-20)$$

$$\left[\frac{\partial(C_A u_{mz})}{\partial z} + \frac{\partial J_{Az}}{\partial z}\right]\mathrm{d}x\mathrm{d}y\mathrm{d}z \qquad (3-21)$$

则三个方向上输入与输出流体微元的摩尔流量速率差为：

$$-\left[\frac{\partial(C_A u_{mx})}{\partial x} + \frac{\partial J_{Ax}}{\partial x} + \frac{\partial(C_A u_{my})}{\partial y} + \frac{\partial J_{Ay}}{\partial y} + \frac{\partial(C_A u_{mz})}{\partial z} + \frac{\partial J_{Az}}{\partial z}\right]\mathrm{d}x\mathrm{d}y\mathrm{d}z \qquad (3-22)$$

2. 微元内积累的组分 A 摩尔量速率

组分 A 的摩尔浓度为 C_A，则所选微元体内组分 A 的摩尔数为 $C_A\mathrm{d}x\mathrm{d}y\mathrm{d}z$，则组分 A 的摩尔量变化速率为：

$$\frac{\partial C_A}{\partial \tau}\mathrm{d}x\mathrm{d}y\mathrm{d}z \qquad (3-23)$$

3. 对流传质微分方程

设系统内有化学反应发生，单位体积流体中组分 A 的生成速率为 R_A，当 A 为生成物时，R_A 为正，当 A 为反应物时，R_A 为负。则流体内由于化学反应生成的组分 A 的摩尔量速率为 $R_A\mathrm{d}x\mathrm{d}y\mathrm{d}z$。

将以上三部分代到关系式（3-16）中，可得对流传质摩尔微分方程为：

$$\frac{\partial C_A}{\partial \tau} = -\left[\frac{\partial(C_A u_{mx})}{\partial x} + \frac{\partial(C_A u_{my})}{\partial y} + \frac{\partial(C_A u_{mz})}{\partial z} + \frac{\partial J_{Ax}}{\partial x} + \frac{\partial J_{Ay}}{\partial y} + \frac{\partial J_{Az}}{\partial z}\right] + R_A \qquad (3-24)$$

将关系式 $\dfrac{DC_A}{D\tau} = \dfrac{\partial C_A}{\partial \tau} + u_{mx}\dfrac{\partial C_A}{\partial x} + u_{my}\dfrac{\partial C_A}{\partial y} + u_{mz}\dfrac{\partial C_A}{\partial z}$ 及斐克定律代入上式，可得：

$$\frac{DC_A}{D\tau} = D\left(\frac{\partial^2 C_A}{\partial x^2} + \frac{\partial^2 C_A}{\partial y^2} + \frac{\partial^2 C_A}{\partial z^2}\right) - C_A\left(\frac{\partial u_{mx}}{\partial x} + \frac{\partial u_{my}}{\partial y} + \frac{\partial u_{mz}}{\partial z}\right) + R_A \qquad (3-25)$$

此公式即为以摩尔量为基准推导的传质微分方程，若以质量为基准推导，同样可以获得质量传质微分方程：

$$\frac{D\rho_A}{D\tau} = D\left(\frac{\partial^2 \rho_A}{\partial x^2} + \frac{\partial^2 \rho_A}{\partial y^2} + \frac{\partial^2 \rho_A}{\partial z^2}\right) - \rho_A\left(\frac{\partial u_x}{\partial x} + \frac{\partial u_y}{\partial y} + \frac{\partial u_z}{\partial z}\right) + r_A \qquad (3-26)$$

式中：u_x、u_y、u_z 为质量平均速度在直角坐标三个方向上的分量，m/s；r_A 为组分 A 的单位体积质量生成速率，kg/($m^3 \cdot s$)。

3.3.2 对流传质微分方程在特定条件下的简化

1. 不可压缩流体

对于不可压缩流体，混合物总质量浓度 ρ 恒定，由连续性方程 $\nabla \cdot u = 0$，传质微分方程可以化简为：

$$\frac{D\rho_A}{D\tau} = D\left(\frac{\partial^2 \rho_A}{\partial x^2} + \frac{\partial^2 \rho_A}{\partial y^2} + \frac{\partial^2 \rho_A}{\partial z^2}\right) + r_A \qquad (3-27)$$

同样，若混合物总浓度 C 恒定，摩尔浓度传质微分方程可以简化为：

$$\frac{DC_A}{D\tau} = D\left(\frac{\partial^2 C_A}{\partial x^2} + \frac{\partial^2 C_A}{\partial y^2} + \frac{\partial^2 C_A}{\partial z^2}\right) + R_A \qquad (3-28)$$

式(3-27)、式(3-28)即为双组分系统不可压缩流体的传质微分方程，或称对流传质方程。该式适用于总浓度（质量浓度或摩尔浓度）为常数，由分子扩散并伴有化学反应的非稳态三维对流传质过程。

2. 不可压缩流体的稳态传质过程

$$u_x\frac{\partial \rho_A}{\partial x} + u_y\frac{\partial \rho_A}{\partial y} + u_z\frac{\partial \rho_A}{\partial z} = D\left(\frac{\partial^2 \rho_A}{\partial x^2} + \frac{\partial^2 \rho_A}{\partial y^2} + \frac{\partial^2 \rho_A}{\partial z^2}\right) + r_A \qquad (3-29)$$

$$u_{mx}\frac{\partial C_A}{\partial x} + u_{my}\frac{\partial C_A}{\partial y} + u_{mz}\frac{\partial C_A}{\partial z} = D\left(\frac{\partial^2 C_A}{\partial x^2} + \frac{\partial^2 C_A}{\partial y^2} + \frac{\partial^2 C_A}{\partial z^2}\right) + R_A \qquad (3-30)$$

3. 分子传质微分方程

对于不可压缩流体，当主体流动速度 u_m（或 u）为零，即为固体或停滞流体中的分子扩散过程，式(3-27)、式(3-28)可进一步简化为

$$\frac{\partial C_A}{\partial \tau} = D\left(\frac{\partial^2 C_A}{\partial x^2} + \frac{\partial^2 C_A}{\partial y^2} + \frac{\partial^2 C_A}{\partial z^2}\right) + R_A \qquad (3-31)$$

$$\frac{\partial \rho_A}{\partial \tau} = D\left(\frac{\partial^2 \rho_A}{\partial x^2} + \frac{\partial^2 \rho_A}{\partial y^2} + \frac{\partial^2 \rho_A}{\partial z^2}\right) + r_A \qquad (3-32)$$

式(3-31)与式(3-32)称为扩散传质微分方程。与第 2 章公式(2-49)、式(2-48)相同。

4. 球坐标系与柱坐标系下的传质微分方程

在研究圆筒壁或球面等的传质问题时，应用柱坐标系或球坐标系下的传质微分方程较为简便。柱坐标系或球坐标系下的传质微分方程的推导与直角坐标系的推导原理类似，详细推导过程请参考有关书籍。

柱坐标系下的对流传质微分方程为：

$$\frac{\partial C_A}{\partial \tau} + u_{mr}\frac{\partial C_A}{\partial r} + \frac{u_{m\theta}}{r}\frac{\partial C_A}{\partial \theta} + u_{mz}\frac{\partial C_A}{\partial z} = D\left[\frac{1}{r}\frac{\partial}{\partial r}\left(r\frac{\partial C_A}{\partial r}\right) + \frac{1}{r^2}\frac{\partial^2 C_A}{\partial \varphi^2} + \frac{\partial^2 C_A}{\partial z^2}\right] + R_A \quad (3-33)$$

球坐标系下的对流传质微分方程为：

$$\frac{\partial C_A}{\partial \tau} + u_{mr}\frac{\partial C_A}{\partial r} + \frac{u_{m\theta}}{r}\frac{\partial C_A}{\partial \theta} + \frac{u_{m\varphi}}{r\sin\theta}\frac{\partial C_A}{\partial z}$$
$$= D\left[\frac{1}{r^2}\frac{\partial}{\partial r}\left(r^2\frac{\partial C_A}{\partial r}\right) + \frac{1}{r^2\sin^2\theta}\frac{\partial^2 C_A}{\partial \varphi^2} + \frac{1}{r^2\sin\theta}\frac{\partial}{\partial \theta}\left(\sin\theta\frac{\partial C_A}{\partial \theta}\right)\right] + R_A \quad (3-34)$$

式中：u_{mr}，$u_{m\theta}$，u_{mz} 分别为 r，θ，z 方向的传质速度。

3.3.3　对流传递微分方程组在边界层内的简化

建筑环境与能源应用工程专业的许多有关的物理现象方程都可以简化为二维稳态情形，通常情况，二维边界层可描写为：稳态（与时间无关），流体物性是常数（λ、μ、D 等为常数），不可压缩（ρ 是常数），物体力忽略不计（$X = Y = 0$），无化学反应，即没有物质、能量产生。

由于边界层的厚度一般是很小的，可以通过边界层的近似做进一步简化。在边界层内沿表面主体流动方向的速度分量要远大于垂直表面方向的速度分量，而垂直于表面方向的各参量梯度远大于沿表面方向的各参量梯度，设 x 轴方向为主体流动方向，则：

$$u_x \gg u_y \quad (3-35)$$

$$\frac{\partial u_x}{\partial y} \gg \frac{\partial u_x}{\partial x}, \quad \frac{\partial u_y}{\partial y}, \quad \frac{\partial u_y}{\partial x} \quad (3-36)$$

$$\frac{\partial T}{\partial y} \gg \frac{\partial T}{\partial x} \quad (3-37)$$

$$\frac{\partial C_A}{\partial y} \gg \frac{\partial C_A}{\partial x} \quad (3-38)$$

在对对流传质过程各微分方程进行简化前，做如下三点假设：

①如果存在流向壁面或离开壁面的传质，仍假设表面处 $u_y = 0$。

②忽略流体的体积力和压强梯度。

③假定边界层流体的二元混合物的物性等于组分 B 的物性，$C_B \gg C_A$。

由以上边界层的近似及三点假设，根据数量级分析方法，经简化，得到边界层内对流传质过程数学描述：

连续性方程：

$$\frac{\partial u_x}{\partial x} + \frac{\partial u_y}{\partial y} = 0 \quad (3-39)$$

动量微分方程：

$$u_x\frac{\partial u_x}{\partial x} + u_y\frac{\partial u_x}{\partial y} = \nu\frac{\partial^2 u_x}{\partial y^2} \quad (3-40)$$

能量微分方程：

$$u_x\frac{\partial T}{\partial x} + u_y\frac{\partial T}{\partial y} = a\frac{\partial^2 T}{\partial y^2} \quad (3-41)$$

组分 A 的传质微分方程：

$$u_x \frac{\partial C_A}{\partial x} + u_y \frac{\partial C_A}{\partial y} = D_{AB} \frac{\partial^2 C_A}{\partial y^2} \qquad (3-42)$$

边界条件

$$y = 0: \frac{u}{u_\infty} = 0, \ \frac{t - t_S}{t_\infty - t_S} = 0, \ \frac{C_A - C_{A,S}}{C_{A,\infty} - C_{A,S}} = 0 \qquad (3-43)$$

$$y = \infty: \frac{u}{u_\infty} = 1, \ \frac{t - t_S}{t_\infty - t_S} = 1, \ \frac{C_A - C_{A,S}}{C_{A,\infty} - C_{A,S}} = 1 \qquad (3-44)$$

3.3.4　对流传质微分方程解的函数形式

将对流传质过程数学描述无量纲化为：

$$\frac{\partial u_x^*}{\partial x^*} + \frac{\partial u_x^*}{\partial y^*} = 0 \qquad (3-45)$$

$$u_x^* \frac{\partial u_x^*}{\partial x^*} + u_y^* \frac{\partial u_x^*}{\partial y^*} = \frac{1}{Re} \frac{\partial^2 u_x^*}{\partial y^{*2}} \qquad (3-46)$$

$$u_x^* \frac{\partial T^*}{\partial x^*} + u_y^* \frac{\partial T^*}{\partial y^*} = \frac{1}{Re \cdot Pr} \frac{\partial^2 T^*}{\partial y^{*2}} \qquad (3-47)$$

$$u_x^* \frac{\partial C_A^*}{\partial x^*} + u_y^* \frac{\partial C_A^*}{\partial y^*} = \frac{1}{Re \cdot Sc} \frac{\partial^2 C_A^*}{\partial y^{*2}} \qquad (3-48)$$

边界条件为：

$$\eta = 0, \ C_A^* = 0, \ T^* = 0$$
$$\eta \to \infty, \ C_A^* = 1, \ T^* = 1 \qquad (3-49)$$

式中：L 为特征长度；$x^* = \dfrac{x}{L}$，$y^* = \dfrac{y}{L}$，$u_x^* = \dfrac{u_x}{u_\infty}$，$u_y^* = \dfrac{u_y}{u_\infty}$，$T^* = \dfrac{t - t_S}{t_\infty - t_S}$，$C_A^* = \dfrac{C_A - C_{A,S}}{C_{A,\infty} - C_{A,S}}$

由速度边界层，根据连续性方程和动量守恒方程，可以确定速度分布 u_x^* 和 u_y^*：

$$u_x^* = f(x^*, \ y^*, \ Re), \ u_y^* = f(x^*, \ y^*, \ Re) \qquad (3-50)$$

根据上一步求得的 u_x^* 和 u_y^*，分析能量微分方程（3 – 47）和对流传质微分方程（3 – 48），可得温度分布和浓度分布 $T(x, y)$ 和 $C_A(x, y)$：

$$T^* = f(x^*, \ y^*, \ Re, \ Pr) \qquad (3-51)$$

$$C_A^* = f(x^*, \ y^*, \ Re, \ Sc) \qquad (3-52)$$

由浓度分布函数 $C_A^*(x, y)$，计算浓度梯度：

$$\left. \frac{d C_A^*}{d y^*} \right|_{y^*=0} = f(x^*, \ Re, \ Sc) \qquad (3-53)$$

根据对流传质系数定义式：

$$h_{mx} = \frac{-D \left. \dfrac{d C_A}{d y} \right|_{y=0}}{(c_{A,S} - c_{A,\infty})} = \frac{D}{L} \left. \frac{d C_A^*}{d y^*} \right|_{y^*=0} \qquad (3-54)$$

可得局部无量纲 Sh：

$$Sh_x = \frac{h_{mx}L}{D} = \frac{dC_A^*}{dy^*}\bigg|_{y^*=0} = f(x^*, Re, Sc) \qquad (3-55)$$

Sh 等于表面无量纲浓度梯度，Sh 与浓度边界层的关系和 Nu 与温度边界层的关系相似，对于给定几何形状的表面，其对流传质局部 Sh 是沿流动方向无量纲位置 x^* 及 Re、Sc 的函数。可以定义沿整个流动方向的平均 Sh：

$$Sh = \frac{h_m L}{D} = f(Re, Sc) \qquad (3-56)$$

此式即为对流传质系数的无量纲关系式。

【例 3-2】　如图 3-7 所示，一个任意形状的固体悬挂在空气（1.01325×10^5 Pa）中，自由流的温度和速度分别为 $T_{1,\infty} = 20℃$ 和 $u_{1,\infty} = 100$ m/s。固体的特征长度为 $L_1 = 1$ m，其表面维持在 $T_{1,s} = 80℃$。在这些条件下，对表面上特定点（x^*）处的热流密度及边界层中处于该点上方的（x_1^*, y_2^*）处温度进行测量，得 $q(x_1^*) = 10^4$ W/m^2 和 $T(x_1^*, y_2^*) = 60℃$。现在要在第二个具有相同形状但特征长度为 $L_2 = 2$ m 的固体上实现传质过程。具体地说，是要将固体表面上的一层水膜在干空气（1.01325×10^5 Pa）中蒸发，空气的自由流速度为 $u_{2,\infty} = 50$ m/s，而空气和固体都处于 $T_{2,\infty} = T_{2,s} = 50℃$。在相应于第一种情况中测出温度和热流密度的点（$x_2^*, y_2^*$）处，水蒸气的摩尔浓度和水蒸气的摩尔对流传质通量 $N_A(x_2^*)$ 分别是多少？

【解】　假定：①二维稳态不可压缩边界层，常物性；②边界层近似成立；③黏性耗散可忽略；④浓度边界层中水蒸气的摩尔分数远小于 1。

查物性参数：根据已知条件可计算出两种情况定性温度（表面与流体算术平均值）均为 50℃。根据附表 6，空气（50℃）：$\nu = 18.2 \times 10^{-6}$ m^2/s，$\lambda = 28 \times 10^{-3}$ W/(m·K)，$Pr = 0.70$。根据附表 4，饱和水蒸气（50℃）：$\rho_{A,sat} = 0.082$ kg/m^3。查表 2-2，水蒸气-空气（0℃）：$D = 0.22 \times 10^{-4}$ m^2/s。

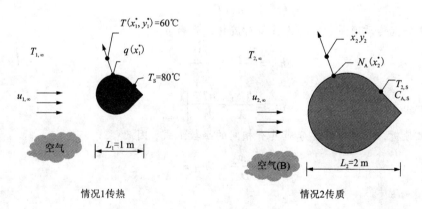

图 3-7　例题 3-2 图

根据公式（3-51），第一种情况传热条件下的无量纲温度为：

$$T^* \equiv \frac{T - T_s}{T_\infty - T_s} = f(x_1^*, y_1^*, Re_1, Pr_1)$$

式中：$Re_1 = \dfrac{u_1 L_1}{\nu} = \dfrac{100 \text{ m/s} \times 1 \text{ m}}{18.2 \times 10^{-6} \text{ m}^2/\text{s}} = 5.5 \times 10^6$，$Pr = 0.70$

根据公式(3-52),第二种情况传质条件下的无量纲浓度为:

$$C_A^* \equiv \frac{C_A - C_{A,s}}{C_{A,\infty} - C_{A,s}} = f(x_2^*, y_2^*, Re_2, Sc_2)$$

式中:$Re_2 = \dfrac{u_2 L_2}{\nu} = \dfrac{50 \text{ m/s} \times 2 \text{ m}}{18.2 \times 10^{-6} \text{ m}^2/\text{s}} = 5.5 \times 10^6$

$$D = D_0 \frac{p_0}{p} \left(\frac{T}{T_0}\right)^{3/2} = 0.22 \times 10^{-4} \times \frac{1.013 \times 10^5}{1.013 \times 10^5} \left(\frac{323}{273}\right)^{3/2} = 0.28 \times 10^{-4} (\text{m}^2/\text{s})$$

$$Sc = \frac{\nu}{D} = \frac{18.2 \times 10^{-6} \text{ m}^2/\text{s}}{28 \times 10^{-6} \text{ m}^2/\text{s}} \approx 0.70$$

由 $Re_1 = Re_2$,$Pr = Sc$,$x_1^* = x_2^*$,$y_1^* = y_2^*$,以及表面具有相同的几何形状及边界条件,可知温度和浓度分布具有相同的函数形式,$T^* = C_A^*$。因此:

$$\frac{C_A(x_2^*, y_2^*) - C_{A,s}}{C_{A,\infty} - C_{A,s}} = \frac{T(x_1^*, y_1^*) - T_s}{T_\infty - T_s} = \frac{60 - 80}{20 - 80} = 0.33$$

根据对流传质的空气为干空气 $C_{A,\infty} = 0$,由上式可求得:

$$C_A(x_2^*, y_2^*) = C_{A,s}(1 - 0.33) = 0.67 C_{A,s}$$

对流传质表面的为饱和水蒸气,因此:

$$C_{A,s} = C_{A,sat}(50°C) = \frac{\rho_{A,sat}}{M_A} = \frac{0.082 \text{ kg/m}^3}{18 \text{ kg/kmol}} = 0.0046 (\text{kmol/m}^3)$$

代入上式,可计算得相应于第一种情况中测出温度和热流密度的点 (x_2^*, y_2^*) 处,水蒸气的摩尔浓度:

$$C_A(x_2^*, y_2^*) = 0.67 \times (0.0046 \text{ kmol/m}^3) = 0.0031 (\text{kmol/m}^3)$$

根据对流传质通量公式:

$$N_A(x^*) = h_m(C_{A,s} - C_{A,\infty})$$

要想计算对流传质通量,需要先获得对流传质系数 h_m。

$$Sh_{x2} = \frac{h_{mx} x_2}{D} = \frac{dC_A^*}{dy^*}\bigg|_{y^*=0}$$

$$Nu_{x1} = \frac{h_x x_1}{\lambda} = \frac{dT^*}{dy^*}\bigg|_{y^*=0}$$

根据以上分析,温度和浓度分布具有相同的函数形式,因此:

$$Sh_{x2} = \frac{h_{mx} x_2}{D} = Nu_{x1} = \frac{h_x x_1}{\lambda}$$

且:

$$Sh_2 = \frac{h_m L_2}{D} = Nu_1 = \frac{h L_1}{\lambda}$$

对流传热系数可以根据牛顿冷却定律 $h = q/(T_s - T_\infty)$ 计算,因此:

$$h_m = \frac{L_1}{L_2} \times \frac{D_{AB}}{\lambda} \times \frac{q}{(T_s - T_\infty)} = \frac{1}{2} \times \frac{0.26 \times 10^{-4} \text{ m}^2/\text{s}}{0.028 \text{ W/(m·K)}} \times \frac{10^4 \text{ W/m}^2}{(80-20)°C} = 0.077 (\text{m/s})$$

于是:

$$N_A(x_2^*) = 0.077 \times (0.0046 - 0) = 3.54 \times 10^{-4} [\text{kmol/(m}^2 \cdot \text{s)}]$$

【分析】 由于假设在浓度边界层中水蒸气的摩尔分数很小，因此在计算 Re_2 时可以用空气的运动黏度系数。

3.4 对流传质微分方程在特定条件下的求解

3.4.1 平板壁面层流对流传质的精确解

尽管平板上的平行流较为简单，但在多数工程应用中都可见到这种流动，层流边界层在前缘处发生，下游若出现临界 Re 的位置，则会向湍流过渡，如图 3-1 所示。根据平板对流传质与平板对流传热的类似，本部分平板层流边界层的对流传质过程参照平板对流传热的研究方法进行讨论。

假设一平板，流体的平均浓度 $C_{A,\infty}$ 及壁面浓度 $C_{A,s}$ 都保持恒定，局部对流传质系数 h_{mx} 为：

$$h_{mx} = -D \frac{d\left(\dfrac{C_{Ax} - C_A}{c_{A,s} - c_{A,\infty}}\right)}{dy}\Bigg|_{y=0} \tag{3-57}$$

根据对流传质系数的求解步骤，需同时求解连续性方程、动量方程和传质方程。由于质量传递和热量传递的类似性，因此以下求解过程可与能量方程的求解过程进行对比。

$$\frac{\partial u_x}{\partial x} + \frac{\partial u_y}{\partial y} = 0 \tag{3-58}$$

动量微分方程可以简化为：

$$u_x \frac{\partial u_x}{\partial x} + u_y \frac{\partial u_x}{\partial y} = -\frac{1}{\rho}\frac{\partial p}{\partial x} + \nu \frac{\partial^2 u_x}{\partial y^2} \tag{3-59}$$

平板壁面对流过程能量方程：

$$u_x \frac{\partial T}{\partial x} + u_y \frac{\partial T}{\partial y} = a \frac{\partial^2 T}{\partial y^2} \tag{3-60}$$

组分 A 的对流传质微分方程：

$$u_x \frac{\partial C_A}{\partial x} + u_y \frac{\partial C_A}{\partial y} = D_{AB} \frac{\partial^2 C_A}{\partial y^2} \tag{3-61}$$

引入流函数 $\psi(x,y)$ 和无量纲位置变量 η：

$$\eta(x,y) = y\sqrt{\frac{V_\infty}{\nu x}} \tag{3-62}$$

$$f(\eta) = \frac{\psi}{V_\infty \nu x} \tag{3-63}$$

由于平板对流传热和平板对流传质的类似性，为方便理解，下面把传质微分方程和传热微分方程的求解过程进行对比。通过无因次化，将边界层能量方程和传质微分方程变成无因次方程为

$$\frac{\partial^2 C_A^*}{\partial \eta^2} + \frac{Sc}{2}f\frac{\partial C_A^*}{\partial \eta} = 0 \qquad \frac{\partial^2 T^*}{\partial \eta^2} + \frac{Pr}{2}f\frac{\partial T^*}{\partial \eta} = 0 \tag{3-64}$$

$$C_A^* = \frac{C_{A,s} - C_A}{C_{A,s} - C_{A,\infty}} \qquad T^* = \frac{t_s - t}{t_s - t_\infty} \tag{3-65}$$

边界条件为

$$\eta = 0, \ C_A^* = 0 \qquad \eta = 0, \ T^* = 0$$
$$\eta \to \infty, \ C_A^* = 1 \qquad \eta \to \infty, \ T^* = 1 \tag{3-66}$$

根据边界条件及方程的类似性，根据平板壁面层流传热的分析解（波尔豪森解），可以写出传质的类比解。

$$\frac{\delta}{\delta_c} = Sc^{\frac{1}{3}} \qquad \frac{\delta}{\delta_t} = Pr^{\frac{1}{3}} \tag{3-67}$$

$$\frac{\partial C_A^*}{\partial \eta}\bigg|_{y=0} = 0.332 Sc^{\frac{1}{3}} \qquad \frac{\partial T^*}{\partial \eta}\bigg|_{y=0} = 0.332 Pr^{\frac{1}{3}} \tag{3-68}$$

$$\frac{\partial C_A^*}{\partial y}\bigg|_{y=0} = 0.332 \frac{1}{x} Re_x^{\frac{1}{2}} Sc^{\frac{1}{3}} \qquad \frac{\partial T^*}{\partial y}\bigg|_{y=0} = 0.332 \frac{1}{x} Re_x^{\frac{1}{2}} Pr^{\frac{1}{3}} \tag{3-69}$$

将传质界面浓度梯度代入对流传质系数式(3-57)可得局部对流传质系数，即：

$$h_{mx} = 0.332 \frac{D}{x} Sc^{\frac{1}{3}} \cdot Re_x^{\frac{1}{2}} \qquad h_x = 0.332 \frac{\lambda}{x} Pr^{\frac{1}{3}} \cdot Re_x^{\frac{1}{2}} \tag{3-70}$$

$$Sh_x = 0.332 Sc^{\frac{1}{3}} \cdot Re_x^{\frac{1}{2}} \qquad Nu_x = 0.332 Pr^{\frac{1}{3}} \cdot Re_x^{\frac{1}{2}} \tag{3-71}$$

沿整个平板长度 L 方向对局部对流传质系数进行积分，可得平均表面传质系数表达式

$$\overline{Sh_L} = 0.664 Sc^{\frac{1}{3}} \cdot Re_L^{\frac{1}{2}} \qquad \overline{Nu_L} = 0.664 Pr^{\frac{1}{3}} \cdot Re_L^{\frac{1}{2}} \tag{3-72}$$

该式适用于 $Sc > 0.6$、平板壁面上传质速率较低、层流边界层部分的对流传质系数。

【例3-3】　有一块厚度为 10 mm，长度为 200 mm 的萘板。在萘板的一个面上有 0℃ 的常压空气吹过，流速为 10 m/s。求经过 10 h 后，萘板厚度减薄多少。已知在 0℃ 下，空气-萘系统的扩散系数为 5.14×10^{-6} m²/s，萘的饱和蒸气压力为 0.0059 mmHg，固体萘的密度 152 kg/m³，临界雷诺数为 $Re_{x,c} = 3 \times 10^5$。

【解】　查附表6，常压下 0℃ 空气的物性值为 $\rho = 1.293$ kg/m³，$\nu = 13.28 \times 10^{-6}$ m²/s，$Sc = \nu/D = 2.63$。

计算 Re：

$$Re_L = \frac{u_\infty L}{\nu} = \frac{10 \text{ m/s} \times 0.2 \text{ m}}{13.28 \times 10^{-6} \text{ m}^2/\text{s}} = 1.478 \times 10^5 < Re_{x,c}$$

该对流过程为层流，根据层流公式(3-72)计算对流传质系数：

$$h_m = 0.664 \frac{D}{L} Sc^{\frac{1}{3}} \cdot Re_L^{\frac{1}{2}} = 0.664 \frac{5.14 \times 10^{-6}}{0.2} \times 2.63^{\frac{1}{3}} \times 147800^{\frac{1}{2}} = 0.0091 \text{(m/s)}$$

根据对流传质通量公式：

$$N_A = h_m (C_{A,s} - C_{A,\infty})$$

式中：$C_{A,\infty}$ 为边界层外主流中萘的浓度，由于该处为流动的纯空气，因此 $C_{A,\infty} = 0$；$C_{A,s}$ 为萘板表面处气相中萘的饱和浓度，可通过该处萘的饱和蒸气压 $p_{A,s}$ 计算，假设萘蒸气为理想气体，则：

$$C_{A,s} = \frac{p_{A,s}}{RT} = \frac{0.0059 \times 101325}{760 \times 8.314 \times 273} = 3.46 \times 10^{-7} \text{(kmol/m}^3\text{)}$$

$$N_A = h_m(C_{A,s} - C_{A,\infty}) = 0.0091 \times (3.46 \times 10^{-7} - 0) = 3.15 \times 10^{-9} [\text{kmol}/(\text{m}^2 \cdot \text{s})]$$

10 h 内由于向空气中传质而减薄的萘板厚度为：

$$b = \frac{N_A A M_A \times 10 \times 3600}{A \rho_s} = \frac{3.15 \times 10^{-9} \times 128 \times 10 \times 3600}{1152} = 1.26 \times 10^{-5} (\text{m})$$

3.4.2 等温圆管内稳态层流对流传质求解

在本专业实际工程中，流体在管内流动的情况有很多，若流体与壁面之间存在浓度差就会发生传质。管内对流传质与管内对流传热类似，本节参照管内对流传热的研究方法，对管内对流传质问题进行讨论，主要探讨管内层流对流传质的分析求解。

管内流动的流体与壁面之间的传质问题在工程技术领域是经常遇到的，若流体的流速较慢，黏性较大或管道直径较小时，流动呈层流状态，这种情况下的传质即为管内层流传质。如图 3 - 8 所示，当管内速度分布与浓度分布均已充分发展时，可用柱坐标系的对流传质方程来描述。

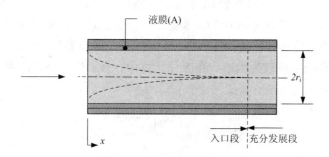

图 3 - 8 圆管内稳态层流对流传质
r_i—管内半径

假设流体在管内沿轴向作一维稳态层流流动，且组分 A 沿径向进行轴对称的稳态传质，忽略组分 A 的轴向扩散。速度边界层和浓度边界层均为充分发展状态时，由柱坐标系的对流传质方程可得：

$$\frac{\partial C_A}{\partial \tau} + u_{mr}\frac{\partial C_A}{\partial r} + \frac{u_{m\theta}}{r}\frac{\partial C_A}{\partial \theta} + u_{mz}\frac{\partial C_A}{\partial z} = D\left[\frac{1}{r}\frac{\partial}{\partial r}\left(r\frac{\partial C_A}{\partial r}\right) + \frac{1}{r^2}\frac{\partial^2 C_A}{\partial \varphi^2} + \frac{\partial^2 C_A}{\partial z^2}\right] \quad (3-73)$$

由于只沿径向作一维传递，式(3 - 73)可以简化为：

$$u_{mz}\frac{\partial C_A}{\partial z} = D\frac{1}{r}\frac{\partial}{\partial r}\left(r\frac{\partial C_A}{\partial r}\right) \quad (3-74)$$

由于速度分布已经充分发展，则 u_{mz} 与 r 的关系可由流体力学原理导出，即：

$$u_{mz} = 2u_b\left[1 - \left(\frac{r}{r_i}\right)^2\right] \quad (3-75)$$

式中：u_b 为轴心位置速度，m/s；r_i 为圆管内径，m。将式(3 - 75)代入式(3 - 74)中，即可得表述速度分布已经充分发展后的层流传质方程如下：

$$\frac{\partial C_A}{\partial z} = \frac{D}{2u_b[1 - (r/r_i)^2]}\left(\frac{1}{r}\frac{\partial}{\partial r}\left(r\frac{\partial C_A}{\partial r}\right)\right) \quad (3-76)$$

求解式(3-76)所获得的结果与管内层流传热情况相似。当速度分布与浓度分布均已充分发展且传质速率较低时,与 *Nu* 数类似,*Sh* 为常数。管内层流传质的边界条件可以分为两类:

第一类边界条件:组分 A 在管壁处的浓度 $C_{A,s}$ 维持恒定,如管壁覆盖着某种可溶性物质时。此时:

$$Sh = \frac{h_m d}{D_{AB}} = 3.66 \qquad (3-77)$$

第二类边界条件:组分 A 在管壁处的传质通量维持恒定,如多孔性管壁,组分 A 以恒定传质速率通过整个管壁进入流体中。此时

$$Sh = \frac{h_m d}{D_{AB}} = 4.36 \qquad (3-78)$$

由此可见,在速度分布和浓度分布均充分发展的条件下,管内层流传质时,h_m 或 *Sh* 为常数。

但是式(3-77)和式(3-78)在使用时需要注意的是,此关系式均是在速度边界层和浓度边界层都已充分发展的情况下求出的。实际上,在管道进口段距离内,流体速度分布和浓度分布逐渐发展,动量传递和质量传递规律都比较复杂,进口段的局部 *Sh* 也并非常数。

由于进口段的理论求解较为困难。在工程计算中,为了计入进口段对传质的影响,采用以下公式进行修正:

$$Sh = Sh_\infty + \frac{k_1 \left(\dfrac{d}{x} ReSc \right)}{1 + k_2 \left(\dfrac{d}{x} ReSc \right)^n} \qquad (3-79)$$

式中:*Sh* 为不同条件下的平均或局部宣乌特准则数;Sh_∞ 为浓度边界层已充分发展后的宣乌特准则数;*x* 为传质段长度;k_1,k_2,*n* 分别为常数,见表3-2。

表3-2   式(3-79)中的各有关参数值

管壁条件	速度分布	*Sc*	Sh_∞	k_1	k_2	*n*
第一类边界条件	抛物线	任意	平均,3.66	0.0668	0.04	2/3
第一类边界条件	正在发展	0.7	平均,3.66	0.104	0.016	0.8
第二类边界条件	抛物线	任意	局部,4.36	0.023	0.0012	1.0
第二类边界条件	正在发展	0.7	局部,4.36	0.036	0.0011	1.0

在使用式(3-79)计算 *Sh* 时,需先判断速度边界层和浓度边界层是否已经充分发展,故需估算流动进口段长度 L_e 和传质进口段长度 L_D,其估算公式为:

$$\frac{L_e}{d} = 0.05 Re, \quad \frac{L_D}{d} = 0.05 ReSc \qquad (3-80)$$

在进行管内层流传质的计算过程中,所有公式中各种物理量的定性温度和定性浓度采用流体的主体温度和主体浓度(进出口值的算术平均值),即:

$$t_b = \frac{t_1 + t_2}{2}, \quad C_{Ab} = \frac{C_{A,1} + C_{A,2}}{2} \qquad (3-81)$$

式中: 下标 1, 2 分别表示进、出口状态。

3.5 三种传递现象之间的类比

通过引入边界层理论,虽然可以对对流传质微分方程进行很大的简化,但最终得到的守恒方程还是很难通过求解浓度分布来获得对流传质系数,其求解涉及的数学知识超出了本书的范围。不过虽然建立的这些微分方程不容易求解,但是通过对流传质微分方程的建立和边界层理论的学习,可以培养学习者对在边界层中发生的不同物理过程的鉴别能力,并且可以利用方程提出一些关键的边界层参数,获得由对流引起的动量、热量和质量传递之间的重要类比关系。

3.5.1 三种传递现象之间的相似性

流体的宏观运动既可导致动量传递,同时也会把热量和质量从流体的一个部分传递到另一部分,所以温度分布、浓度分布和速度分布是相互联系的。这三种传递过程不仅在物理上有联系,而且还可以导出它们之间量与量的关系,因而使我们有可能用一种传递过程的结果去推导其他类似的传递过程的解。

当物系中存在速度、温度和浓度梯度时,则分别发生动量、热量和质量的传递现象。动量、热量和质量的传递,既可以是由分子的微观运动引起的分子扩散,也可以是由旋涡混合造成的流体微团的宏观运动引起的湍流传递。

1. 分子传递性质

流体的黏性、热传导性和质量扩散性通称为流体的分子传递性质。因为从微观上来考察,这些性质分别是非均匀流场中分子不规则运动中同一个过程引起的动量、热量和质量传递的结果。如第 1 章分析,对于分子传递,产生的切应力、热传导速率和质传递速率可以分别由牛顿黏性定律、傅立叶定律和斐克定律进行描述。

对于均质不可压缩流体:

$$\tau = -\nu \frac{d(\rho u)}{dz} \qquad (3-82)$$

对于恒定热容量的流体:

$$q = -\frac{\lambda}{\rho c_p} \frac{d(\rho c_p t)}{dz} = -a \frac{d(\rho c_p t)}{dz} \qquad (3-83)$$

对于混合物浓度为常数的流体:

$$N_A = -D_{AB} \frac{dC_A}{dz} \qquad (3-84)$$

这些表达式说明动量交换、能量交换和质量交换的规律可以类比,这些量的传递速率都分别与各量的梯度成正比,系数 D、a、ν 均具有扩散的性质,单位均是“m^2/s”。有一点不同的是在多维场中,动量是一个矢量,因而表示其传递量的动量通量是一个张量,而热量通量和质量通量都是标量，因而表示其传递量的热量通量和质量通量都是矢量。

2. 湍流传递性质

在湍流流动中，除分子传递外，宏观流体微团的不规则混掺运动也引起动量、热量和质量的传递，其结果从表象上看起来，相当于在流体中产生了附加的"湍流切应力""湍流热传导"和"湍流质量扩散"。由于流体微团的质量比分子的质量大得多，所以湍流传递的强度自然要比分子传递的强度大得多。

早期半经验湍流理论的创立者，仿照分子传递的定律，确定了湍流传递性质的公式。由于流体中同时存在湍流传递和分子传递性质，因此总的切应力、总的热量通量和组分 A 总的传质通量分别为：

$$\tau_S = \tau + \tau_t = -(\mu + \mu_t)\frac{d\bar{u}}{dz} = -\mu_{eff}\frac{d\bar{u}}{dz} \tag{3-85}$$

$$q_S = -(\lambda + \lambda_t)\frac{d\bar{t}}{dz} = -\lambda_{eff}\frac{d\bar{t}}{dz} \tag{3-86}$$

$$m_S = -(D + D_t)\frac{d\bar{\rho_A}}{dz} = -D_{eff}\frac{d\bar{\rho_A}}{dz} \tag{3-87}$$

式中：μ_{eff}、λ_{eff} 和 D_{eff} 分别称为有效动力黏度系数、有效导热系数和组分 A 在双组分混合物中的有效质量扩散系数。在充分发展的湍流中，湍流传递系数往往比分子传递系数大得多，因而 $\mu_{eff} \approx \mu_t$；$\lambda_{eff} \approx \lambda_t$；$D_{eff} \approx D_t$。这样，湍流动量传递、湍流热量传递和湍流质量传递三个数学关系式也是类似的。

但是确定湍流传递系数 μ_t、λ_t 和 D_t 要比确定分子传递系数 μ、λ 和 D 困难得多，主要表现在：第一：分子传递系数只取决于流体的热力学状态，而不受流体宏观运动的影响，因而分子传递系数 μ、λ 和 D 均是与温度、压力有关的流体的固有属性，是流体的物性。而湍流传递系数 μ_t、λ_t 和 D_t 主要取决于流体的平均运动，故不是流体物性。第二：分子传递性质可以由逐点局部平衡的定律来确定；然而对于湍流传递性质来说，应该考虑其松弛效应，即历史和周围流场对某时刻、某空间点湍流传递性质的影响。第三：在一般情况下，分子传递系数 μ、λ 和 D 是各向同性的；但在大多数情况下，湍流传递系数 μ_t、λ_t 和 D_t 是各向异性的。

正是由于湍流传递性质的上述特点，使得湍流流动的理论分析至今仍是远未彻底解决的问题，主要还是依靠实验来解决。

（3）三传方程

对于流体对流传递过程，如果能够获得无量纲参数 C_f、Nu、Sh，就可以计算平板表面的切应力与对流传热和传质速率。可见 C_f、Nu、Sh 之间的关系式在对流分析中非常重要，可以通过边界层类比的方式获得。

在有质交换时，对二元混合物的二维稳态层流流动，当不计流体的体积力和压力梯度，忽略耗散热、化学反应热以及由于分子扩散而引起的能量传递时，对流传热传质微分方程组为：

$$\frac{\partial u_x}{\partial x} + \frac{\partial u_y}{\partial y} = 0 \tag{3-88}$$

$$u_x\frac{\partial u_x}{\partial x} + u_y\frac{\partial u_x}{\partial y} = \nu\frac{\partial^2 u_x}{\partial y^2} \tag{3-89}$$

$$u_x \frac{\partial T}{\partial x} + u_y \frac{\partial T}{\partial y} = a \frac{\partial^2 T}{\partial y^2} \tag{3-90}$$

$$u_x \frac{\partial C_A}{\partial x} + u_y \frac{\partial C_A}{\partial y} = D \frac{\partial^2 C_A}{\partial y^2} \tag{3-91}$$

边界条件为

$$y = 0, \ \frac{u}{u_\infty} = 0 \ \text{或} \frac{u-u_S}{u_\infty - u_S} = 0, \ \frac{t-t_S}{t_\infty - t_S} = 0, \ \frac{C_A - C_{A,S}}{C_{A,\infty} - C_{A,S}} = 0 \tag{3-92}$$

$$y = \infty, \ \frac{u}{u_\infty} = 1 \ \text{或} \frac{u-u_S}{u_\infty - u_S} = 1, \ \frac{t-t_S}{t_\infty - t_S} = 1, \ \frac{C_A - C_{A,S}}{C_{A,\infty} - C_{A,S}} = 1 \tag{3-93}$$

可以看出,动量方程、能量方程和扩散方程以及对应的边界条件在形式上是完全类似的,它们统称为边界层传递方程。当三个方程的扩散系数相等(即 $\nu = a = D$ 或 $Pr = Sc = Le = 1$),且边界条件的数学表达式形式又完全相同时,则速度、温度和浓度分布是一致的,边界层中无因次速度、温度和浓度分布曲线完全相同,传递速率也是一致的。因而其相应的无量纲准则数相等。这一点是类比原理的基础。即使三个系数不相等,也可以通过三个系数之间的关系建立三种传递现象之间的类比关系。

采用传热学的方法,结合边界条件进行分析求解,可获得质交换的准则方程式。与求解传热相类似,可以用 Sh 与 Sc、Re 等准则的关联式,来表达对流质交换系数与诸影响因素的关系:

$$Sh = f(Re, Sc) \tag{3-94}$$

与 3.3 节微分方程获得的关联式(3-56)相同,函数的具体形式,可由质交换实验来确定。对于特定几何形状的对流传递过程,传热和传质的关系式是可以互换的。也就是说,已经确定的传热实验关联式结果可以应用于具有相同几何形状的表面对流传质求解过程。只需将关联式中的 Nu 换为 Sh,Pr 换为 Sc。

3.5.2   三种传递现象之间的类比

如果两个或者更多的过程由形式相同的无量纲方程控制,则这些过程就是可类比的。由于传热过程与传质过程的类似性,在实际应用上对流质交换的准则关联式常套用相应的对流换热的准则关联式。严格来说,从前述方程中,由于只是在忽略某些次要因素后,表达质交换、热交换和动量交换的微分方程式才相类似,所以这种套用也是近似的。

(1)雷诺类比

1874 年,雷诺首先提出了动量和热量传递现象之间存在类似性。雷诺假设动量传递和热量传递的机理是相同的,那么当 Pr 等于 1 时($\nu = \alpha$),在动量传递和热量传递之间就存在类似性。根据动量传输与热量传输的类似性,雷诺通过理论分析建立对流传热系数和摩擦阻力系数之间的联系,即:

$$St = \frac{Nu}{Re \cdot Pr} = \frac{C_f}{2} \ \text{或} \ Nu = \frac{C_f}{2} Re \tag{3-95}$$

以上关系也可以推广到质量传输:假设动量传递和质量传递的机理是相同的,那么当 Sc 等于 1 时($\nu = D$),在动量传递和质量传递之间就存在类似性,则对流传质系数和摩擦阻力系数之间的联系为:

$$St_{m} = \frac{Sh}{Re \cdot Sc} = \frac{C_{f}}{2} \ 或 \ Sh = \frac{C_{f}}{2}Re \tag{3-96}$$

结合式(3-95)和式(3-96)可得：

$$St = St_{m} = \frac{C_{f}}{2} \tag{3-97}$$

该式称为雷诺类比，它将速度、温度和浓度边界层的关键工程参数联系在一起，如果已知速度参数，则可以用该类比求得其他参数，反之亦然。但是雷诺类比建立在一个简化了的模型基础上，并且只考虑摩擦阻力而未包括形体阻力。由于把问题做了过分的简化，该结果的使用有限制，除了依赖于边界层近似成立（不存在边界层分离）之外，该式的精确性还取决于 $Pr \approx 1$、$Sc \approx 1$ 及 $\mathrm{d}p^{*}/\mathrm{d}x^{*} \approx 0$ 等条件是否满足。

（2）普朗特类比

雷诺类比忽略了层流底层的存在，这与实际情况大不相符，后来普朗特针对此点进行改进，他假设湍流流动是层流底层和湍流核心组成的，从而导出了质量传递和动量传递的普朗特类比：

$$Sh = \frac{Re \cdot Sc \cdot C_{f}/2}{1 + 5 \sqrt{C_{f}/2}(Sc - 1)} \tag{3-98}$$

或

$$St_{m} = \frac{h_{m}}{u_{\infty}} = \frac{C_{f}/2}{1 + 5 \sqrt{C_{f}/2}(Sc - 1)} \tag{3-99}$$

当 $Sc = 1$，即 $\nu = D$ 时，可得：$Sh = \frac{C_{f}}{2}Re$。

（3）卡门类比

冯·卡门认为紊流核心与层流底层之间还存在一个过渡层，所以假定湍流流动是由层流底层、过渡层和湍流核心组成的，从而获得质量传递的卡门类比：

$$Sh = \frac{Re \cdot Sc \cdot C_{f}/2}{1 + 5 \sqrt{C_{f}/2}\{(Sc - 1) + \ln[(1 + 5Sc)/6]\}} \tag{3-100}$$

或

$$St_{m} = \frac{h_{m}}{u_{\infty}} = \frac{C_{f}/2}{1 + 5 \sqrt{C_{f}/2}\{(Sc - 1) + \ln[(1 + 5Sc)/6]\}} \tag{3-101}$$

当 $Sc = 1$，即 $\nu = D$ 时，同样可得：$Sh = \frac{C_{f}}{2}Re$。

（4）契尔顿-科尔本类比

契尔顿和科尔本根据许多层流和紊流传质的实验结果，分别在1933年和1934年发表了如下的类似表达式：

$$St_{m} \cdot Sc^{2/3} = \frac{C_{f}}{2} \tag{3-102}$$

$$h_{m} = u_{\infty} \frac{C_{f}}{2} Sc^{2/3} \tag{3-103}$$

这个类比在阐述动量、热量和质量传递之间的类似关系中，最为简明实用。它与上述雷诺的简单类比不同之处在于引入了一个包括了流体重要物性的 Sc。当 $Sc=1$ 时，契尔顿 – 科尔本与雷诺类比所得结果完全一致。该类比适用于 $0.6 < Sc \leqslant 2500$ 的气体和液体。

工程中，为了便于直接算出换热系数和传质系数，往往把几个相关的特征数集合在一起，用一个符号表示，称为科尔伯恩(J)因子。其中的传热科尔伯恩因子用 J_H 表示，传质科尔伯恩因子用 J_D 表示。

$$J_H = St \cdot Pr^{2/3} = \frac{h}{\rho C_p u_\infty} Pr^{2/3} \qquad 0.6 < Pr < 60 \tag{3-104}$$

$$J_D = St_m Sc^{2/3} = \frac{h_m}{u_\infty} Sc^{2/3} \qquad 0.6 < Sc < 2500 \tag{3-105}$$

对于层流，只有当 $\mathrm{d}p^*/\mathrm{d}x^* \approx 0$ 时，式(3 – 104)和式(3 – 105)才适用，但在湍流中，由于压力梯度的影响不太重要，这些方程近似成立。如果类比适用于表面上所有的点，则它也适用于表面的平均系数。

因此，对流传热和流体摩阻之间的关系可以表示为：

$$St \cdot Pr^{\frac{2}{3}} = J_H = \frac{C_f}{2} \tag{3-106}$$

对流传质和流体摩阻之间的关系可以表示为：

$$St_m \cdot Sc^{\frac{2}{3}} = J_D = \frac{C_f}{2} \tag{3-107}$$

式(3 – 107)表达了动量传输和质量传输过程的类比关系。实验证明 J_H、J_D 和摩阻系数 C_f 有下列关系：

$$J_H = J_D = \frac{1}{2} C_f \tag{3-108}$$

由式(3 – 107)，可以通过流体力学的摩擦系数来求解对流传质系数，对流体外掠平板层流流动，根据范宁(Fanning)局部摩擦系数：

$$C_f = \frac{\tau_w}{\rho u_\infty^2/2} = 0.664 Re_x^{-\frac{1}{2}} \tag{3-109}$$

将局部摩擦系数公式代入公式(3 – 107)，即可以获得流体外略平板层流对流传质关联式：

$$Sh_x = 0.332 Sc^{\frac{1}{3}} \cdot Re^{\frac{1}{2}} \tag{3-110}$$

式(3 – 110)与式(3 – 71)相同，可见虽然切尔顿 – 科尔本类比公式是经验公式，但能满足层流流过平板的精确解。

公式(3 – 108)把三种传输过程联系在一个表达式中，它对平板流动是准确的，对其他没有形状阻力存在的流动也是适用的。因此，许多传热中对流传热过程的关联式可以直接应用到对流传质中，只需将其中的一些参量进行直接替换即可：

$$\begin{aligned} &t \leftrightarrow C \,;\ a \leftrightarrow D \,;\ \lambda \leftrightarrow D \\ &Pr \leftrightarrow Sc \,;\ Nu \leftrightarrow Sh \,;\ St \leftrightarrow St_m \end{aligned} \tag{3-111}$$

如平板层流传热传质关联式：

$$\begin{aligned} Nu_x &= 0.332 Pr^{\frac{1}{3}} \cdot Re_x^{\frac{1}{2}} \qquad Sh_x = 0.332 Sc^{\frac{1}{3}} \cdot Re^{\frac{1}{2}} \\ \overline{Nu_L} &= 0.664 Pr^{\frac{1}{3}} \cdot Re_L^{\frac{1}{2}} \qquad \overline{Sh_L} = 0.664 Sc^{\frac{1}{3}} \cdot Re_L^{\frac{1}{2}} \end{aligned} \tag{3-112}$$

平板紊流传热传质关联式：

$$Nu_x = 0.0296 Pr^{\frac{1}{3}} \cdot Re_x^{\frac{4}{5}} \quad Sh_x = 0.0296 Sc^{\frac{1}{3}} \cdot Re_x^{\frac{4}{5}}$$

$$\overline{Nu_L} = 0.037 Pr^{\frac{1}{3}} \cdot Re_L^{\frac{4}{5}} \quad \overline{Sh_L} = 0.037 Sc^{\frac{1}{3}} \cdot Re_L^{\frac{4}{5}} \tag{3-113}$$

光滑管紊流传热传质关联式：

$$Nu = 0.0395 Pr^{\frac{1}{3}} \cdot Re^{\frac{3}{4}} \quad Sh = 0.0395 Sc^{\frac{1}{3}} \cdot Re^{\frac{3}{4}} \tag{3-114}$$

3.5.3　三传现象类比的意义

在流体中的这三种传递现象，多是由于流体分子的随机运动所产生的。若流体内部有温度差存在，动量传递的同时必有热量传递；同理，若流体内部有浓度差存在时，也会同时有质量传递。若没有动量传递，则热量传递和质量传递主要是因分子的随机运动产生的现象，其传递速率较缓慢。三传类比的物理意义在于对于三种不同的传递过程找出其间的共性，以进行综合考察，并得出其间的一些定量关系，从而一种传递过程的规律用于条件类似的其他过程，即可以通过研究传热问题来解决传质问题，或者通过研究流体力学问题来解决传热、传质问题，从而绕开困难。例如，从容易测定的摩擦系数估算传热、传质对流传递系数；湍流传质机理较复杂，但根据湍流传热和湍流传质的类比关系可知，湍流对流传质系数与速度、物性及结构形状等有关。当两种或三种传递同时进行，三传类比还可对其间的内在联系做出估计。三传类比的实际意义在于：随着工业的迅速发展，常会遇到缺乏需要的数据，这时可应用类比关系作近似的分析和推算，也为实验和修正指出了内容和方法，给生产和实验研究指明了方向。

3.6　对流传热传质准则关联式及其应用

根据以上对边界层传质微分方程的推导，获得对流传质 Sh（或对流传质系数）的函数关系式：

$$Sh_x = f(x^*, Re_x, Sc) \tag{3-115}$$

$$Sh = f(Re, Sc) \tag{3-116}$$

如何获得该函数关系式，可以采用的方法有两种，一种是理论方法，另一种是实验方法。

实验方法是通过在实验室可控条件下进行传质测量，并建立用合适的无量纲参数整理数据之间的函数关系。

理论方法则是根据具体的几何形状求解边界层方程，得到无量纲浓度分布函数后，根据公式(3-55)计算局部及平均 Sh，进而获得局部和平均对流传质系数。

在传热和传质类比适用的条件下，传质关系式和传热关系式具有相同的形式，因此，我们可以预计强迫对流传质有如下形式的关联式：

$$Sh = C Re^m Sc^n \tag{3-117}$$

同理，自然对流传质为如下形式的关联式：

$$Sh = C(Gr \cdot Sc)^n \tag{3-118}$$

下面将给出几个典型的对流传质过程无量纲关联式。

3.6.1 管内受迫流动的对流传热传质准则关联式

管内流动着的气体与管道湿内壁之间,当气体中某组分能被管壁的液膜所吸收,或液膜能向气体做蒸发,均属质交换过程,它与管内受迫流动传热相类似。由传热学可知,在温差较小的条件下,管内紊流换热可不计物性修正项,并有如下准则关联式:

$$Nu = 0.023Re^{0.8}Pr^{0.4} \qquad (3-119)$$

通过大量被不同液体润湿的管壁和空气之间的质交换实验,吉利兰(Gilliland)把实验结果整理成相似准则,并得到相应的准则关联式为:

$$Sh = 0.023Re^{0.83}Sc^{0.44} \qquad (3-120)$$

该式与传热准则关联式只在指数上稍有差异,公式的应用范围是:

$$2000 < Re < 35000, \ 0.6 < Sc < 2.5 \qquad (3-121)$$

准则中的定性尺寸是管壁内径,速度为管内平均流速,定性温度取空气温度。如果用类比律来计算管内流动质交换系数,由于:

$$St_m \cdot Sc^{2/3} = \frac{f}{8} \qquad (3-122)$$

式中:f 为圆管内流体流动的摩阻系数,若采用布拉修斯光滑管内的摩阻系数公式:

$$f = 0.3164 Re^{-\frac{1}{4}} \qquad (3-123)$$

则可得:

$$\frac{Sh}{Re \cdot Sc}Sc^{2/3} = 0.0395 Re^{-\frac{1}{4}} \qquad (3-124)$$

即:

$$Sh = 0.0395 Re^{3/4}Sc^{1/3} \qquad (3-125)$$

可以证明,应用式(3-120)和式(3-125)进行计算,结果是很接近的。

3.6.2 沿平板流动的对流传热传质准则关联式

通过 3.4 节对边界层的理论求解或 3.5 节的切尔顿-科尔本类比,都可以得到流体外掠平板层流对流传质的准则关联式:

$$Sh_x = 0.332Sc^{1/3}Re_x^{1/2} \qquad (3-126)$$

$$Sh = 0.664Sc^{1/3}Re^{1/2} \qquad (3-127)$$

对于湍流,强烈影响边界层发展的是流体中的随机脉动,而不是分子扩散,因此湍流边界层的相对增长与 Pr 和 Sc 的值无关,即对于湍流 $\delta = \delta_t = \delta_c$。可以用下式计算速度、温度以及浓度边界层:

$$\delta = 0.37xRe_x^{-1/5} \qquad (3-128)$$

通过流体外掠平板湍流边界层测试获得的实验阻力系数计算式:

$$C_f = 0.0592Re_x^{-\frac{1}{5}} \qquad (3-129)$$

将局部摩擦系数公式代入切尔顿-科尔本类比公式(3-107),即可以获得流体外略平板紊流对流传质 Sh 关联式:

$$Sh_x = \frac{C_f}{2} \cdot Sc^{-\frac{2}{3}} \cdot Re_x \cdot Sc = 0.0296 Re_x^{4/5} \cdot Sc^{1/3} \quad 0.6 \leqslant Sc \leqslant 3000 \qquad (3-130)$$

强化混合使得湍流边界层的增长比层流边界层快得多，并且具有更大的摩擦和对流系数。

在应用以上关联式时，对于整个平板都是层流的情况（$Re_L < Re_c$，$Re_c = 5 \times 10^5$），可用式（3 - 126）或式（3 - 127）计算层流状态的局部或平均对流传质系数，如果层流湍流的过渡点 x_c 发生在平板的尾部，例如在 $0.95 \le x_c/L \le 1$ 时，作为合理的近似，仍然可以用式（3 - 127）计算平均对流传质系数；对于利用湍流触发器在前缘处触发边界层实现的完全湍流边界层（$x_c \approx 0$），可利用式（3 - 130）求解局部对流传质系数或积分求解平均对流传质系数。然而当过渡点发生在离尾部有相当距离的点，表面的对流传质系数同时受到层流和湍流边界层的影响，这种对流传质过程称为混合边界层传质状态。在混合边界层的情形下，可先后对平板的层流区（$0 \le x \le x_c$）和湍流区（$x_c < x \le L$）的局部对流传质系数进行积分：

$$h_m = \frac{1}{L} \int_0^L h_{mx} dx = \frac{1}{L} \left(\int_0^{x_c} h'_{mx} dx + \int_{x_c}^L h''_{mx} dx \right) \qquad (3 - 131)$$

可得混合边界层的平均 Sh 关联式为：

$$Sh = (0.037 Re_L^{4/5} - 871) Sc^{1/3} \qquad (3 - 132)$$

该式的应用条件为：$0.6 \le Sc \le 60$，$Re_c \le Re_L \le 10^8$。

另外，对于沿其他形状的物体表面的对流传质准则关联式，如：圆球、圆柱以及横掠管束等情形也都可以参考相应的传热准则关联式。

3.6.3　准则关联式解决传质问题的步骤

利用准则关联式解决对流传质问题可以按照以下步骤进行计算：

①了解流动的几何条件：分析对流传递是管内、平板、球还是圆柱上的流动，根据几何条件确定对流传质关系式的形式。

②确定合适的定性温度，并用该温度计算相关的流体物性：在边界层温差不大的情况下，可以使用膜温（即流体与平板温度的算术平均值）。若用自由流温度计算物性的关系式，会有一个物性之比用于计算物性变化的影响。

③对流传质物性参数采用组分 B 的相应物性参数：在处理对流传质问题时，我们只关注稀释的二元混合物，即 $x_A \ll 1$ 的组分 A 在组分 B 中的传递。此时，混合物的物性可假设为组分 B 的物性。例如，$Sc = \nu_B/D$，而 $Re = u_\infty L/\nu_B$。

④计算 Re：这个参数对边界层中的状态有强烈影响。如几何条件是平行流中的平板，需确定流动是层流还是湍流。

⑤确定需要的是局部还是表面平均系数：对于等表面温度或等表面气体浓度的情况，局部系数用于确定表面上特定点处的对流传质通量，而平均系数则用于确定整个表面的对流传递速率。

⑥利用确定的关联式求解传质系数：根据需要的局部或平均对流传质系数选择相关的局部或平均无量纲关联式。

⑦获得绝对传质通量：根据求得的局部或平均对流传质系数及浓度差，求解绝对传质通量 $N_A = h_m(C_{A,s} - C_{A,\infty})$ 或传质速率 $G_A = h_m A(C_{A,s} - C_{A,\infty})$。

3.6.4　准则关联式的实际应用实例

【例3 - 4】　如图3 - 9 所示，在直径 $d = 10$ mm、长 $L = 1$ m 的管内通质量流速为 $\dot{m} = 4 \times$

10^{-4} kg/s 的干空气，以去除内表面上形成的液氨薄膜。管和空气均处于 25℃。求平均对流传质系数有多大？

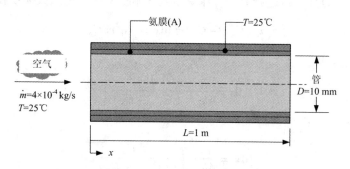

图 3 - 9　例题 3 - 4 图

【解】　假定液氨膜很薄，且表面光滑；可应用传热和传质的类比。查物性参数：根据附表 6，空气(25℃)：$\nu = 15.7 \times 10^{-6}$ m²/s，$\mu = 183.6 \times 10^{-7}$ N·s/m²。查表 2 - 1，氨 - 空气(25℃)：$D_{AB} = 0.28 \times 10^{-4}$ m²/s，$Sc = \nu/D_{AB} = 0.56$。

分析：由式(3 - 5)

$$Re_D = \frac{4 \times 4 \times 10^{-4} \text{ kg/s}}{\pi \times 0.01 \text{ m} \times 183.6 \times 10^{-7} \text{ N·s/m}^2} = 2773 > 2300 = Re_c$$

在这种情况下，管内空气流动是紊流。根据公式(3 - 120)可得：

$$Sh = 0.023 Re_d^{0.83} Sc^{0.44} = 12.84$$

可计算得平均对流传质系数：

$$h_m = Sh\left(\frac{D_{AB}}{d}\right) = 12.84 \frac{0.28 \times 10^{-4} \text{ m}^2/\text{s}}{0.01 \text{ m}} = 0.036 \text{ (m/s)}$$

【例 3 - 5】　相对湿度为 40%、温度为 25℃、压力为 1.01325×10^5 Pa 的空气，以 4 m/s 的流速进入内径为 8 cm 的竖直管，管内壁有 25℃ 的薄层水不断淌下，试计算为使空气达到饱和所需的管长。假设管内空气和水膜温度保持不变。

【解】　假设该对流过程为稳态过程；管内空气中的水蒸气为理想气体。查附表 6 空气 25℃ 时：$\nu = 15.7 \times 10^{-6}$ m²/s。查表 2 - 1，水蒸气 - 空气(25℃)的质量扩散系数：$D_{AB} = 0.255 \times 10^{-4}$ m²/s，$Sc = \nu/D_{AB} = 0.60$。查附表 4，饱和水蒸气质量浓度(25℃)：$\rho_{A, sat} = 0.0226$ kg/m³。

计算 Re：

$$Re_L = \frac{u_\infty d}{\nu} = \frac{4 \text{ m/s} \times 0.08 \text{ m}}{15.7 \times 10^{-6} \text{ m}^2/\text{s}} = 2 \times 10^4$$

在这种情况下，管内空气流动是紊流。根据公式(3 - 120)可得：

$$Sh_d = 0.023 Re_D^{0.83} Sc^{0.44} = 67.2$$

可计算得平均对流传质系数：

$$h_m = Sh\left(\frac{D_{AB}}{d}\right) = 67.2 \times \frac{0.255 \times 10^{-4} \text{ m}^2/\text{s}}{0.08 \text{ m}} = 0.02 \text{ (m/s)}$$

因为沿流动方向上，空气中的水蒸气浓度在不断增加，而管壁处水蒸气浓度不变（25℃下的饱和水蒸气浓度），所以流动方向的传质速度是不断减小的。为此，在沿管道流动方向上取微元长度为 dx 的微元体进行分析。根据水蒸气质量守恒，建立微分方程有：

$$h_{\mathrm{m}}(C_{\mathrm{A, s}} - C_{\mathrm{A}})\pi d \mathrm{d}x = \frac{\pi}{4}d^2 v \mathrm{d}C_{\mathrm{A}}$$

对上式进行整理得：

$$\mathrm{d}x = \frac{dv}{4h_{\mathrm{m}}} \cdot \frac{dC_{\mathrm{A}}}{(C_{\mathrm{A, s}} - C_{\mathrm{A}})}$$

对上式两边积分得：

$$\int_0^L \mathrm{d}x = \frac{dv}{4h_{\mathrm{m}}} \int_{C_{\mathrm{A, in}}}^{C_{\mathrm{A, L}}} \frac{\mathrm{d}C_{\mathrm{A}}}{(C_{\mathrm{A, s}} - C_{\mathrm{A}})}$$

进一步积分得：

$$L = \frac{dv}{4h_{\mathrm{m}}} \ln \frac{C_{\mathrm{A, s}} - C_{\mathrm{A, in}}}{C_{\mathrm{A, s}} - C_{\mathrm{A, L}}}$$

将湿空气看成理想气体，根据理想气体状态方程 $C_{\mathrm{A}} = p_{\mathrm{A}}/(RT)$，并根据相对湿度的定义 $\varphi = p_{\mathrm{A}}(T)/p_{\mathrm{A, b}}(T)$，又根据题意，空气和壁面处水温均保持25℃不变，因此可得：

$$L = \frac{dv}{4h_{\mathrm{m}}} \ln \frac{p_{\mathrm{A, b(25℃)}} - \varphi_{\mathrm{A, in}} p_{\mathrm{A, b(25℃)}}}{p_{\mathrm{A, b(25℃)}} - \varphi_{\mathrm{A, L}} p_{\mathrm{A, b(25℃)}}}$$

从上式可以看出，要想出口空气完全达到饱和，也就是 $\varphi_{\mathrm{A, L}} = 100\%$，这时，上式中分母为0，所以，加湿管道长度必须达到无穷大，这就是说，对于上式所给出的条件，空气永远也到100%的饱和。对于工程实际，相对湿度能够达到99%，就完全可以认为达到了饱和状态。因此有：

$$L = \frac{0.08 \text{ m} \times 4 \text{ m/s}}{4 \times 0.02 \text{ m/s}} \ln \frac{100\% - 40\%}{100\% - 99\%} = 16.4 \text{ m}$$

【分析】　从计算结果可以看出，即使相对湿度只达到99%，也要求有比较长的加湿管道，这主要是由于随着加湿过程的不断进行，空气中的水蒸气浓度越来越接近壁面处的浓度，传质浓度差越来越小，传质速率慢慢接近于零，从数学意义上来讲，空气中的水蒸气浓度永远也不能达到管壁处的水蒸气浓度，也就是永远无法达到饱和（100%相对湿度）。当然，如果实际工程中认为相对湿度达到95%就已达到饱和的话，管道长度只要9.9 m，如果只要求达到90%，7.2 m 管道长度就可以达到。当然，如果实际中硬是要求出口空气达到25℃、100%，那就只能提高壁面淋水温度，使其温度略高于25℃。

【例3-6】　如图3-10所示，估算一座游泳池每天因蒸发而损失的水量。假定水和环境空气处于25℃，环境的相对湿度为50%，游泳池的表面尺寸为6 m×12 m。游泳池的周边为1.5 m宽的平台，平台高出周边的地面。风速为2 m/s，且方向同游泳池的长边。假设空气自由流的湍流度可忽略，水面平滑且与平台平齐，平台是干燥的。求游泳池每天损失的水量有多少千克？

【解】　假设该对流过程为稳态过程；水面平滑的，平台是干的；自由流中的水蒸气为理想气体。查附表6，空气25℃时：$\nu = 15.7 \times 10^{-6} \text{ m}^2/\text{s}$。查表2-1，水蒸气-空气(25℃)的扩散系数：$D_{\mathrm{AB}} = 0.255 \times 10^{-4} \text{ m}^2/\text{s}$，$Sc = \nu/D_{\mathrm{AB}} = 0.60$。查附表4，饱和水蒸气质量浓度

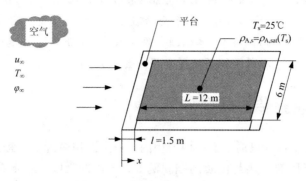

图 3-10 例题 3-6 图

$(25℃)$：$\rho_{A,sat} = 0.0226 \text{ kg/m}^3$。

周边来流风首先通过游泳池边界的平台并形成边界层，在平台与水面的临界点 $l = 1.5 \text{ m}$ 处的 Re 为：

$$Re_l = \frac{u_\infty l}{\nu} = \frac{2 \text{ m/s} \times 1.5 \text{ m}}{15.7 \times 10^{-6} \text{ m}^2/\text{s}} = 2 \times 10^5$$

游泳池水面速度边界层沿平台边界层的尾缘继续发展，因此游泳池的尾缘处的 Re 为：

$$Re_{L+l} = \frac{u_\infty(L+l)}{\nu} = \frac{2 \text{ m/s} \times 13.5 \text{ m}}{15.7 \times 10^{-6} \text{ m}^2/\text{s}} = 1.72 \times 10^6$$

边界层通过游泳池边平台后可以认为已经变为湍流状态，根据紊流传质关联式(3-130)：

$$Sh_x = \frac{h_{mx} x}{D_{AB}} = 0.0296 Re_x^{4/5} Sc^{1/3} = 0.0296 \left(\frac{u_\infty x}{\nu}\right)^{4/5} Sc^{1/3}$$

对流传质系数可通过积分获得：

$$h_m = \frac{1}{L} \int_l^{L+l} h_{mx} dx = \frac{1}{L} \int_l^{L+l} 0.0296 \frac{D_{AB}}{x} \left(\frac{u_\infty x}{\nu}\right)^{4/5} Sc^{1/3} dx$$

$$= 0.037 \frac{D_{AB}}{L} \left[Re_{L+l}^{4/5} - Re_l^{4/5} \right] Sc^{1/3}$$

代入以上查得及计算获得的数据，可得：

$$h_m = 5.35 \times 10^{-3} \text{ m/s}$$

因此，游泳池的蒸发速率为：

$$g_A = h_m A(\rho_{A,s} - \rho_{A,\infty})$$

式中：A 是游泳池的面积(不包括平台)。根据自由流中的水蒸气为理想气体的假定：

$$\varphi_\infty = \frac{\rho_{A,\infty}}{\rho_{A,sat}(T_\infty)}$$

及 $\rho_{A,s} = \rho_{A,sat}(T_s)$，有：

$$g_A = h_m A[\rho_{A,sat}(T_s) - \varphi_\infty \rho_{A,sat}(T_\infty)]$$

由 $T_s = T_\infty = 25℃$ 可得：

$$g_A = h_m A \rho_{A,sat}(25℃)(1 - \varphi_\infty)$$

因此：

$$g_A = 5.35 \times 10^{-3} \text{ m/s} \times 72 \text{ m}^2 \times 0.0226 \text{ kg/m}^3 \times 0.5 \times 86400 \text{ s/d} = 376 \text{ kg/d}$$

【分析】 (1)由于蒸发冷却效应,水表面的温度可能略低于空气温度。

(2)根据水的密度(996 kg/m³),体积损失为 $n_A/\rho = 0.4$ m³/d。这意味着游泳池的水平面每天降低6 mm。很显然,在气温较高的夏季损失会更大。

3.7　相际间的传热传质模型

前面所讨论的传质过程只局限于一均匀相内,并假设相内传质过程是连续的,然而,在实际中存在着多相流体的传热与传质问题。例如,气体的吸收、液体或固体组分的相变蒸发、易挥发组分的蒸馏等过程都属于多相流体的传热或传质,其共同特点是物质穿越界面而传质。

传质机理是说明传质过程的基础,有了正确的传质理论,便可以据此对具体的传质过程及设备进行分析,优化选择合理的操作条件,对设备的强化、新型高效设备的开发做出指导。传质理论一般首先是对传质过程提出一个说明传质机理的理论模型,进而可以用实验的结果,修正数学物理模型,最后得到比较切合实际工程问题的传质模型。

计算对流传质速率的关键是确定对流传质系数,而对流传质系数的确定往往是比较复杂的。为了使问题简化,可在对对流传质过程分析的基础上做一些合理的假定,然后根据这些假定建立描述传质过程的数学模型。迄今为止,研究者做了大量的研究工作讨论传质理论,提出过不少传质模型。本部分将介绍双膜理论、溶质渗透理论和表面更新理论三种典型的相际间对流传质模型。

3.7.1　双膜模型

1904 年,奈恩斯特(Nernst)提出了薄膜理论,后来,惠特曼(white – man)又于 1923 年在薄膜理论的基础上提出了双膜理论。其基本特点是:当流体靠近物体(固体或液体)表面流过时,界面两侧各有一层很薄的停滞膜(双膜),如图 3 – 11 所示,存在稳定的相界面。在相界面气液(或气固)两相达到平衡。在薄膜的流体侧与具有浓度均匀的主流连续接触,在流体壁面存在一层附壁的薄膜即边界层,当流体流过时,边界层与主流区接触并不相混合和扰动。在此条件下,整个传质过程相当于薄膜上的扩散作用,边界层内垂直于壁面方向上的组分浓度呈线性分布,且膜内的传质过程具有稳态的特性。

在稳态传质过程中,根据斐克定律和对流传质公式计算稳态传质通量 N_A:

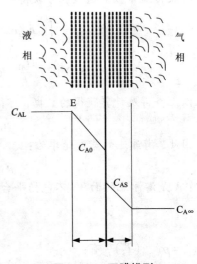

图 3 – 11　双膜模型

$$N_A = -D \frac{\mathrm{d}C_A}{\mathrm{d}y}\bigg|_{y=0} = h_m(C_{A,s} - C_{A,\infty}) \tag{3-133}$$

根据双膜理论,假设边界层内垂直于壁面方向上的组分浓度呈线性分布,则:

$$-\frac{dC_A}{dy}\bigg|_{y=0} = \frac{(C_{A,s} - C_{A,\infty})}{\delta_m} \tag{3-134}$$

由以上两式比较可得对流传质系数：

$$h_m = \frac{D}{\delta_m} \tag{3-135}$$

双膜模型适用于有固定相界面及两流体速率不高的传质，局限性体现在假定过于简单，不适用于无固定相界面的传质。

3.7.2　溶质渗透模型

实验表明，对 h_m 在大多数情况下，并不像双膜理论所确定的那样与扩散系数 D 呈线性关系。因为在靠近表面的流体薄层中，并不是单纯的分子扩散过程，而且扩散的浓度也不呈线性分布。同时就流过的流体来说，也并非单纯的稳态传质过程。

希格比（Higble）基于以上分析，于 1935 年提出了另一种说明对流传质过程的假设，即溶质渗透模型。该模型认为：传质过程主要靠湍流的漩涡运动，流体微团由流体内部运动至界面，经过很短时间（称暴露时间 t_c）后，又由界面向流体进行非稳态涡流扩散，之后，存在于界面的原来旋涡又被其他旋涡所代替，并且反复进行这个过程。

根据渗透模型理论的观点，对近壁流体的不稳态传质过程进行分析，以确定此条件下的传质系数。为简化分析，该不稳态传质过程可以视为一维传质问题，其控制方程为：

$$\frac{\partial C}{\partial \tau} = D\frac{\partial^2 C}{\partial y^2} \tag{3-136}$$

初始和边界条件为：

$$\tau = 0, \ 0 \leqslant y \leqslant \infty \quad C = C_{A,\infty} \tag{3-137}$$

$$\tau > 0, \ y = 0 \quad C = C_{A,s} \tag{3-138}$$

$$\tau > 0, \ y \to \infty \quad C = C_{A,\infty} \tag{3-139}$$

对该数学描述利用积分变化的方法求解（求解过程略）获得浓度分布函数，进而根据斐克定律，可求得通过界面（$y=0$）的瞬时摩尔扩散通量：

$$N_A\big|_{y=0} = -D\frac{dC_A}{dy}\bigg|_{y=0} \tag{3-140}$$

当传质时间为 τ 时，则该段时间内的平均绝对传质通量为：

$$\overline{N_A} = \frac{1}{\tau}\int_0^\tau -D\frac{dC_A}{dy}\bigg|_{y=0} d\tau = 2\sqrt{\frac{D}{\pi\tau}}(C_{A,s} - C_{A,\infty}) \tag{3-141}$$

传质渗透模型理论认为，所有质点在界面上在有效暴露时间 τ_c 后，立即被后续的新鲜质点所置换，将上式与对流传质公式作对比，则可得对流传质系数为：

$$h_m = 2\sqrt{\frac{D}{\pi \cdot \tau_c}} \qquad h_m \propto D^{0.5} \tag{3-142}$$

由双膜理论确定的对流传质系数与扩散系数呈线性的一次方关系，即 $h_m \propto D$；而按照溶质渗透模型理论则为二次方根关系，即 $h_m \propto D^{0.5}$。实验结果表明，对于大多数的对流传质过程，传质系数和扩散系数的关系如下式：

$$h_m \propto D^n, \ (n = 0.5 \sim 1.0) \tag{3-143}$$

这就是说，一般情况都在双膜理论和溶质渗透理论所确定的范围之内。溶质渗透模型对于填料塔和湿壁塔等传质设备比较适用，但是由于有效暴露时间 τ_c 求解困难，因此应用受限。

3.7.3　表面更新模型

溶质渗透理论模型的有效暴露时间 τ_c 不易确定，在十多年里这个理论一直没有得到很好的应用。直到 1951 年，丹克维尔茨对渗透理论进行了研究和修正，提出了表面更新模型，也称为渗透－表面更新模型。该模型以一个表面更新率 s 代替渗透模型中的 τ_c，则对流传质系数为：

$$h_m = \sqrt{D \cdot s} \qquad\qquad (3-144)$$

式中：s 为表面更新率。与流体动力系统及系统的几何形状有关，是由实验确定的常量。当紊流强烈时，表面更新率 s 必然增大。由此可见，对流传质系数与表面更新率的平方根成正比。

渗透－表面更新模型自从提出后，获得了较快的发展。该模型从最初应用于吸收液相内的传质过程，后来又应用于伴有化学反应的吸收过程，现已应用于液－固和液－液界面的传质过程。

本章小结

■ 本章主要内容

本章主要讨论了对流传质过程的基本问题，在明确对流传质传递机理的基础上，我们主要的目标是获得确定对流传质系数 h_m（或 Sh）的方法。

1. 对流传质系数的理论求解

根据对流传质系数定义式 $h_m = -\dfrac{D}{C_{A,S} - C_{A,\infty}} \dfrac{\partial C_A}{\partial y}\bigg|_{y=0}$，要想获得对流传质系数，需要知道对流传质流体浓度分布。建立对流传质微元传质微分方程，联合连续性方程和动量微分方程，通过引入边界层理论对微分方程的化简，获得无量纲 Sh（表面传质系数）的函数形式：

其中局部 Sh（局部表面传热系数）：$Sh_x = f(x^*, Re_x, Sc)$。

其中平均 Sh（平均表面传热系数）：$Sh = f(Re, Sc)$。

在一些特定条件下对传质微分方程进行求解，本章给出以下对流传质系数的精确解：

（1）平板上对流传质

层流：

$$Sh_x = 0.332 Sc^{\frac{1}{3}} \cdot Re_x^{\frac{1}{2}} \text{（局部）}$$

$$\overline{Sh_L} = 0.664 Sc^{\frac{1}{3}} \cdot Re_L^{\frac{1}{2}} \text{（平均）}$$

湍流：

$$Sh_x = 0.0296 Re_x^{4/5} \cdot Sc^{1/3} \quad 0.6 \leqslant Sc \leqslant 3000。$$

混和边界层：

$$Sh = (0.037 Re_L^{4/5} - 871) Sc^{1/3}$$

$$\begin{bmatrix} 0.6 \leqslant Sc \leqslant 60 \\ Re_{x,c} \leqslant Re_L \leqslant 10^8 \end{bmatrix}$$

(2)圆管内层流对流传质

第一类边界条件,组分 A 在管壁处的浓度维持恒定:

$$Sh = \frac{h_m d}{D_{AB}} = 3.66$$

第二类边界条件,组分 A 在管壁处的传质通量维持恒定:

$$Sh = \frac{h_m d}{D_{AB}} = 4.36$$

(3)圆管内紊流对流传质

$$Sh = 0.023 Re^{0.83} Sc^{0.44} \quad (2000 < Re < 35000, 0.6 < Sc < 2.5)$$

考虑进口段影响的修正公式:

$$Sh = Sh_\infty + \frac{k_1 \left(\dfrac{d}{x} ReSc \right)}{1 + k_2 \left(\dfrac{d}{x} ReSc \right)^n}$$

从理论上分析,对流传质系数可以通过求解边界层控制方程获得,但只有简单流动的情形容易求解,更实际的方法常常需要通过类比的形式获得局部对流传质系数 $[Sh_x = f(x^*, Re_x, Sc)]$ 或平均对流传质系数 $Sh = f(Re, Sc)$。

2. 通过三传类比求解对流传质系数

通过三种传递现象(动量传递、热量传递和质量传递)的相似性,可以获得一些三传类比关系式,本章介绍一些典型的类比求解对流传质系数(Sh):

雷诺类比:

$$St = St_m = \frac{C_f}{2} \text{当} Pr = Sc = 1 \text{ 时}, Nu = Sh \text{ 即 } h = h_m$$

普朗特类比:

$$\frac{h_m}{u_\infty} = \frac{C_f/2}{1 + 5 \sqrt{C_f/2}(Sc - 1)}$$

卡门类比:

$$\frac{h_m}{u_\infty} = \frac{C_f/2}{1 + 5 \sqrt{C_f/2}\{(Sc - 1) + \ln[(1 + 5Sc)/6]\}}$$

切尔顿 - 科尔本类比:

$$St \cdot Pr^{\frac{3}{2}} = St_m Sc^{\frac{3}{2}} = \frac{C_f}{2}$$

平板层流:

$$Sh_x = 0.332 Sc^{\frac{1}{3}} \cdot Re^{\frac{1}{2}}$$

$$\overline{Sh_L} = 0.664 Sc^{\frac{1}{3}} \cdot Re_L^{\frac{1}{2}}$$

平板紊流：

$$Sh_x = 0.0296Sc^{\frac{1}{3}} \cdot Re_x^{\frac{4}{5}}$$

$$\overline{Sh_L} = 0.037Sc^{\frac{1}{3}} \cdot Re_L^{\frac{4}{5}}$$

光滑管紊流：

$$Sh = 0.0395Sc^{\frac{1}{3}} \cdot Re^{\frac{3}{4}}$$

3. 相际间对流传质模型求解对流传质系数

双膜模型：

$$h_m = \frac{D}{\delta_m}$$

溶质渗透模型：

$$h_m = 2\sqrt{\frac{D}{\pi \cdot \tau_c}} \qquad h_m \propto D^{0.5}$$

表面更新模型：

$$h_m = \sqrt{D \cdot s}$$

■ **本章重点**

对流传质的传递机理；边界层理论；三传类比；分析对流传质过程求解对流传质通量。

■ **本章难点**

分析对流传质过程求解对流传质通量。

复习思考题

1. 分子扩散中的主体流动速度与对流传质流体的流动速度有什么区别？

2. 质量传递的两种基本传递方式是什么？每一种质量传递方式的微观基本传递机理是什么？相对来讲，哪种质量传递方式的传质速度更快？为什么？要想尽快消除新装修房间内的异味，应该采用哪种方式更好？

3. 对流传质的局部和平均对流传质系数之间的区别是什么？它们的单位是什么？

4. 什么是速度、温度和浓度边界层？他们产生的条件分别是什么？

5. 对流传质受到表面上的流动条件的强烈影响，如何通过表面处的流体应用斐克定律确定对流传质速率？

6. 当边界层从层流向湍流过渡时，传质会发生变化吗？如果发生变化，情况是怎样的？

7. 对流传质微分方程（数学描述）包含了哪些自然规律？

8. 传质过程守恒方程中各项代表了什么物理意义？

9. 对速度、热和浓度边界层中的条件可以做哪些特殊的近似？

10. Sc 的定义是什么？Le 的定义是什么？它们的物理解释是什么？它们是如何影响表面上层流的速度、热和浓度边界层的相对发展的？

11. 什么是 Sh？对于给定几何形状的表面上的流动，需要确定其局部和平均值的自变量各有哪些？

12. 在什么条件下速度、热和浓度边界层是可类比的？类比的物理基础是什么？

13. 请写出准则数 Pr、Sc、Le 三个参数的数学表达式，解释表达式中各符号的物理意义，并请解释 Pr、Sc、Le 三个准则数的物理意义。

14. 当一个流场中同时存在速度梯度、温度梯度、浓度梯度时，会同时存在速度边界层、温度边界层、浓度边界层，请问满足什么条件时，这三个边界层的厚度相等？我们知道，对于空气，其 Pr 数约等于 0.7，这说明以空气为介质的流场中，速度边界层与温度边界层相比，那个更厚？

15. 雷诺类比关系了哪些边界层参数？

16. 什么是对流传质实验关联式？受迫对流有哪些固有的无量纲参数？

17. 在什么条件下，描述对流传质的准则关联式和描述对流换热的准则关联式具有完全相似的形式？请说明理由。

18. 切尔顿 – 柯尔本类比的结果是什么？这种类比具有什么现实意义？如果知道某紊流传热过程的准则关联式为：$Nu = 0.04 Pr^{\frac{1}{4}} Re^{\frac{4}{5}}$，请你写出与该紊流传热相对应的紊流传质过程的准则关联式。

19. 压力为 1.01325×10^5 Pa，温度为 20℃的空气，在内径为 50 mm 的湿管壁中流动，流速为 3 m/s，液面蒸气在空气中的扩散率 $D_0 = 0.22 \times 10^{-4}$ m²/s，试分别用式 $Sh = 0.023 Re^{0.83} Sc^{0.44}$ 和式 $Sh = 0.0395 Re^{3/4} Sc^{1/3}$ 计算表面传质系数并比较二者之间的差异。

20. 在标准状态下空气中的氨气被潮湿的管壁所吸收，含氨空气是以 5 m/s 的流速横向掠过湿管壁的。如从热、质交换类比律出发，对相同条件下计算对流换热求得对流换热表面传热系数 $h = 56$ W/(m²·K)，试计算相应的对流传质系数。

21. 空气流入内径为 25 mm、长 1m 的湿管壁时的参数为：压力为 1.01325×10^5 Pa、温度为 25℃、含湿量 3 g/kg 干空气。空气流量为 20 kg/h。由于湿管壁外表面的散热，湿表面水温为 20℃，试计算空气在管子出口处的含湿量为多少？

22. 相对湿度为 50%、温度为 40℃的空气以 2 m/s 的速度掠过长度为 10 m 的水池，水温为 30℃。试计算每 m² 的池表面蒸发量为多少。

23. 在夏天，空气温度为 27℃，相对湿度是 30%。水从池塘表面以每平方米表面积 1 kg/h 的速度蒸发，水温也是 27℃。确定对流传质系数(m/h)。

24. 由水体表面的蒸发所引起的水损失率可以通过测定表面的下降速率来确定。考虑水和环境空气的温度都是 305 K 以及空气相对湿度是 40% 的夏天。如果已知表面的下降速度是 0.1 mm/h，由单位面积蒸发引起的质量损失率是多少？对流传质系数是多少？

25. 已知空气的流速为 $u = 4$ m/s，沿气流方向水面长度 $l = 0.2$ m，水面和空气温度均为 20℃，空气压力为一个标准大气压。空气的水蒸气分压力为 701 Pa，$D = 2.2 \times 10^{-5}$ m²/s。水温为 15℃时的饱和水蒸气分压力为 1704 Pa。试求解此对流传质过程的对流传质系数和对流质传质通量。

26. 绿色植物的叶内发生光合作用过程，就是把大气中的 CO_2 输送给叶子的叶绿体，并且光合作用的速率可以用叶绿体吸收 CO_2 的速率来表示。这种吸收在很大程度上受到在叶子表面建立的大气边界层 CO_2 传递的影响。在空气中和叶子表面上 CO_2 的密度分别为 6×10^{-4} kg/m³ 和 5×10^{-4} kg/m³，并且对流传质系数是 10^{-2} m²/s。以单位时间和单位叶子表面所吸收的

CO_2 千克数表示的光合作用的速度是多少?

27. 考虑下述情形:气体 X 横向流过一特征长度为 $L = 0.1$ m 的物体。在 Re 为 10000 时,平均对流换热系数为 25 W/($m^2 \cdot$ K)。然后再将该物体浸入液体 Y 后取出,并置于相同的流动条件下,取表 3 – 3 的热物理性质,计算平均对流传质系数是多少?

表 3 – 3   热物性参数表

	$\nu/(m^2 \cdot s^{-1})$	$\lambda/[W \cdot (m \cdot K)^{-1}]$	$a/(m^2 \cdot s^{-1})$
气体 X	21×10^{-6}	0.030	29×10^{-6}
液体 Y	3.75×10^{-7}	0.665	1.65×10^{-7}
蒸气 Y	4.25×10^{-5}	0.023	4.55×10^{-5}
气体 X – 蒸气 Y 的混合物		$Sc = 0.72$	

28. 一块光滑的湿平板因常压空气受迫流动而产生的质量损失,已知平板长 0.5 m、宽 3 m。300 K 的干空气以 35 m/s 的自由流速度流过表面,后者也处于 300 K。计算平均对流传质系数 $\bar{h}_m$,并确定平板上的水蒸气质量损失速率(kg/s)。

29. 苯是一种致癌物质,它被洒落在实验室地板上,漫延长度为 2 m。如果已经形成 1 mm 厚的液膜,苯完全蒸发需要多长时间? 实验室通风装置使平行于表面的空气流的速度为 1 m/s,流动方向沿长度方向,苯和空气均处于 25℃。苯在饱和蒸气和液态时的质量密度分别为 0.417 kg/m^3 和 900 kg/m^3。

30. 电厂冷凝器的冷却水储存在一个冷却池中,池的长和宽分别为 1000 m 和 500 m。但是,由于蒸发损失,需要周期性地向池中补充水,以使其保持合适的水位。假定水和空气等温,处于 27℃,自由流空气是干的,并以 2 m/s 的速度沿水池长度方向流动,水表面上的边界层处处都是湍流,确定每天需要向池中补充的水量。

31. 在直径 $D = 10$ mm、长 $L = 1$ m 的管内通质量流率为 3×10^{-4} kg/s 的干空气,以去除内表面上形成的液氨薄膜,管和空气均处于 25℃。求平均对流传质系数。

32. 有一室内游泳池,池面长 80 m,宽 30 m,游泳池内水温为 30℃,室内空气干球温度为 30℃,相对湿度为 60%,实测游泳池表面对流传质系数为 $h_m = 4.4 \times 10^{-3}$ m/s,试计算游泳池给室内产生的湿负荷。为了要除去这些湿负荷,需要多大的制冷量? 已知水蒸气的汽化潜热为 2501 J/g。如果制冷机组的 COP = 5.0,则制冷机每小时需要消耗多少电? 已知 30℃的饱和水蒸气压力为 4241 Pa,通用理想气体常数 R 为 8.314 J/(mol $\cdot$ K)。

33. 有一室内水池,池面长 80 m,宽 50 m,池水深 2 m,池内水温需要维持在 20℃,冬季室内空气干球温度为 10℃,相对湿度为 60%,大气压力为一个标准大气压,实测水池表面空气流速为 1 m/s,空气流动方向沿水池长度方向,池水的换水率为每天 10%,补水温度为 15℃,试计算为维持池水温度恒定在 20℃,需要多大的供热量。已知水蒸气的相变潜热为 2501 kJ/kg,忽略水池四周大地的导热。如果燃气锅炉的热效率为 0.9,天然气的发热量为 31400 kJ/m^3,则锅炉每小时需要消耗多少天然气?

34. 相对湿度为 40%,温度为 30℃,压力为 1.01325×10^5 Pa 的空气,以 4 m/s 的速度流入一根内径为 100 mm 的竖直管道,管道内壁有 30℃的薄层水流沿管内壁不断流下,试计算,为了使空气达到饱和时(相对湿度达到 99% 即认为空气达到了饱和),所需要的最小管长。假设管道壁导热良好,水和空气温度在流下的过程中都能够维持 30℃。

35. 有一室内游泳池,池面长 50 m,宽 20 m,游泳池内水温为 30℃,室内空气干球温度为 30℃,相对湿度为 60%,实测游泳池表面对流传质系数为 $h_m = 4.4 \times 10^{-3}$ m/s,试计算游泳池给室内产生的湿负荷。为了要除去这些湿负荷,需要多大的制冷量?已知水蒸气的汽化潜热为 2501 J/g。如果制冷机组的能效比为 5.0,则制冷机每小时需要消耗多少电?

36. 一股干燥的空气流过无限大的水面,如图 5 所示,水温为 20℃(保持不变),空气温度为 30℃,相对湿度为 40%,大气压力为 1.01325×10^5 Pa,假设空气与水面之间的对流传质系数 $h_m = 4.4 \times 10^{-3}$ m/s,已知水的气体常数 $Rw = 462$ J/(kg·K),标准大气压下,试计算水面的水蒸气传质通量密度。

第4章 热质同时传递

在前面的教学过程中,我们是将动量、热量和质量传递过程作为各自独立的过程来研究,目的是使问题得到简化,方便读者理解。然而,仅仅停留在这个层面是远远不够的,因为在很多实际问题中,热量和质量的传递过程并不是完全独立的,而是同时存在且相互影响的。例如,在建筑环境与能源应用工程领域中,就大量地存在着这种热质传递同时发生的问题,如采用表面式冷却器对空气进行冷却除湿时,湿空气在表冷器的表面上就同时发生着热量和质量传递。还有,在喷水室、冷却塔中,空气和水之间也是同时发生着热质传递问题。除了在工程领域外,在我们的日常生活中,也同样存在热质同时传递问题,比如,汗液在人体表面蒸发的过程,也同样是热质同时传递问题。所以,本章将对传热和传质同发生的过程进行分析,介绍这类问题的分析方法,阐述传热、传质间的影响及内在联系,为后续章节中讲述典型空气处理设备的热质交换过程提供理论基础。

4.1 薄膜热质交换模型

目前对同时发生传热、传质问题的理论计算,尤其是对于传质速率较大的情况,一般采用奈恩斯特(Nernst)于1904年提出的薄膜模型。

薄膜模型与边界层理论类似,但更简单。当空气流过某一潮湿的固体壁面时,由于黏性作用,在壁面附近会形成一层速度很低的停滞层,假定停滞层厚度为 δ,停滞层内流体流动速度为0,则在该薄层内的传质形式只能是扩散传质,传热形式只能是导热传热,如图4-1和图4-2所示。

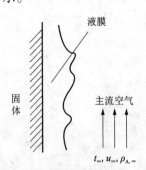

图4-1 固体壁面贴壁液体膜层
外空气流动示意图

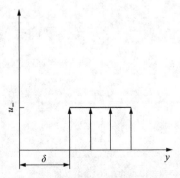

图4-2 滞留区速度分布示意图

停滞层内温度方程如下(忽略沿 x 轴方向的导热):

$$u\frac{\partial t}{\partial x}+v\frac{\partial t}{\partial y}=\alpha\frac{\partial^2 t}{\partial y^2} \tag{4-1}$$

由于停滞层内 $u=0$, $v=0$, 可得:

$$\frac{d^2 t}{dy^2}=0(0\leqslant y\leqslant\delta) \tag{4-2}$$

因为在停滞层内只发生导热,稳态条件下,停滞层内温度分布呈线性分布,因此,根据主流空气参数与壁面处的边界条件,可得:

$$t(y)=t_S+\frac{t_\infty-t_S}{\delta}y \tag{4-3}$$

式中: t_S 和 t_∞ 分别为壁面温度与主流区空气温度。

与传热过程分析相似,同样可以写出停滞层内浓度方程为(忽略沿 x 轴方向的扩散):

$$u\frac{\partial\rho_A}{\partial x}+v\frac{\partial\rho_A}{\partial y}=D_{AB}\frac{\partial^2\rho_A}{\partial y^2} \tag{4-4}$$

同样由于停滞层内 $u=0$, $v=0$, 可得:

$$\frac{d^2\rho_A}{dy^2}=0(0\leqslant y\leqslant\delta) \tag{4-5}$$

$$\rho_A(y)=\rho_{A,S}+\frac{\rho_{A,\infty}-\rho_{A,S}}{\delta}y \tag{4-6}$$

式中: ρ_S 和 ρ_∞ 分别为壁面处质量浓度与主流区空气中的质量浓度。

根据斐克定律,滞留层内扩散传质通量为:

$$n_A=-D_{AB}\nabla\rho_A=\frac{D_{AB}}{\delta}(\rho_{A,S}-\rho_{A,\infty}) \tag{4-7}$$

滞留层内传质通量和壁面与主流区之间的对流传质通量是相等的,即:

$$n_A=h_m(\rho_{A,S}-\rho_{A,\infty}) \tag{4-8}$$

联立式(4-7)和式(4-8)可得:

$$h_m=\frac{D_{AB}}{\delta} \tag{4-9}$$

式(4-9)给出了对流传质系数的计算公式,但由于该理论不能计算出 δ 的值,因此式(4-9)作为定量计算公式的意义不大,但它却提供了一幅较简明的壁面附近传质的物理图像。从式(4-9)可以看出,对流传质系数与滞留层厚度之间的关系,即滞留层厚度越薄,则对流传质系数越大,即减小滞留层厚度,有利于加强传质。该理论的另一个缺点是其得出的 h_m 与 D_{AB} 成正比的结论,在很多情况下与实际情况不符。实际上,在滞留层中速度并不为0,因此,浓度和温度分布均不为线性分布,导致 h_m 不与 D_{AB} 成正比。作为一般情况, $h_m\propto D_{AB}^n$ ($0\leqslant n\leqslant1$)。对于分子扩散过程起主导作用的滞流层 $n=1.0$;对于湍流核心区,湍流扩散起主导作用, $n=0$。此外, δ 的取值和边界层厚度相似,取决于流体特性及流动的状态。

感兴趣的读者可以利用边界层理论的知识,改进奈恩斯特薄膜理论,推出层流、湍流情况下 δ 的表达式和 $\rho(y)$、$t(y)$ 的表达式,从而得到 h_m 的值。

4.2　热质同时传递时对流换热系数与对流传质系数之间的关系

当流体流过一物体表面时，如果流体与表面之间既存在温度梯度，又存在浓度梯度时，则在表面与流体之间会同时发生热量传递和质量传递。当同一股流体与同一个壁面之间同时发生热质传递时，其对流换热系数与对流传质系数之间是否存在相互联系呢？能否通过一种系数直接计算出另一种系数呢？在一般传热学手册及教材中，对于各种不同形状的物体置于不同流体及流动状态下的对流换热规律都有较为详尽的介绍，有些是理论解，有些则是经验公式，但对于同样情况下的传质公式则鲜有所及，在此情况下，如何计算传质成了问题的关键。为此，本节讨论当同时发生传热、传质时，其对流换热系数与对流传质系数之间的关系。

在课本的第 3 章中，给出了契尔顿 – 科尔本类比，根据契尔顿 – 科尔本类比，有：

$$St \cdot Pr^{\frac{2}{3}} = St_\mathrm{m} \cdot Sc^{\frac{2}{3}} \tag{4-10}$$

将式(3 – 11)和式(3 – 12)给出的传热斯坦登数和传质斯坦登数的定义代入式(4 – 10)可得：

$$\frac{h}{\rho c_\mathrm{p} u} = \frac{h_\mathrm{m}}{u} \cdot Le^{\frac{2}{3}} \tag{4-11}$$

进一步变形可得：

$$h_\mathrm{m} = \frac{h}{\rho c_\mathrm{p}} \cdot Le^{-\frac{2}{3}} \tag{4-12}$$

式中，ρ 和 c_p 为主流流体的密度和地热容。式(4 – 12)给出了热质同时发生传递时，对流换热系数与对流传质系数之间的关系，当知道了对流换热系数，即可通过该式计算出对流传质系数。式(4 – 12)适用的条件为：$0.6 < Pr < 60$，$0.6 < Sc < 3000$。

4.3　热湿同时传递时的刘伊斯关系

在建筑环境与能源应用工程领域中，我们所遇到的传质问题经常是传湿问题，热湿同时发生传递。针对具体的热湿同时传递问题，其对流换热系数与对流传质系数是否可以进一步简化呢？下面对热湿同时传递问题做进一步分析。

由于空调湿传递计算中，传递的驱动力习惯上用含湿量 $d(d = \rho_\mathrm{v}/\rho_\mathrm{a})$ 表示，因此，对流传湿通量 n_w 可表示为：

$$n_\mathrm{w} = h_\mathrm{m}(\rho_{\mathrm{v,s}} - \rho_{\mathrm{v},\infty}) = h_\mathrm{m}(\rho_{\mathrm{a,s}} d_\mathrm{S} - \rho_{\mathrm{a},\infty} d_\infty) \tag{4-13}$$

在空气调节温度范围内，干空气的密度变化不大，故可认为 $\rho_{\mathrm{a,s}} \approx \rho_{\mathrm{a},\infty} \approx \rho_\mathrm{a}$，故式(4 – 13)可进一步改写为：

$$n_\mathrm{w} = h_\mathrm{m} \rho_\mathrm{a}(d_\mathrm{S} - d_\infty) \tag{4-14}$$

式中，ρ_a 为湿空气的密度。令 $h_\mathrm{d} = h_\mathrm{m}\rho_\mathrm{a}$，$h_\mathrm{d}$ 称为以含湿量为基础的对流传质系数，其单位与 h_m 单位不同。h_m 的单位是 m/s，而 h_d 的单位则是 $\mathrm{kg/(m^2 \cdot s)}$。将 h_d 代入式(4 – 14)，则式(4 – 14)可表示为：

$$n_\mathrm{w} = h_\mathrm{d}(d_\mathrm{S} - d_\infty) \tag{4-15}$$

将 h_d 代入式(4 – 12)得：

$$h_d = \frac{h}{c_p} \cdot Le^{-\frac{2}{3}} \tag{4-16}$$

此外,对常温(20℃)下空气 – 水的热质交换,查附表 1、表 2 – 2 可得:

$$Le = \frac{\alpha}{D_{AB}} \approx \frac{21.4 \times 10^{-6}}{24.5 \times 10^{-6}} = 0.873 \tag{4-17}$$

$$Le^{-\frac{2}{3}} \approx 1.09 \approx 1 \tag{4-18}$$

所以,联立式(4 – 16)~式(4 – 18)得:

$$\frac{h}{h_d} \approx c_p \tag{4-19}$$

式中:c_p 为湿空气的比热容,$c_p = \dfrac{c_{p,a} + dc_{p,w}}{1+d}$;$c_{p,a}$ 为壁面处与主流处干空气比热容的平均值;$c_{p,w}$ 为壁面处与主流处水蒸气比热容的平均值。

式(4 – 19)即为利用含湿量作为浓度表示方法时的对流传质系数与对流换热系数之间的关系,也称为刘伊斯关系式,它在空调热湿交换计算中经常用到。这一关系实际上是常温常压条件水与空气热质交换时的契尔顿 – 柯尔本类比的简化形式,它反映了热交换与湿交换规律间的相似性,这种相似性为我们提供了"以偏概全"的可能:仅用传热的规律就可同时计算热湿交换,反之亦然。在传热、空调领域中,一般来说,研究者们可利用对流换热公式和刘伊斯关系式得到对流传湿公式。不过在运用刘伊斯关系式时,要注意该关系式的适用范围。

刘伊斯关系式成立的条件是:①$0.6 < Pr < 60$,$0.6 < Sc < 3000$(即契尔顿 – 柯尔本类比成立的条件),②$Le = \alpha/D_{AB} \approx 1$。条件②说明热量扩散与质量扩散要满足一定条件。我们很容易想到,对扩散不占主导的湍流热质交换,此条件是否可放宽呢? 这一点可通过下面的分析得到肯定的答案。

如图 4 – 3 所示,V 表示单位时间内流体薄层 1 与 2 之间由于流体的湍动引起的每单位面积上流体交换的体积,t_1 与 t_2、d_1 与 d_2 分别为这两流体薄层内流体的温度和含湿量。那么,因湍动从流体薄层 1 流到流体薄层 2 的热流通量 q 为:

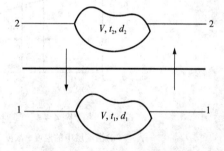

$$q = \rho c_p V(t_1 - t_2) \tag{4-20}$$

若用对流换热计算公式表示,则可写为:

$$q = h(t_1 - t_2) \tag{4-21}$$

图 4 – 3　湍流热质交换示意图

式中:h 为对流换热系数。相应的质量交换量 m 为:

$$m = \rho V(d_1 - d_2) = h_d(d_1 - d_2) \tag{4-22}$$

上述三式联立,得到:

$$\frac{h}{h_d} = c_p \tag{4-23}$$

可见,在湍流时,无论 Le 是否为 1,刘伊斯关系式总是成立的。因此,对层流或湍流的层流底层,刘伊斯关系式的适用条件为前面给出的两个条件,而对于湍流主流区而言,刘伊斯关系则无限制条件,都能满足。

4.4　表面上传质对传热的影响

本节将利用薄膜理论来研究同时进行热质传递时，传质对传热的影响。假设一股温度为 t_∞ 的流体流经温度为 t_s 的壁面（$t_\infty > t_s$），如图 4 - 4 所示，同时假设组分 A 的质量传递方向为壁面传向主流区（即热传递的方向与质传递的方向相同），摩尔传质速率为 N_A。根据薄膜理论，靠近壁面的滞流层中的流动速度可近似当成 0。假设薄膜层厚度为 δ（由流体性质和流动状态等因素决定），下面分两种不同情况来讨论表面传质对传热的影响。

4.4.1　表面上有传质但无相变时的影响

假设流体流过固体壁面，在壁面处形成一厚度为 δ 的滞留层，壁面处的温度和浓度分别为 t_S 和 $C_{A,s}$，滞留层靠近主流区一侧边界上的温度和浓度分别为 t_∞ 和 $C_{A,\infty}$，如图 4 - 4(a) 所示。

在滞流层内取一厚度为 $\mathrm{d}y$ 的微元体，微元体在 x、z 轴方向上的长度为单位长度，如图 4 - 4(b) 所示。由于存在温度梯度，必然引起传热，又因为滞留层内速度为零，所以传热只能以导热的形式进行。假设导入微元体的热流量为 q_1，导出微元体的热流量为 q_3，则根据传热学，导入微元体的净热流通量为：

$$q_1 - q_3 = -\lambda \frac{\mathrm{d}t}{\mathrm{d}y} - \left[-\lambda \frac{\mathrm{d}t}{\mathrm{d}y} - \frac{\mathrm{d}}{\mathrm{d}y}\left(\lambda \frac{\mathrm{d}t}{\mathrm{d}y} \right)\mathrm{d}y \right] = \lambda \frac{\mathrm{d}^2 t}{\mathrm{d}y^2}\mathrm{d}y \tag{4-24}$$

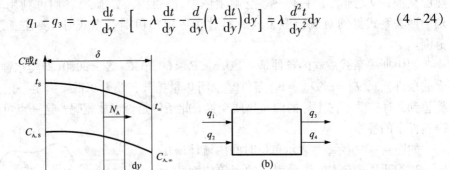

图 4 - 4　同时热质传递过程分析示意图

(a) 滞流层中的温度、浓度分布示意图；(b) 微元体内热平衡示意图

同样，由于存在浓度梯度，必然引起传质，假设传质通量为 N_A，同样因为滞留层内速度为零，所以传质只能以分子扩散的形式进行。假设随传质而传入微元体的热流量为 q_2，随传质而传出微元体的热流量为 q_4，则根据传热、传质原理，由于质量传递而进入微元体的净能量为：

$$
\begin{aligned}
q_2 - q_4 &= N_A M_A c_{p,A}(t - t_0) - \left[N_A M_A c_{p,A}(t - t_0) + N_A M_A c_{p,A} \frac{\mathrm{d}(t - t_0)}{\mathrm{d}y}\mathrm{d}y \right] \\
&= -N_A M_A c_{p,A} \frac{\mathrm{d}t}{\mathrm{d}y}\mathrm{d}y
\end{aligned}
\tag{4-25}
$$

式中：M_A 为组分 A 的摩尔质量；t_0 为计算焓值的基点温度，也就是焓值为零时的温度；$c_{p,A}$

为组分 A 的定压比热。

在稳态条件下，显然有：

$$q_1 + q_2 - q_3 - q_4 = 0 \qquad (4-26)$$

将式(4-24)和式(4-25)代入式(4-26)得：

$$\lambda \frac{d^2 t}{dy^2} - N_A M_A c_{p,A} \frac{dt}{dy} = 0 \qquad (4-27)$$

令：

$$C_0 = \frac{N_A M_A c_{p,A}}{\lambda}$$

则式(4-27)可简化为：

$$\frac{dt^2}{dy^2} - C_0 \frac{dt}{dy} = 0 \qquad (4-28(a))$$

式(4-28(a))的边界条件为：

$$y = 0, \ t = t_S$$
$$y = \delta, \ t = t_\infty \qquad (4-28(b))$$

根据高等数学的知识，常微分方程(4-28)的通解为：

$$t = C_1 + C_2 e^{C_0 y} \qquad (4-29)$$

将边界条件(4-28(b))代入式(4-29)，可得到滞流层中流体的温度分布为：

$$t(y) = t_S + (t_\infty - t_S) \frac{e^{C_0 y} - 1}{e^{C_0 \delta} - 1} \qquad (4-30)$$

因此，壁面上的导热热流通量为：

$$q_C = -\lambda \frac{dt}{dy} \bigg|_{y=0} = \lambda (t_s - t_\infty) \frac{C_0}{e^{C_0 \delta} - 1} \qquad (4-31)$$

由式(4-30)和式(4-31)可知，传质速率的大小与方向，影响了壁面上的温度梯度，从而影响了壁面的传热速率。

无传质时，$C_0 = 0$，由方程(4-30)可知温度 t 为线性分布，且：

$$\lim_{C_0 \to 0} q_C = \lim_{C_0 \to 0} \left[\lambda (t_S - t_\infty) \frac{C_0}{e^{C_0 \delta} - 1} \right] = \frac{\lambda (t_S - t_\infty)}{\delta} = q_{C,0} \qquad (4-32)$$

式中：$q_{C,0}$ 为无传质时滞流层的导热热流通量。

对于一般情况，定义传质对壁面导热强化度 ξ 为：

$$\xi = \frac{q_C}{q_{C,0}} = \frac{C_0 \delta}{e^{C_0 \delta} - 1} \qquad (4-33)$$

图 4-5 显示了 ξ 随 $C_0 \delta$ 的变化规律。假设其他参数(M_A、$c_{p,A}$、λ、δ)保持不变，C_0 主要受传质通量 N_A 的影响。无传质时，$C_0 \to 0$，ξ 趋近于 1，q_C 等于 $q_{C,0}$。当 $C_0 > 0$ 时，也就是传热与传质方向相同时，随 C_0 的增大，即传质通量 N_A 增大，ξ 变小，也就是说，壁面导热变小，导热被削弱。相反，当 $C_0 < 0$ 时，也就是传热与传质方向相反时，随 C_0 的绝对值增大，即反向传质通量 N_A 增大，ξ 变大，这说明，在这种情况下，壁面导热变大，导热被加强了。同时存在传热传质时，壁面导热量会发生变化的原因是由于传质的存在，改变了边界层内温度分布，从而改变了壁面处的温度梯度，所以改变了壁面处的导热量。从图 4-5 可以看出，当

$C_0\delta$ 达到 4 时，ξ 接近 0，也就是说，这时壁面处的导热接近 0。

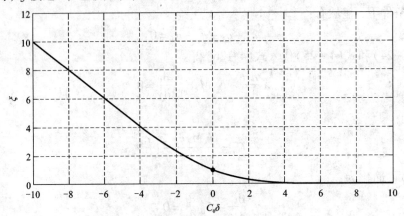

图 4 - 5 $q_C/q_{C,0}$ 随 $C_0\delta$ 变化关系图

但是要注意的是 q_C 并不是壁面上的总热流通量，只是壁面处导热量。在热质同时传递时，更关心的是总热流通量。总热流通量 q_t 应为：

$$q_t = q_c + N_A M_A c_{p,A}(t_S - t_\infty)$$

$$= q_{C,0}\left[\frac{C_0\delta}{\exp(C_0\delta) - 1} + C_0\delta\right] = q_{C,0}\frac{C_0\delta}{1 - \exp(-C_0\delta)} \tag{4-34}$$

总热流通量 q_t 与 $q_{C,0}$ 的比值为：

$$\varpi = \frac{q_t}{q_{C,0}} = \frac{C_0\delta}{1 - \exp(-C_0\delta)} = \frac{-C_0\delta}{\exp(-C_0\delta) - 1} \tag{4-35}$$

ϖ 称为传质对壁面总热量传递强化度。图 4 - 6 显示了 ϖ 随 $C_0\delta$ 的变化规律。同样假设其他参数(M_A、$c_{p,A}$、λ、δ)保持不变。无传质时，$C_0 \to 0$，ϖ 趋近于 1，q_t 等于 $q_{C,0}$。当 $C_0 > 0$ 时，也就是传热与传质方向相同时，随 C_0 的增大，即传质通量 N_A 增大，ϖ 变大，也就是说，壁面总传热量变大，总传热被加强。相反，当 $C_0 < 0$ 时，也就是传热与传质方向相反时，随 C_0 的绝对值增大，即反向传质通量 N_A 增大，ϖ 变小，这说明，在这种情况下，壁面总传热变小，传热被削弱了。从图 4 - 6 可以看出，当 $C_0\delta$ 达到 -4 时，ϖ 接近 0，也就是说，这时壁面处的总传热量接近于 0。

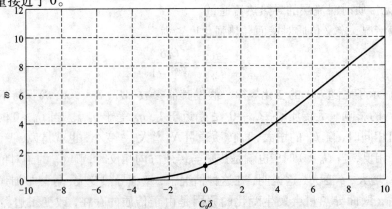

图 4 - 6 $q_t/q_{C,0}$ 随 $C_0\delta$ 变化关系图

由式(4-33)和式(4-35)可以得出：

$$q_t(-C_0) = q_c(C_0) \tag{4-36}$$

式(4-36)表明，传质对壁面热传导和总传热量的影响方向相反。此外，还可看出：传质的存在对传热量 q_c 和 q_t 都有影响，影响的方向与程度和传质的方向、大小及流体的物性、流态有关（即与 $C_0\delta$ 有关）。

4.4.2 表面上有传质也有相变（即有凝结或蒸发过程发生）

在空气调节领域中，蒸发和冷凝过程经常发生。下面来分析一下发生冷凝或蒸发时，固体或液体表面发生的热质交换过程。假设在热质交换过程中，水蒸气（组分 A）凝结，凝结潜热为 r_A，则冷凝表面的总传热通量为：

$$
\begin{aligned}
q &= q_t + N_A M_A r_A \\
&= \frac{\lambda}{\delta}(t_S - t_\infty)\frac{C_0\delta}{1 - \exp(-C_0\delta)} + h_d(d_S - d_\infty)r_A \\
&= h(t_S - t_\infty)\frac{C_0\delta}{1 - \exp(-C_0\delta)} + h_d(d_S - d_\infty)r_A \\
&= h\left[(t_S - t_\infty)\frac{C_0\delta}{1 - \exp(-C_0\delta)} + \frac{Le^{-2/3}}{c_p}r_A(d_S - d_\infty)\right] \tag{4-37}
\end{aligned}
$$

在式(4-37)的推导过程中，用到了前面讲到的热湿同时传递时，对流换热系数和对流传质系数之间的类比关系。对于冷凝表面，$t_S < t_\infty$、$d_S < d_\infty$，故 $q < 0$，表示热量是从主流区传向壁面，传质方向也是从主流区传向壁面，传热方向与传质方向相同，所以 $C_0\delta > 0$，随着传质通量 N_A 的增加，式(4-37)的第一项的绝对值是增加的。同样随传质通量 N_A 的增加，式(4-37)的第二项也是绝对值增加的。因此，冷凝过程的总传热量是增加的。这表明，由于冷凝过程的发生，加强了表面的总热传递，而且传质量（或者说是冷凝量）越大，传热增强效果越明显。

同样的，对与蒸发表面，$t_S > t_\infty$、$d_S > d_\infty$，故 $q > 0$，表示热量从壁面传向主流区，传质方向也是从壁面传向主流区，同样是传热方向与传质方向相同，所以 $C_0\delta > 0$。根据前面所讲的同样道理，读者可以分析得出，对于蒸发表面，蒸发过程同样加强了传热，而且传质强度越大，传热加强效果越明显。

通过以上分析可以看出，对于蒸发和冷凝两种情况，传热和传质方向都是相同的，这时，由于传质作用，均使总传热量大大提高，即 $|q_t| \gg |h(t_S - t_\infty)|$。利用式(4-37)同样可以分析，如果传热与传质方向相反时，N_A 为负值，$C_0\delta < 0$，所以，随着传质通量 N_A 的增加，式(4-37)的第一项是绝对值减小的。同样随传质通量 N_A 的增加，式(4-37)的第二项是绝对值增加的，但因为 N_A 为负值，所以，式(4-37)的第一、二项符号是相反的，在第一项的绝对值大于第二项的绝对值时，随传质通量 N_A 的增加，式(4-37)的绝对值是减少的。由此可见，当传热与传质方向相反时，由于传质作用，使得总传热量大大减少，即 $|q_t| \ll |h(t_S - t_\infty)|$。

综上分析可以得出如下结论：热质同时传递时，传质对传热会产生影响。当传质与传热方向相同时，传质将加强传热，总传热量随传质通量的增加而增大。相反，当传质方向与传热方向相反时，传质将阻碍传热，总传热量随传质通量的增加而减小。利用这个原理，可以根据实际需要，通过改变表面传质的大小和方向，来加强或者削弱传热。

在实际工程中,利用这个原理发展了一些高温流体中固体壁面冷却的特殊方法。图4-7为这些冷却方法的示意图,图4-7(a)表示普通的没有传质的对流冷却;图4-7(b)表示薄膜冷却过程,冷却剂通过一系列与壁面相切的小孔喷入,形成了一个把壁面与热流体隔开的薄层;图4-7(c)表示"发汗"冷却过程,冷却剂通过小孔喷入;如热流体是气体,冷却剂为液体时,采用图4-7(d)所示的蒸发膜冷却过程,效果会更显著。图4-7(b)~图4-7(d)的冷却过程都受一个不断从表面离去的质量流影响($C_0 < 0$),控制C_0可使得$q_t/q_{C,0}$接近于0,因此,这类冷却过程被称为传质冷却,它可大大降低壁面温度。

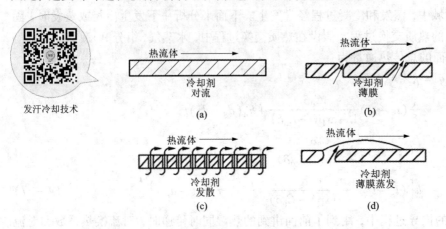

发汗冷却技术

图4-7   普通冷却过程及三种传质冷却过程示意图

在导弹、人造卫星、宇宙飞船等飞行器进入大气层时,由于飞行器表面与大气中的空气高速摩擦,表面产生很高的温度。为了冷却表面,在飞行器的表面涂一层材料,当温度升高时,涂层材料就升华、融化或分解,向周围大气传质。由于传质与传热的方向相同,飞行器表面向大气传递的热量就大大加强,从而有效地冷却飞行器表面。这种冷却方式称为烧蚀冷却,也是一种传质冷却。

4.5   热质同时传递问题分析

在工程领域和现实生活中,存在着大量的热质同时传递问题,前面几节中,烧蚀冷却技术介绍了热质同时传递基本理论,分析了传质对传热的影响。下面,给出两个热湿同时传递问题,利用前面所讲的理论,对其进行分析。

4.5.1   湿球温度测量

湿球温度的概念在空气调节中至关重要。空气的干球温度(t)和热力学湿球温度(t_s)是刻画空气状态的两个独立参数,借此两个参数,可确定空气的状态,进而确定地描述空气状态的其他参数(如含湿量d、相对温度φ、水蒸气分压力p_v、焓值i)。与d、φ、p_v、i相比,t_s的直接测量要容易得多,因此,利用测定空气干、湿球温度的方法来确定空气状态就成为了普遍采用的方法。

根据文献知,某一状态空气的湿球温度在$i-d$图上可确定如下:过该状态点作等焓线,

与 $\varphi = 100\%$ 的饱和线相交，交点温度即为空气的湿球温度，记为 t_s，参见图 4-8(a)。

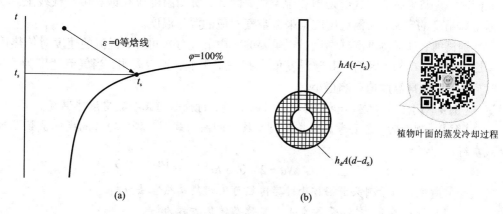

植物叶面的蒸发冷却过程

图 4-8　湿球温度计及其热质交换示意图

(a)焓湿过程；(b)结构示意图

A—传热、传质面积；h 为对流换热系数；h_d 为对流传质系数

利用温度计，将其感温包用湿纱布包裹，则称为湿球温度计。普通的湿球温度计如图 4-8(b)所示，其中，湿球温度计头部被尾端浸入水中的吸液芯包裹。当空气流过时，大量的不饱和空气流过湿布，湿布表面的水分就会蒸发，并扩散到空气中去，同时空气的热量传递到湿布表面，达到稳定状态后，水银温度计所指示的温度即为空气的湿球温度。

早在 1792 年，人们就利用湿球温度计来测量湿度，当时许多人都在理论上对此现象进行了研究，但是，他们得出的数据往往不一致，因而常引起争议。下面，将从热质交换的原理上说明采用上述方法测得的温度为湿球温度，以及测量中应注意的问题。

假定空气干球温度为 t、含湿量为 d、焓值为 i。湿球温度计纱布表面温度为 t_s，贴近其表面的空气含湿量为 d_s，焓值为 i_s。假设湿球与周围物体表面间辐射换热可忽略，对玻璃水银或酒精温度计，半径为 R 的球形测头的毕渥数为：

$$Bi = \frac{hL_c}{\lambda} = \frac{h \cdot R/3}{\lambda} \leqslant 0.1 \qquad (4-38)$$

因此，测头的换热可用集总热容法分析，其传热方程为：

$$h \cdot A(t_\infty - t_S) - h_d \cdot A(d_S - d_\infty) \cdot r = m \cdot c_p \cdot \frac{dt_S}{dt} \qquad (4-39)$$

当读数稳定后，有：

$$h \cdot (t_\infty - t_S) = h_d \cdot A(d_S - d_\infty) \cdot r \qquad (4-40)$$

利用刘伊斯关系(式(4-23))，上式可化简为：

$$c_{p,a} \cdot (t_\infty - t_S) = (d_S - d_\infty) \cdot r \qquad (4-41)$$

即：

$$c_{p,a}t_\infty + rd_\infty = c_{p,a}t_S + rd_S \qquad (4-42)$$

所以：

$$i_\infty \approx i_S \qquad (4-43)$$

从上式可以看出，紧靠湿布表面的饱和空气的焓等于远离湿布来流的空气的焓，即空气在湿布表面进行热质交换过程中,焓值不变。因此,所测温度应在来流空气的等焓线上。与此同时,紧贴湿布的空气应是饱和湿空气,因此,所测温度应在饱和湿空气线上。所以,根据湿球温度的定义,所测温度就是来流空气对应的湿球温度。

测试时,如何测准湿球温度是很重要的。由上述分析可知,气流的速度对传热传质过程有影响(影响 $C_0\delta$),因而对湿球温度值也有一定影响,实验表明,当气流速度为 5 ~ 40 m/s 时,流速对湿球温度值影响很小。

【例 4 - 1】 分析忽略和考虑辐射时的影响,讨论如何正确测定湿球温度。

【解】 测量时,需要考虑瞬态热质交换。测头为球形,其平均对流换热系数 h 可根据下式求得:

$$Nu = 2 + 0.6\,Re^{1/2} \cdot Pr^{1/3}$$

如前所述,由于测头半径较小,其传热可采用集总热容法分析。

设测头体积为 V,对流面积为 A_c,其瞬态传热方程为:

$$h \cdot (t_a - t_S) + h_r \cdot (t_a - t_S) - h_d \cdot (d_S - d) \cdot r = \frac{\rho V c_p dt_S}{A_c d\tau}$$

$$\tau = 0,\ t_S = t_a$$

利用刘伊斯关系 $h = h_d \cdot c_p$,可得:

$$t_S = t_a - \frac{r(d_S - d)/c_p}{1 + \dfrac{h_r}{h}} \cdot \left(1 - e^{-\frac{1 + \frac{h_r}{h}}{\rho c_p V} A_c \tau}\right)$$

式中:h 为对流换热系数;h_d 为对流传质系数;r 为水的汽化潜热;t_a 为空气温度;d_a 为空气含湿量,可当作常数;h_r 为等效辐射换热系数:

$$h_r = \sigma(T_s^2 + T_a^2) \cdot (T_s + T_a) \approx 4\sigma T_a^3 \approx 4 \times 5.67 \times 10^{-8} \times 300^3 \approx 6.12\ \text{W}/(\text{m}^2 \cdot \text{K})$$

当满足如下条件时,温度计读数稳定,并近似等于湿球温度:

$$\frac{h_r}{h} \leq 0.01$$

$$e^{-\frac{1 + \frac{h_r}{h}}{\rho c_p V} A_c \tau} \leq 0.01$$

从上式可以看出:测头直径、h_r/h 对湿球温度的读数都有影响。不考虑辐射时,$h_r \approx 0$,只要 $e^{-\frac{1}{\rho c_p V} A_c \tau} \leq 0.01$ 即可,即测试时间满足:$\tau \geq 4.61\dfrac{\rho c_p V}{A_c} = \tau_c$ 即可。

考虑辐射时,$h_r \neq 0$,测头直径 D、风速 v 对 h_r/h 的影响见表 4 - 1。

表 4 - 1　D、v 对 h_r/h 的影响(%)

测头直径 ＼ 风速	$v = 1$ m/s	$v = 5$ m/s	$v = 10$ m/s	$v = 20$ m/s	$v = 40$ m/s
$D = 1$ mm	3.8	2.3	1.6	1.1	0.83
$D = 5$ mm	10	5.1	3.7	2.7	1.9

由上表及上述 t_s 表达式,可求出不同条件下 t_s 的测量误差。当 $\tau > \tau_c$,$D \leq 5$ mm 时,只需

使 $v \geqslant 5$ m/s，可保证：$\dfrac{\Delta t_s}{t_s} < 5.0\%$。$v$ 太大，空气会在测头上摩擦生热，反而影响测试精度，此乃过犹不及。因此，实际测试时，需保证测头附近风速不能太小或太大，同时尽量避免测头和环境的辐射换热。

4.5.2　人体皮肤散热分析

干湿球湿度计

人体皮肤出汗散热，不仅有显热交换，而且有潜热交换。部分湿润的皮肤表面在有风情况下的散热可用图 4-9 来表示。设表面温度为 t_S，湿润面积比（湿润面积/总面积）为 η 的表面的全热散热通量 q_0 为：

$$q_0 = h(t_S - t_a) + \eta \cdot h_d \cdot (d_S - d_a) \cdot r \qquad (4-44)$$

将刘伊斯关系式 $h/h_d = c_p$ 代入上式得：

$$q_0 = h\left[(t_S - t_a) + \frac{\eta \cdot r}{c_p} \cdot (d_S - d_a) \right] \qquad (4-45)$$

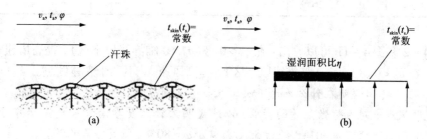

图 4-9　皮肤出汗表面及其简化示意图

(a)皮肤出汗表面示意图；(b)皮肤出汗表面简化表示图
v_a 为风速；t_a 为空气温度；φ 为空气相对湿度；d_a 为空气含湿量；
$t_{skin}(t_s)$ 为皮肤表面温度；d_S 为皮肤温度下的饱和含湿量

一般情况下，人体皮肤表面温度可近似取为 35℃，与之对应的湿空气的饱和含湿量 $d_s = 36.7$(g 水蒸气/kg 干空气)。在此情况下，式(4-45)可表示为：

$$q_0 = f_1(h, \eta, t_a, d_a) \qquad (4-46)$$

空气的含湿量 d_a 可表示为：

$$d_a = 0.622 \frac{\varphi \cdot p_{q,b}}{B - \varphi \cdot p_{q,b}} \qquad (4-47)$$

式中：B 为当地大气压；φ 为空气的相对湿度；$p_{q,b}$ 为空气干球温度 t_a 下的饱和湿空气水蒸气分压，见图 4-10 所示。且有下式：

$$\ln(p_{q,b}) = c_1/T_a + c_2 + c_3 T_a + c_4 T_a^2 + c_5 T_a^3 + c_6 \ln(T_a) \qquad (4-48)$$

式中：$T_a = (273.15 + t_a)$ (K)，$c_1 = -5800$，

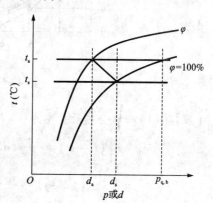

图 4-10　t_a、t_s、φ、$p_{q,b}$

$c_2 = -1.391$, $c_3 = -0.04860$, $c_4 = 0.4176$, $c_5 = -1.445 \times 10^{-8}$, $c_6 = 6.546$。

在温度变化范围不大时,式(4-49)近似成立:

$$h = C'' \cdot v_a^m \ (C'' \approx 常数,0 < m < 1) \tag{4-49}$$

从式(4-46)至(4-49)可以看出:

$$q_0 = f_2(v_a,\ \eta,\ t_a,\ \varphi) \tag{4-50}$$

当 $q_0 > 0$ 时,表面散热;当 $q_0 < 0$ 时,表面吸热。对 1 m/s 的风速而言,其临界状况 $q_0 = 0$ 所对应的 t_s、φ 见表4-2和图4-11。

表4-2 $q_0 = 0$ 对应的 t_a、φ 表

η	t_a/℃	35	45	55	65	75	85	95	105	115
1.0		100	52.3	28.0	15.2	8.2	4.4	2.0	1.3	0.5
0.8		100	50.8	26.1	13.3	6.6	3.0	1.1	0.2	—
0.6	φ/%	100	48.1	22.8	10.3	4.0	0.8	—	—	—
0.4		100	42.9	16.4	4.1	—	—	—	—	—
0.2		100	26.9	—	—	—	—	—	—	—

由表4-2和图4-11可以看出:在 $q_0 > 0$ 区($q_0 = 0$ 临界线以下区),提高风速 v,有利于人体散热;在 $q_0 < 0$ 区($q_0 = 0$ 临界线以上区),提高风速 v,不利于人体散热。

【例4-2】 (1)说明在什么条件下吹风人会感觉到凉快,什么条件下反之;

(2)说明风速 v 对人体散热量的影响,以此说明为什么夏季南方人更爱开窗通风或爱开风扇(假定空气的干球温度相同,约为35℃,南方 $\varphi = 80\%$,北方 $\varphi = 60\%$)。

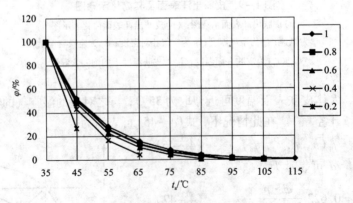

图4-11 $q_0 = 0$ 临界线示意图

【解】 (1)人体全热散热率为:

$$q_0 = h\left[(t_S - t_a) + \frac{\eta \cdot r}{c_p}(d_S - d_a)\right]$$

$$= C \cdot v^m\left[(t_S - t_a) + \frac{\eta \cdot r}{c_p}(d_S - d_a)\right],\ (C 为常数,0 < m < 1)$$

在 $q_0 > 0$ 区,v 增加,有助于人体散热,人体会感到凉快;在 $q_0 < 0$ 区,v 增加,不利于人

体散热,人会感到更热。

(2)分析风速对人体散热的影响:

①单位面积人体的热平衡方程(Fanger 人体能量平衡方程):

$$M - W - E - R - C = S$$

式中:M 为人体能量代谢率,W/m^2;W 为人体所作的机械功率,W/m^2;E 为汗液蒸发和呼出的水蒸气散热速率,W/m^2;R 为穿衣人体外表面与周围表面间的辐射换热速率,W/m^2;C 为穿衣人体外表面与周围空气的对流换热速率,W/m^2;S 为人体蓄热率,W/m^2(稳定环境下 $S = 0$)。

②有关人体表面积的说明:很多论文中指出人体皮肤面积 A 为 $1.5 \sim 2.2\ m^2$;与人种和人体本身的情况有关。一般根据以下公式近似推算:

$$A = R \times W^{2/3}$$

式中:R 为体型系数;W 为体重,kg。

人体的 R 为 $0.1 \sim 0.11$(高而瘦者 R 靠近 0.11;矮而胖者及婴幼儿 R 靠近 0.1)。

用上述公式,女性平均体重取 55 kg,R 取 0.11,计算得到女性皮肤表面积为 $1.59\ m^2$;男性平均体重取 65 kg,R 取 0.11,计算得到男性皮肤表面积为 $1.80\ m^2$。

③影响热平衡的因素分析:为突出问题的本质,并使问题合理简化,令:

$$W = R = 0$$
$$E = L + E_{res} + E_{sw} + E_d$$

式中:L 为呼吸时显热损失速率,W/m^2;E_{res} 为呼吸时潜热损失速率,W/m^2;E_{sw} 为皮肤表面出汗造成的热损失速率,W/m^2;E_d 为无汗皮肤扩散蒸发损失速率(无感觉体液渗透),W/m^2。

$$L = 0.0014M(34 - t_a)$$
$$E_{res} = 1.72 \times 10^{-5} M(5867 - p_v)$$
$$E_d = 3.05 \times 10^{-3} \times (254t_S - 3335 - p_v)$$
$$E_{sw} = 0.42(M - W - 58.15)$$

在热舒适条件下,

$$t_S = 35.7 + 0.028(W - M)$$

此处,近似取 $t_s = 35℃$,可得:

$$\begin{aligned}
E_{sw} + C &= M - L - E_{res} - E_d \\
&= M[1 - 0.0476 + 0.0014t_a + 1.72 \times 10^{-5} \times (p_v - 5867)] \\
&\quad + 3.05 \times 10^{-3} \times (3335 + p_v - 254t_s) \approx 0.85\ M
\end{aligned}$$

即:

$$q_0 = h\left[(t_S - t_a) + \frac{\eta \cdot r}{c_p}(d_S - d_a)\right] \approx 0.85\ M$$

式中:h 由式(4-49)确定。

因此,得:

$$q_0 = f_2(v_a, \eta, t_a, \varphi) \approx 0.85\ M$$

由上式可以看出,人体的全热散热速率与风速、环境温度、相对湿度和人体表面积湿润比这四个因素有关。环境干球温度等于 35℃,当相对湿度分别为 20%、40%、60% 和 80%,

人体表面积湿润比分别为0.2、0.4、0.6、0.8和1.0情况下，人体的散热量与风速之间的关系以及不同活动强度下人体对适宜的风速要求简单分析如下。

将人体简化为高1.8 m，直径0.3 m的圆柱体。对流换热系数h可以通过流体掠过等截面管的经验公式进行计算，公式的形式如下：

$$Nu = \frac{hd}{\lambda} = C\,Re_d^m Pr^{1/3}$$

式中：常数C和m的具体数值随Re的不同而变化。人体的表面温度恒定为$t_S = 35℃$，$d_S = 36.4$ g/kg。计算过程中使用到的一些数据为：$\lambda_a = 2.715 \times 10^{-2}$ W/(m·℃)；$\nu = 16.48 \times 10^{-6}$ m²/s；$c_p = 1005$ J/(kg·K)；$Pr = 0.7$。

通过Nu的经验关系式，可以计算得到不同风速下的Nu，进而求得对流换热系数h。将h代入式(4-45)，可以计算得到不同相对湿度和人体湿润表面比情况下，人体的全热散热速率。图4-12(a)~图4-12(c)分别为人体湿润表面比η为0.2、0.6和1.0情况下，人体单位面积表面的全热散热速率。

人体不同活动强度下的能量代谢率M见表4-3。人体的散热量$q_0 \approx 0.85 M$。表4-4是在室外环境相对湿度分别为20%、40%、60%和80%情况下，人体的湿润表面比为0.2时，不同活动强度下，适宜的风速要求。表4-4中的活动强度序号与表4-3中的相同。

表4-3   人体不同活动强度下的能量代谢率表

序号	活动情况	能量代谢率/(W·m⁻²)
1	躺着	46
2	坐着休息	58
3	站着休息，坐着活动(办公室、住房、学校、实验室等)	70
4	站着活动(买东西、实验室、轻劳动)	93
5	站着活动(商店营业员、家务劳动、机械加工)	116
6	中等活动(重机械加工、修理汽车)	165

从上面的计算可以看出，当南北方空气温度相同时，对同样的人体能量代谢速率M，由于南方相对湿度高于北方，因此使人体达到热平衡的风速v(北方)小于v(南方)，因此南方人夏季更需要吹风。而且由表4-4可以看出所需的适宜风速。

表4-4   适宜风速(m/s, 湿润表面比例为0.2)

相对湿度	活动情况序号1	活动情况序号2	活动情况序号3	活动情况序号4	活动情况序号5	活动情况序号6
20%	0.24	0.34	0.45	0.71	1.02	1.8
40%	0.31	0.51	0.7	1.12	1.59	2.61
60%	0.67	0.98	1.33	2.09	2.73	4.25
80%	2.02	2.71	3.34	4.82	—	—

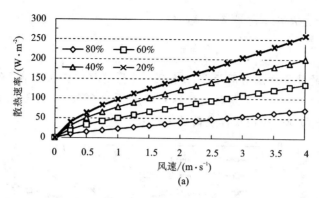

(a)

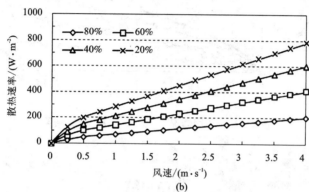

(b)

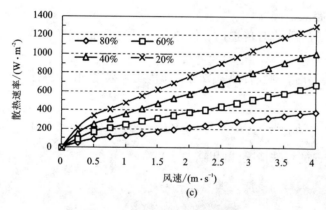

(c)

图 4 - 12　人体散热速率与风速的关系

(a) $\eta=0.2$；(b) $\eta=0.6$；(c) $\eta=1.0$

【例 4 - 3】 　假设 $t_a=35℃$ 或 $30℃$，相对湿度均为 60%，人体表面积湿润比 $\eta=0.1$ 或 0.2，计算人体单位表面积的每小时出汗量。

【解】 　假定：(1)人的出汗速率只与人的热状况有关；

(2)人体的皮肤表面温度恒定为 $t_s=35℃$，皮肤出汗区表面附近的空气含湿度为 $d_s=36.4\ g/kg$。

人体单位表面积的单位时间内出汗量的计算公式为(假设人体出汗全部被蒸发到空气中)：

$$m=\eta h_d(d_s-d_a)$$

将刘伊斯关系式：$h/h_d = c_p$ 代入上式，得：

$$m = \eta \frac{h}{c_p}(d_S - d_a)$$

对流换热系数的计算方法与例题4-2相同，计算过程中要注意单位的转换，计算结果如图4-13所示。图中四条曲线，分别是在相对湿度均为60%，$t_a = 35℃$ 或30℃，$\eta = 0.1$ 或0.2时，人体单位表面积每小时出汗量的计算结果。

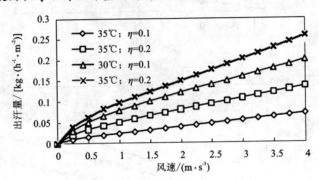

图4-13 不同情况下，人体出汗量计算结果

本章小结

■ 本章主要内容
本章主要讨论了热质同时传递时，传热与传质之间的相互关系，以及传质对传热的影响。

(1)热质同时传递时，对流传热系数与对流传质系数之间的关系：
- 通用关系：

$$h_m = \frac{h}{\rho c_p} \cdot Le^{-\frac{2}{3}} \quad 0.6 < Pr < 60,\ 0.6 < Sc < 3000$$

- 热湿同时传递的特殊情况(刘伊斯关系)：

$$\frac{h}{h_d} \approx c_p$$

(2)热质同时传递时，传质对传热的影响
- 当传质方向与传热方向相同时，传质将加强传热，总传热量随传质通量的增加而增大。
- 当传质方向与传热方向相反时，传质将阻碍传热，总传热量随传质通量的增加而减小。

(3)热质同时传递过程分析

■ 本章重点
(1)热湿同时传递时，传热、传湿过程分析与计算。
(2)学会分析实际过程中传质对传热的影响。

■ 本章难点
有、无相变过程中，传质对壁面总传热量和壁面导热量的影响。

复习思考题

1. 举例说明生活中遇到的热质同时传递现象。
2. 讨论刘伊斯关系式的适用条件。
3. 当存在传质过程时，为什么壁面的导热量与没有传质时的导热量不同？
4. 什么情况下，传质会加强传热？什么情况下又会削弱传热？
5. 分析为什么传质冷却的效果比没有传质时的冷却效果好。
6. 初温为 t_0 的一杯水放在干湿球温度分别为 t_a、t_s 的环境中，问其稳态温度更接近哪个温度？
7. 湿衣服晾在干球温度为 t、湿球温度为 t_s 的房间内（如图习题 7 图），衣服表面温度将接近哪个温度？如果有两个房间，室内相对湿度恒定为 60%，但一间房间的温度恒为 30℃，另一间房间的温度恒为 20℃，请问衣服晾在哪间房间会干得快一些？请你解释原因。

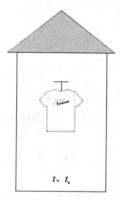

习题 7 图

8. 一位长头发女同学，冬天洗完头后，觉得头发很难得干，于是她找来电风扇，对着头发吹，发现头发干得要比不吹时要干得快一些，请问为什么干得要快些？但该同学发现，用电扇吹头发还是比较慢，因此，她找同学借了一台电吹风，用电吹风吹头发，没几分钟头发就干了，请问为什么用电吹风吹头发干得快很多？请用热质传递理论进行解释。

9. 在我国西北地区，夏季空气温度高、太阳辐射强度大，室外气候环境通过围护结构给室内带来了大量的余热。但是西北地区夏季气候干燥，室外空气湿球温度低。请你结合西北地区的气候特点，提出减少夏季空调负荷的方法，并说明这样做的理由。

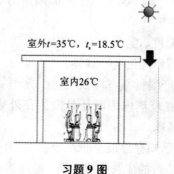

习题 9 图

10. 桌面上摆放了一杯热咖啡，请你解释周围空气与热咖啡之间有哪些与传热有关的过程？为了使咖啡尽快冷却下来，请你提出方法，并说明你的理由。

11. 夏季，人体与周围环境之间存在哪些热湿交换过程？请你结合热质交换原理，提出如何提高人体热舒适。

12. 有 A、B、C、D 四个同样材质的容器，容器传热性能都良好。现向容器 A、B 中注入 90℃的水，向 C、D 中注入 10℃的水，并将 A、C 量容器密封，B、D 量容器敞开。将四个容器同时放入一房间内，房间空气环境由空气调节系统始终维持在干球温度 t 和湿球温度 t_s 下，问经过相当长的时间后（容器中仍然有水存在），容器内的水温那个高，哪个低，温度各是多少？请分析，并说明理由。

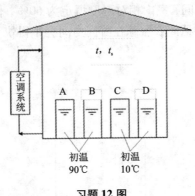

习题 12 图

13. 请你指出在风力中等的白天，日光浴者皮肤表面所发生的所有传热过程。如果日光浴者刚从游泳池中爬出来，身上还有一层水膜，能量传递过程还要考虑什么？水膜会使日光浴者感到暖和还是凉爽，为什么？

14. 夏天，为什么站在电扇前面比站在电扇旁边更凉快？若在吹电风扇时，将身体表面打湿，是否会感觉更凉快？为什么？

15. 在空调设计计算与分析中，经常用到刘易斯关系，请你给出刘伊斯关系的表达式，并解释每一项的物理意义。

16. 试讨论夏季我国北方人和南方人的热感觉和散热方式，假设南方和北方干球温度相同，均为 35℃，而南方相对湿度为 80%，北方相对湿度为 40%。问：（1）在什么情况下，吹风有助于散热，什么情况下反之？（2）说明风速对散热量的影响，以此说明为什么南方人比北方人更需要吹风，且风速宜大？

17. 在同样的天气里（空气温度、湿度和风速相同），为什么湿衣服晾在太阳下比晾在树荫下要干得快一些？请用传热传质理论进行解释。

18. 单层玻璃的居室，室内产湿量与室内换气量一定时，冬季玻璃窗在供暖时易结露还是不供暖时易结露？结露发生在玻璃内表面还是发生在外表面？窗表面结露均匀吗？为什么？请用传热、传质原理进行解释。

19. 在四月的一个冷天里，已知穿得很少的跑步者由于向 $T_a = 10℃$ 的周围空气对流散热而导致 400 W 的热损失率，跑步者的皮肤保持干燥，温度为 $T_s = 30℃$。三个月后，跑步者以同样的速度跑步，但天气温暖湿润，空气温度 $T_a = 30℃$，相对湿度 $\varphi_a = 60\%$。现在跑步者满身大汗，且表面具有平均温度 35℃。在这两种情况下，都可以假设空气物性参数为常数，且有：$\nu = 1.6 \times 10^{-5} \ m^2/s$，$\lambda = 0.026 \ W/(m \cdot K)$，$Pr = 0.7$，$D_{AB} = 2.3 \times 10^{-5} \ m^2/s$。试计算：(1)夏季由于出汗引起的水蒸气传质损失；(2)夏季总的对流热损失(包括显热和潜热，水蒸气的汽化潜热按 2501 kJ/kg 计算)。

20. 大家知道，在晴朗的夜晚，空气温度不需要降到 0℃ 以下，地面上一薄层水就将结冰。对于有效天空温度为 $-30℃$，以及由于风引起的对流换热系数 $h = 25 \ W/(m^2 \cdot K)$ 的晴朗夜空，讨论这样的水层。可假设水的发射率为 1.0，并认为水层与大地之间保持绝热，忽略水层与大地之间的导热。试计算：(1)忽略蒸发，确定不发生水层结冰的最低空气温度。(2)对于给定条件，计算水蒸发传质系数 h_m。(3)现考虑蒸发的影响，不发生结冰时的最低空气温度是多少？假设空气是干的，即相对湿度为 0。

21. 夏天，妈妈从冰箱里拿出一个苹果，放在桌上，小明发现：刚开始，苹果表面结了一层水滴；过了一阵子，苹果表面的水滴又不见了。小明觉得很奇怪，请你用传热、传质理论解释，为什么刚开始出现水滴，后面又没有水滴呢？

第 5 章　空气热湿处理方法

空气调节的核心任务就是将空气处理到所要求的送风状态点，然后以一定的技术手段，将处理后的空气送入空调区，以满足人体舒适标准或室内热湿标准，或者满足生产工艺对室内空气的温度、湿度、洁净度、气流速度等的要求。对空气的处理主要通过加热、冷却、加湿、减湿、净化等过程予以实现，使之达到所要求的送风状态。对于空气调节系统来说，一个空气调节全过程是由空气处理全过程和送入房间的空气状态变化过程组成。每一个空气处理全过程都包含着几个空气处理过程，如加热、冷却、加湿、减湿等。为了实现空气处理过程，需要采用不同的空气处理设备，如加热设备、冷却设备、加湿设备、减湿设备等。有时，一种空气处理设备能同时实现空气的加热加湿，冷却干燥或者升温干燥等多种处理过程。

尽管空气热湿处理设备名目繁多，构造多样，然而它们大多是使空气与其他介质进行热湿交换的设备。经常被用来与空气进行热湿交换的介质有水、水蒸气、冰、各种盐类及其水溶液(氯化锂)、制冷剂或其他物质(硅胶、分子筛等)。

根据各种热质交换设备的工作特点不同，可以将它们分成两大类：混合式(直接接触式)和间壁式(间接接触式)。前者包括喷淋室，加湿器，以及使用液体、固体吸湿剂进行空气处理的各种装置；后者包括各种形式的空气加热器和空气冷却器。混合式热质交换设备的特点是：与空气进行热质交换的介质直接与空气接触，通常是使被处理的空气流过热质交换介质表面，或者通过含有热质交换介质的填料层，也可以是将热质交换介质喷洒到空气中去，形成具有各种分散度液滴的空间，使液滴与流过的空气直接接触。间壁式热质交换设备的特点是：与空气进行热质交换的介质不与空气接触，二者之间的热质交换通过分隔壁面进行。根据热质交换的介质温度不同，空气可能在壁面处产生水膜，也可能不产生水膜(干表面)。分隔表面有平表面和带肋表面两种。有的空气处理设备，如喷水式表面冷却器，则兼有上述这两类设备的特点。

这些处理方法如何使空气状态发生变化，这些变化如何在 $i-d$ 图(焓温图)上表示出来，不同的状态变化使用什么设备得以实现，这对于确定空气处理方案非常重要。本章将专门讲述对空气进行热湿处理的主要技术原理和方法，包括空气与水直接接触式热湿处理、间接接触式热湿处理、用固体吸附剂对空气进行除湿处理、用液体吸湿剂对空气进行热湿处理等内容。

5.1 空气热湿处理途径

5.1.1 空气的热湿处理过程

为便于实际应用且直观地描述湿空气状态变化过程，常用焓湿图来表示湿空气状态参数之间的变化关系。在焓湿图上，能够定量表示湿空气的状态点以及湿空气的处理过程，是对空气进行热湿处理设计计算的重要图线。在焓湿图中，主要包含的线条有：等焓线、等含湿量线、等温线、等相对湿度线，以及等水蒸气分压力线等。

在焓湿图上，以任意湿空气状态 A 为原点，以两条热湿比线 $\varepsilon = \pm \infty$ 和 $\varepsilon = 0$ 为边界，可以将 i-d 图分为四个象限，如图 5-1(a) 所示。湿空气的各种热湿处理过程在 i-d 图上的表示如图 5-1(b) 所示。图 5-1(b) 中，t_L 为湿空气的露点温度，t_s 为湿空气的湿球温度，A 点为湿空气的初状态点，t_A 为湿空气 A 的干球温度。1、2、…、12 表示 A 点的空气用不同的处理方法可能达到的状态点。A—$1 \sim A$—12 所表示的各种空气处理过程和一般常用的空气处理方法见表 5-1。

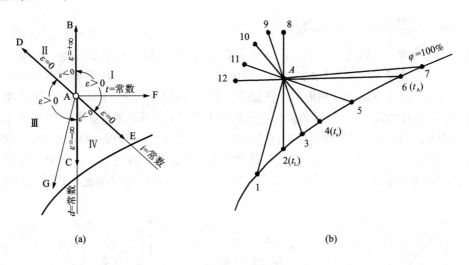

(a)   (b)

图 5-1 湿空气的各种热湿处理过程

表 5-1 各种空气处理过程和一般常用的处理方法

过程线	所处象限	热湿比 ε	处理状态变化	处理方法
A—1	Ⅲ	$\varepsilon > 0$	减焓降温降湿	用水温低于 t_L 的水喷淋； 用肋管外表面温度低于 t_L 的表面冷却器冷却； 用蒸发温度低于 t_L 的直接蒸发式表面冷却器冷却
A—2	d = 常数	$\varepsilon = -\infty$	减焓降温等湿	用肋管外表面温度高于 t_L 而低于 t_A 的表面冷却器冷却； 蒸发温度高于 t_L 而低于 t_A 的直接蒸发式表面冷却器干式冷却

续表 5－1

过程线	所处象限	热湿比 ε	处理状态变化	处理方法
A—3	IV	$\varepsilon < 0$	减焓降温加湿	用水喷淋，$t_L < t_{水温} < t_s$
A—4	$i =$ 常数	$\varepsilon = 0$	等焓降温加湿	用循环水喷淋，绝热加湿
A—5	I	$\varepsilon > 0$	增焓降温加湿	用水喷淋，$t_s < t_{水温} < t_A$
A—6	I（$t =$ 常数）	$\varepsilon > 0$	增焓等温加湿	用水喷淋，$t_{水温} = t_A$；喷饱和水蒸气
A—7	I	$\varepsilon > 0$	增焓升温加湿	用水喷淋，$t_{水温} > t_A$；喷过热水蒸气
A—8	$d =$ 常数	$\varepsilon = +\infty$	增焓升温等湿	加热器（蒸汽，热水、电）干式加热
A—9	III	$\varepsilon < 0$	增焓升温降湿	冷冻除湿机（热泵）
A—10	$i =$ 常数	$\varepsilon = 0$	等焓升温降湿	固体吸湿剂吸湿
A—11	III	$\varepsilon > 0$	减焓升温降湿	用温度稍高于 t_A 的液体除湿剂喷淋
A—12	III（$t =$ 常数）	$\varepsilon > 0$	减焓等温降湿	用与 t_A 等温的液体除湿剂喷淋

5.1.2 空气的热湿处理方案

由湿空气的焓－湿图可以看出，在空调系统中，为得到同一送风状态点，可能有不同的处理途径。以完全使用室外新风的空调系统（直流式系统）为例，一般夏季需对室外空气进行冷却减湿处理，而冬季需要加热加湿。将夏季、冬季分别为 W、W' 点的室外空气处理到送风状态点 O，可能有如图 5－2 所示的多种空气处理方案。表 5－2 是对这些空气处理方案的简要说明。表 5－2 中列举的各种空气处理途径都是一些简单空气处理过程的组合。由此可见，可以通过不同的途径，即采用不同的空气处理方案，得到同一种送风状态。至于究竟采用哪种途径，则需结合冷源、热源、材料、设备等条件，经过技术经济分析比较才能最后确定。

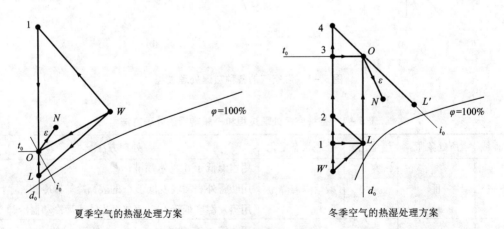

夏季空气的热湿处理方案   冬季空气的热湿处理方案

图 5－2　空气的热湿处理方案

N—室内状态点；O—送风状态点；W—夏季新风状态点；W'—冬季新风状态点；L、L'—机器露点；t_0—送风温度；d_0—送风含湿量；i_0—送风焓值；ε—室内热温地；1～5—空气处理过程的中间状态

表 5 − 2　空气处理各种途径的方案说明

季节	空气处理途径	处理方案说明
夏季	$W{\rightarrow}L{\rightarrow}O$	喷淋室喷冷水(或用表面冷却器)冷却减湿→加热器再热
	$W{\rightarrow}1{\rightarrow}O$	固体吸湿剂减湿→表面冷却器等湿冷却
	$W{\rightarrow}O$	液体吸湿剂减湿冷却
冬季	$W'{\rightarrow}1{\rightarrow}L{\rightarrow}O$	加热器预热→喷蒸汽加湿→加热器再热
	$W'{\rightarrow}2{\rightarrow}L{\rightarrow}O$	加热器预热→喷淋室绝热加湿→加热器再热
	$W'{\rightarrow}3{\rightarrow}O$	加热器预热→喷蒸汽加湿
	$W'{\rightarrow}L{\rightarrow}O$	喷淋室喷热水加热加湿→加热器再热
	$W'{\rightarrow}4{\rightarrow}L'{\rightarrow}O$	加热器预热→一部分喷淋室绝热加湿→与另一部分未加湿的空气混合

下面对其夏季、冬季设计工况下空气热湿处理的典型途径与方案进行简要分析。

1. 夏季空气热湿处理途径与方案

(1) $W{\rightarrow}L{\rightarrow}O$

该处理方案由冷却干燥($W{\rightarrow}L$)和干加热($L{\rightarrow}O$)这两个基本过程组合而成。通常使用喷淋室或表冷器对夏季 W 状态的热湿空气进行冷却干燥处理,使之变成接近饱和的 L 状态,再经过各种空气加热器等湿升温,可获得所需的送风状态 O。

冷却干燥往往是夏季空调的必要处理过程。由于冷媒水温要求较低,通常需要使用人工冷源,相应的设备投资与能耗也就更大些。若是采用喷淋室处理空气,有望获得较高卫生标准和较宽的处理范围,有利于充分利用循环水喷淋措施,同时可经济地解决冬季加湿问题。如果采用表冷器,则可使处理设备趋于紧凑,且具有上马快、使用管理方便等优点。二者均能适应对环境参数的较高调控要求,在工程中均有应用。

当空调送风状态 O 要求比较严格时,常需借助再加热器来调整送风温度,这势必造成冷、热量的相互抵消,由此导致能量的无益消耗,这是该方案固有的一大弊病。

(2) $W{\rightarrow}1{\rightarrow}O$

该处理方案由一个等焓减湿($W{\rightarrow}1$)和一个干冷却($1{\rightarrow}O$)过程所组成。如前所述,使用固体吸湿剂处理空气即可近似呈等焓减湿变化。由于空气在减湿同时温度升高,故欲达到送风参数要求,再考虑后续冷却处理是完全必要的。

这一方案需要增设固体吸湿装置,这可能对初投资和运行管理带来不利。它和第 1 方案比较,不存在前者固有的冷热抵消造成能量浪费。再者,由于后续干冷过程允许冷媒温度较高,可使制冷设备容量大幅减小,甚至完全取消人工制冷,从而为蒸发冷却等自然能源利用技术提供了用武之地。

(3) $W{\rightarrow}O$

该处理方案以一个基本的热湿处理过程,将新风由状态 W 直接处理到空调所需的低温低湿的送风状态 O。由于技术上的特殊要求,常规的处理设备已经无能为力,只有当建筑使用液体吸湿剂除湿装置才能实现。乍一看,这一处理方案似乎相当简便,一般无须使用人工冷源,能量消耗少。但是液体除湿过程本身较为复杂,在初投资与运行管理等方面往往存在着诸多不利，故工程中的应用，远远不如 $W \to L \to O$ 方案使用广泛。

2. 冬季空气热湿处理途径与方案

(1) $W' \to 1 \to L \to O$

该处理方案由三个基本过程组成：对于冬季达 W' 状态低温低湿的室外空气，首先通过一个预热过程，使之升温；接着利用一个等温加湿过程，使其满足送风含湿量要求；最后，再以空气加热器加热，从而获得所需的送风状态 O。

这一方案中 $2 \to L$ 的加湿过程，通常采用喷蒸汽的方法，这对于夏季已确定使用表冷器处理空气的空调系统来说，应该是一种合理的选择，尤其当空气加热也是采用蒸汽做热媒时，这就更便于解决热湿媒体的一体供应。不过也应注意，使用蒸汽处理空气，难免产生异味，这可能影响送风的卫生标准。

(2) $W' \to 2 \to L \to O$

该处理方案与 $W' \to 1 \to L \to O$ 方案相似，均含有新风预热和再加热过程，不同之处在于利用经济的绝热加湿来取代喷蒸汽加湿，为此尚需加大前面预热过程的加热量。对于夏季使用喷淋室处理空气的空调系统来说，冬季可充分利用同一设备对空气做循环水喷淋处理，从而获得改善空气品质又实现经济节能等运行效益，故采用这一方案当属明智的选择。

(3) $W' \to 3 \to O$

该处理方案也只包括两个基本过程，即新风预热和喷蒸汽加湿，它与 $W' \to 2 \to L \to O$ 的区别在于取消了二次再加热过程，而由新风预热集中解决送风需要的温升，由此可望获得设备投资的节省。后续的喷蒸汽加湿过程除存在异味影响外，其加湿量的调节控制往往也更难处理好。

(4) $W' \to L \to O$

该热湿处理方案只含两个基本处理过程，即采用热水喷淋的加热加湿处理过程($W' \to L$)，和一个后续加热($L \to O$)过程，从而实现空调送风状态 O。

这一方案实施的前提是夏季处理方案中已确定使用喷淋室。在某些地区，若是冬季可以获得温度相对于室外气温要高很多的自来水或深井水，用以喷淋处理空气，在技术、经济上都应是颇为合理的；反之，如需特别增设人工热源来提供热水，则很可能会给初投资和运行等带来不利。

5) $W' \to 4 \to L'/4 \to O$

该处理方案是在新风预热($W' \to 4$)和循环水喷淋($4 \to L'$)这两个基本过程的基础上，再增加一个两种不同状态空气的混合($L'/4 \to O$)过程。

这一方案在加热过程的处理上与 $W' \to 3 \to O$ 是一致的；从喷水处理设备来看则又与 $W' \to 3 \to O$ 有所不同——需要使用一种带旁通道的喷淋室。使用这种特殊形式的喷淋室可以得到两种不同状态(L' 和 5)的空气，通过调节二者的混合比即可方便地获得所需的送风状态 O，不过喷淋室增设旁通道将导致空气处理箱断面增大，这可能增加设备布置等方面的困难。

最后需要指出，尽管上述五个方案中空气处理的途径各有不同，但从冬季总的耗热量来看都是相同的，只不过这些热量在各个加热、加湿环节中的分配比例有所差异而已。当这些热量相对集中地用于某个环节时，或许有可能取消某种设备，进而简化处理过程，但同时也应权衡由于设备容量及介质流通阻力增大而在设备占用空间与介质输送能耗等方面可能带来的不利。

5.2 空气与水直接接触式热湿处理

空气与水直接接触热质交换现象在生产应用中的许多领域都常见到，比如：石油化工、电力生产等工业过程的冷却塔、蒸发式冷凝器等冷却设备，民用和工业用空调系统中的喷淋室、蒸发冷却空调器，食品行业的冷却干燥过程，农业工程领域的真空预冷、湿帘降温和湿冷保鲜技术等，都大量遇到空气与水的直接接触热质交换情况。由于空气与水直接接触热质交换应用极其广泛而引起了人们的高度重视，20 多年来，围绕空气与水之间在多种情形下的传热传质问题，国内外学者在理论与实验方面开展了大量的研究工作，推动着该项技术的进展和应用。

气液之间传热传质的理论基础是 1904 年 Nernst 提出的薄膜理论和 1924 年 Whiteman 在 Nernst 的薄膜理论基础上提出的双模理论。目前，研究大致可分为两类：一类是半理论研究，即首先建立反映过程特征的理论模型，推导出一系列含有经验系数的公式，根据实验确定模型中有关系数，得出模型公式的数值解或分析解。常用的理论研究方法包括三种：一是利用建立在动量、能量和质量守恒定律基础上的 N－S 方程、能量方程和浓度方程，结合边界层理论求解解析解、近似解析解和数值解；二是应用不可逆热力学理论建立能反映实际过程的质量守恒方程、能量守恒方程和熵守恒方程，再结合实验得出的经验关系式，求出过程的解析解；三是根据热质交换过程的 Merkel 理论，即认为在一微元体内，水膜界面饱和空气和主流空气的焓差是构成空气与水之间传热传质的推动力，从而利用能量分析方法，得出一组方程式，并求出其解析解和数值解。另一类是实验研究，即针对某一特定设备和设备中的交换过程进行实验，然后对实验数据进行分析处理，得出一些实验结果拟合公式或多元回归公式。理论研究结果能反映出热湿交换过程的物理本质，不足之处是方程式复杂；实验研究结果得出的公式简单，但只适用于某一特定情形，应用受到局限。

由于水与空气直接接触热质交换过程的影响因素很多，目前的实验研究存在实验范围有限，由实验数据进行回归处理得出的关系式的应用范畴有限等不足；理论研究也存在建立的模型和公式要么计算复杂不宜工程应用，要么是针对某一特定设备或过程分析推导出来而通用性有限等问题。

5.2.1 空气与水直接接触的热湿交换过程分析

空气与水直接接触时，根据水温的不同，可能仅发生显热交换，更多的可能则是既有显热交换，又有潜热交换，即发生热交换的同时伴有湿交换。

显热交换是空气与水之间存在温差时，由导热、对流和辐射作用引起的换热结果。潜热交换是空气中的水蒸气凝结(或蒸发)放出(或吸收)的汽化潜热的结果。总热交换是显热交换和潜热交换的代数和。

根据热湿交换原理可知，如图 5－3 所示，当空气与敞开水面或飞溅水滴表面接触时，由于水分子做不规则运动的结果，在贴近水表面处存在一个温度等于水表面温度的饱和空气边界层，且边界层的水蒸气分压力取决于水表面温度。在边界层周围，水蒸气分子仍做不规则运动，结果经常有一部分水分子进入边界层，同时也有一部分水蒸气分子离开边界层进入空气中。空气与水之间的热湿交换和远离边界层的空气(主流空气)与边界层内饱和空气间温差及水蒸气分压力差的大小有关。

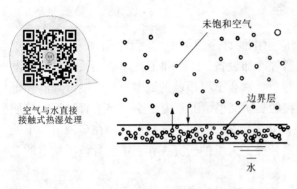

空气与水直接接触式热湿处理

图5-3　水膜表面的热湿交换

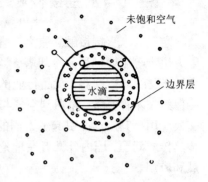

图5-4　水滴表面的热湿交换

　　如果边界层内空气温度高于主流空气温度,则由边界层向周围空气传热;反之,则由主流空气向边界层传热。

　　如果边界层内水蒸气分压力大于主流空气的水蒸气分压力,则水蒸气分子由边界层向主流空气迁移;反之,则水蒸气分子由主流空气向边界层迁移。所谓"蒸发"与"凝结"现象就是这种水蒸气分子迁移的结果。在蒸发过程中,边界层中减少了的水蒸气分子由水面跃出的水分子补充,在凝结过程中,边界层中过多的水蒸气分子将回到水面。

　　另以水滴为例,如图5-4所示,由于水滴表面的蒸发作用,在水滴表面形成一层水面温度下的饱和空气层。不论是空气中的水分子,还是水滴表面饱和空气层中的水分子,都在做不规则运动。空气中的水分子有的进入饱和空气层中,饱和空气层中的水分子有的也跳到空气层中去。若饱和空气层中水蒸气压力大于空气中的水蒸气压力,由饱和空气层跳进空气中的水分子,就多于由空气跳进饱和空气层中的水分子,这就是水分蒸发现象,结果是周围空气被加湿了。相反,如果周围空气跳到水滴表面饱和空气层中的水分子多于从饱和空气层中跳到空气中的水分子,这就是水蒸气凝结现象,结果是空气被干燥了。这种由水蒸气压力差产生的蒸发与凝结现象,称为空气与水的湿交换。当空气流过水滴表面时,把水滴表面饱和空气层的一部分饱和空气吹走。由于水滴表面水分子不断蒸发,又形成新的饱和空气层。这样饱和空气层将不断与流过的空气相混合,使整个空气状态发生变化。这也就是利用水与空气的直接接触处理空气的原理。

　　可见,在湿空气和边界层之间,如果存在水蒸气浓度差(或者水蒸气分压力差),水蒸气的分子就会从浓度高的区域向浓度低的区域转移,从而产生质交换。也就是说,湿空气中的水蒸气与边界层中水蒸气分压力之差是质交换的驱动力,就像温度差是产生热交换的驱动力一样。从上面的分析可以看出,空气与水之间的显热交换取决于边界层与周围空气之间的温度差,而质交换以及由此引起的潜热交换取决于二者的水蒸气分子浓度差,或者说取决于二者之间的水蒸气分压力差。

　　热质交换基本方程式的推导是基于以下三个条件:①采用薄膜模型;②在空调范围内,空气与水表面之间传质速率比较小,因而可以不考虑传质对传热的影响;③在空调范围内,认为刘伊斯关系式成立,即:$h/h_d = c_p$。

对水膜表面的空气与水的热湿交换过程进行分析,如图 5 - 5 所示,当空气与水在一微元面积 $dA(m^2)$ 上接触时,空气温度变化为 dt,含湿量变化为 $d(d)$,则显热交换量(dQ_x)为:

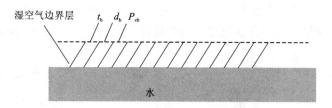

图 5 - 5　湿空气在水表面的冷却除湿

t_b—边界层空气温度,℃;d_b—边界层饱和容量含湿量;P_{vb}—边界层空气中的水蒸气分压力,Pa

$$dQ_x = Gc_p dt = h(t - t_b)dA \qquad (5-1)$$

式中:G 为与水接触的空气量,kg/s;h 为空气与水表面间显热交换系数,W/(m²·℃);t、t_b 为主流空气温度,℃。

湿交换量为:

$$dW = Gd(d) = h_p(P_v - P_{vb})dA \qquad (5-2)$$

式中:h_p 为空气与水表面间按水蒸气分压力差计算的湿交换系数,kg/(N·s);P_v 为主流空气中的水蒸气分压力,Pa。

由于水蒸气分压力差在比较小的温度范围内可以用具有不同湿交换系数的含湿量差代替,所以湿交换量也可写成:

$$dW = h_d(d - d_b)dA \qquad (5-3)$$

式中:h_d 为空气与水表面间按含湿量差计算的湿交换系数,kg/(m²·s);d 为主流空气的含湿量,kg/kg。

潜热交换量(dQ_q)为:

$$dQ_q = rdW = rh_d(d - d_b)dA \qquad (5-4)$$

式中:r 为温度 t_b 时水的汽化潜热,J/kg。

因为总热交换量(dQ_z)等于显热交换量和潜热交换量之和,即:$dQ_z = dQ_x + dQ_q$,于是,可以写出:

$$dQ_z = [h(t - t_b) + rh_d(d - d_b)]dA \qquad (5-5)$$

如果在空气与水的热湿交换过程中刘伊斯关系式成立,则式(5-5)将变成:

$$dQ_z = h_d[c_p(t - t_b) + r(d - d_b)]dA \qquad (5-6)$$

式(5-6)为近似式,因为它没有考虑水分蒸发或水蒸气凝结时液体热的转移。以水蒸气的焓代替式中的汽化潜热,同时将湿空气的比热容用(1.01 + 1.84d)代替。这样,式(5-6)就变成:

$$dQ_z = h_d[(1.01 + 1.84d)(t - t_b) + (2501 + 1.84t_b)(d - d_b)]dA$$

即:

$$dQ_z = h_d(i - i_b)dA \qquad (5-7)$$

式中：i、i_b 分别为主流空气和边界层饱和空气的焓，kJ/kg。

公式（5-7）即为著名的麦凯尔（Merkel）方程。它表明，在空气与水热质交换同时进行时，如果符合刘伊斯关系式的条件存在，则推动总热交换的动力是空气的焓差而不是温差，因而，总热交换量与湿空气的焓差有关，或者说与湿空气的湿球温度有关。因此，在确定热流方向时，仅仅考虑显热是不够的，必须综合考虑显热和潜热两个方面。

通常把总热交换量与显热交换量之比称为换热扩大系数 ξ，也称析湿系数，即：

$$\xi = dQ_z / dQ_x \tag{5-8}$$

由于空气与水之间的热湿交换，所以空气与水的状态都将发生变化。从水侧看，若水温变化为 dt_w，则总热交换量也可写成：

$$dQ_z = W c_w dt_w \tag{5-9}$$

式中：W 为与空气接触的水量，kg/s；c_w 为水的定压比热，kJ/（kg·℃）。

在稳定工况下，空气与水之间热交换量总是平衡的，即：

$$dQ_x + dQ_q = W c_w dt_w \tag{5-10}$$

所谓稳定工况是指在换热过程中，换热设备内任何一点的热力学状态参数都不随时间变化的工况。严格地说，空调设备中的换热过程都不是稳定工况。然而，考虑到影响空调设备热质交换的许多因素变化（如室外空气参数的变化、工质的变化等）比空调设备本身过程进行得更为缓慢，所以，在解决工程问题时，可以将空调设备中的热湿交换过程看成稳定工况。

在稳定工况下，可将热交换系数和湿交换系数看成沿整个热交换面上是不变的，并等于其平均值。这样，如能将式（5-1）、式（5-4）、式（5-5）沿整个接触面积分即可求出 Q_x、Q_q 及 Q_z。但在实际条件下，接触面积有时很难确定。以空调工程中常用的喷淋室为例，水的表面积将是尺寸不同的所有水滴表面积之和，其大小与喷嘴构造、喷水压力等许多因素有关，因此难于计算。

5.2.2 空气与水直接接触能够实现的处理过程

空气与水直接接触时，水表面形成的饱和空气边界层与主流空气之间通过分子扩散与湍流扩散，使边界层的饱和空气与主流空气不断混掺，从而使主流空气状态发生变化。因此，空气与水的热湿交换过程可以视为主流空气与边界层空气不断混合的过程。

为分析方便起见，假定与空气接触的水量无限大，接触时间无限长，即在所谓假想条件下，全部空气都能达到水温下的饱和状态点。也就是说，此时空气的终状态点将位于 $i-d$ 图中的饱和线上，且空气终温将等于水温。与空气接触的水温不同，空气的状态变化过程也将不同。所以，在上述假想条件下，随着水温不同，可以得到如图5-6所示的七种典型空气状态变化过程。

在上述七种过程中，A—2 过程是空气增

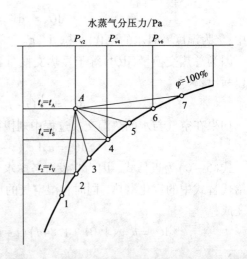

图5-6 空气与水直接接触时的状态变化过程

湿或减湿的分界线，A—4 过程是空气增焓或减焓的分界线，而 A—6 过程是空气升温或降温的分界线。下面用热湿交换理论简单分析上面列举的 7 种过程：

①如图 5 - 6 所示，当水温低于空气露点温度 t_L 时，发生 A—1 过程。此时，由于 $t_w < t_L < t_A$ 和 $P_{v1} < P_{vA}$，所以空气被冷却和干燥，焓值减少。水蒸气凝结时放出的热量亦被水带走。因此，A—1 过程为去湿降温减焓过程。

②当水温等于空气露点温度 t_L 时，发生 A—2 过程。此时由于 $t_w = t_L < t_A$，并且 $P_{v2} = P_{vA}$，所以空气被等湿冷却，焓值减少。所以，A—2 过程为等湿降温减焓过程。

③当水温高于空气露点温度 t_L 而低于空气湿球温度 t_A 时，发生 A—3 过程，此时由于 $t_L < t_w < t_A$，且 $P_{v3} > P_{vA}$，所以，空气被冷却和加湿。但由于空气增加的潜热量小于空气失去的显热量，空气的焓值还是降低的。因此，A—3 过程为加湿降温减焓过程。

④当水温等于空气湿球温度 t_s 时，发生 A—4 过程，此时，由于等湿球温度线与等焓线相近，可以认为空气状态沿等焓线变化而被加湿。在该过程中，由于总热交换量近似为零，而且 $t_w < t_A$，$P_{v4} > P_{vA}$，说明空气的显热量减少、潜热量增加，二者近似相等，也就是说，水蒸发所需的热量来自空气本身。所以，A—4 过程为加湿降温等焓过程。

⑤当水温高于空气湿球温度 t_s 而低于空气干球温度 t_A 时，发生 A—5 过程，此时，由于 $t_w < t_A$ 和 $P_{v5} > P_{vA}$，空气被加湿和冷却，水蒸发所需热量部分来自空气，部分来自水。但这时，空气失去的显热量小于空气得到潜热量，所以，空气焓值是增加的。因此，A—5 过程为加湿降温增焓过程。

⑥当水温等于空气干球温度 t_A 时，发生 A—6 过程，此时由于 $t_w = t_A$，$P_{v6} > P_{vA}$，说明不发生显热交换，空气状态变化过程为等温加湿，水蒸发所需的热量来自水本身。因此，A—6 过程为加湿等温增焓过程。

⑦当水温高于空气干球温度 t_A 时，发生 A—7 过程，此时由于与 $t_w > t_A$，和 $P_{v6} > P_{vA}$，空气被加热和加湿，空气的焓值也必然增加。水蒸发所需的热量及加热空气的热量均来自于水，以制取冷却水为目的冷却塔内发生的便是这种过程。所以，A—7 过程为加湿升温增焓过程。

表 5 - 3 列举了这七种典型过程的特点。

表 5 - 3　空气与水直接接触时可发生的 7 种过程的特点

过程线	水温特点	t 或 Q_x	d 或 Q_q	i 或 Q_z	过程名称
A—1	$t_w < t_L$	减	减	减	减湿冷却减焓
A—2	$t_w = t_L$	减	不变	减	等湿冷却减焓
A—3	$t_L < t_w < t_s$	减	增	减	加湿冷却减焓
A—4	$t_w = t_s$	减	增	不变	加湿冷却等焓
A—5	$t_s < t_w < t_A$	减	增	增	加湿冷却增焓
A—6	$t_w = t_A$	不变	增	增	等温加湿增焓
A—7	$t_w > t_A$	增	增	增	增温加湿增焓

和上述假想条件不同，如果在空气处理设备中空气与水的接触时间足够长，但水量是有限的，则除 $t_w = t_s$ 的热湿交换过程外，水温都将发生变化，同时，空气状态变化过程也就不是一条直线。如在 $i-d$ 图上将整个变化过程依次分段进行考察，则可大致看出曲线形状。

现以水初温低于空气露点温度，且水与空气的运动方向相同（顺流）的情况为例进行分析（图 5－7(a)）。在开始阶段，状态 A 的空气与具有初温 t_{w1} 的水接触，这一小部分空气达到饱和状态，且温度等于 t_{w1}。这一小部分空气与其余空气混合达到状态点 1，点 1 位于点 A 与点 t_{w1} 的连线上。在第二阶段，水温已升高至 t_w'，此时具有点 1 状态的空气与温度为 t_w' 的水接触，又有一小部分空气达到饱和。这一小部分空气与其余空气混合达到状态点 2，点 2 位于点 1 和 t_w' 的连线上。依此类推，最后可得到一条表示空气状态变化过程的折线。间隔划分愈细，则所得过程线愈接近一条曲线，而且在热湿交换充分完善的条件下，空气状态变化的终点将在饱和曲线上，温度将等于水终温。

对于逆流情况，用同样的方法分析可得到一条向另外方向弯曲的曲线，而且空气状态变化的终点在饱和曲线上，温度等于水初温（图 5－7(b)）。

图 5－7(c) 是点 A 状态空气与初温 $t_{w1} > t_A$ 的水接触且呈顺流运动时，空气状态的变化情况。

实际上，空气与水直接接触时，接触时间也是有限的，因此，空气状态的实际变化过程既不是直线，也难以达到与水的终温（顺流）或初温（逆流）相等的饱和状态。然而，在工程中，人们关心的只是空气处理的结果，而并不关心空气状态变化的轨迹，所以，在已知空气终状态时，仍可用连接空气初、终状态点的直线来表示空气状态的变化过程。

此外，由于空气与水的接触时间不够充分，所以空气的终状态也往往达不到饱和。经验表明，对于单级喷水室，空气的终状态相对湿度一般能达到 95%。对于双级喷水室，空气的终状态相对湿度能达到 100%。习惯上，称喷水室处理后的这种空气状态为"机器露点"。

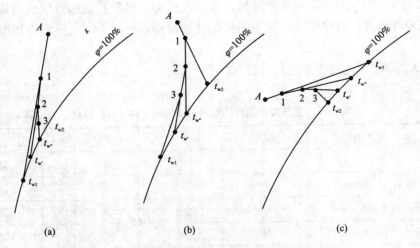

图 5－7　发生在设备内部的空气与水直接接触的变化过程

5.2.3 空气与水直接接触时的传热、传质方向

由以上分析可知,空气与水之间的热量传递是显热交换和潜热交换的综合结果。温差是显热交换的推动力,水蒸气分压力差是潜热交换的推动力,而总热交换的推动力是焓差。一方面,空气的温度与水的温度不同,两者之间必然通过导热、对流和辐射等方式进行热量传递,这就是所谓的显热交换;另一方面,空气与水相接触时所发生的湿量传递将必然伴随着空气中水蒸气的凝结或蒸发,从而放出或吸收汽化潜热,这就是所谓的潜热交换。总热交换量是显热交换量与潜热交换量的代数和。因此,在确定热流方向时,仅仅考虑显热是不够的,必须同时考虑显热和潜热两个方面。关于空气处理过程中的热质流量分析,可以很方便地在 $i - t$ 图焓—温图上进行。

对于 1 kg 干空气来说,总热交换量即为焓差 Δi,可以写成以下形式:

$$\Delta i = \Delta i_x + \Delta i_q \tag{5-11}$$

式中:Δi_x 为显热交换量,与温差成正比;Δi_q 为潜热交换量,与含湿量差成正比。

假设给定空气初状态参数:干球温度 t_1,湿球温度 t_{s1},露点温度 t_{L1},改变水初温 t_w,则热质流量随着水温变化的关系如图 5 - 8 所示。图 5 - 8 中以水温 t_w 为横坐标,以 Δi、Δi_x,和 Δi_q 为纵坐标,并以空气得热量为正,失热量为负。

(1)当空气与水直接接触时,从空气侧而言:

①总热交换量以空气初状态的湿球温度 t_{s1} 为界,当水温 $t_w > t_{s1}$ 时,空气为增焓过程,总热流方向向着空气;当 $t_w < t_{s1}$ 时,空气为减焓过程,总热流方向向着水。

②显热交换量以空气初状态的干球温度 t_1 为界,当 $t_w > t_1$ 时,空气获得显热,总热流方向向着空气;当 $t_w < t_{s1}$ 时,空气失去显热,但是总热流方向还要看潜热流量的大小和方向而定。

③潜热交换以空气初状态的露点温度 t_L 为界,当 $t_w < t_L$ 时,空气失去潜热量,总热流方向向着水;当 $t_w > t_L$ 时,空气获得潜热量。但是总热流方向还要看显热流量的大小和方向而定。

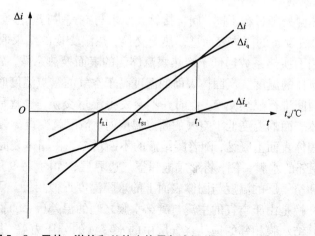

图 5 - 8 显热、潜热和总热交换量与水温关系在 $i - t$ 图上的表示

（2）当空气与水直接接触时，从水侧而言：

①对于水来说，当 $t_w > t_1$ 时，Δi_x 和 Δi_q 都由水流向空气，所以总热流向空气，水温降低。

②当 $t_{s1} < t_w < t_1$ 时，Δi_x 和 Δi_q 的热流方向相反，$\Delta i_x < 0$，$\Delta i_q > 0$，但是 $\Delta i_x < \Delta i_q$，所以总热流 $\Delta i > 0$，即总热流仍由水流向空气，因此水温仍然降低。

③当 $t_{s1} = t_w$ 时，热流大小上，$\Delta i_x = \Delta i_q$，但二者方向相反，所以，$\Delta i = 0$ 此时总热流量等于零，因此水温不变。

④当 $t_w < t_{s1}$ 时，此时 Δi_x 和 Δi_q 都由空气流向水，所以，$\Delta i < 0$，总热流方向由空气流向水，因此水温升高。

通过以上分析可以看出，水冷却的极限温度是 t_{s1}，即水冷却的最低温度不可能低于空气的湿球温度。水的出口温度越接近湿球温度 t_{s1} 时，所需冷却设备越庞大。故在工程设计中，一般要求冷却塔的出水温度比进风湿球温度 t_{s1} 高 3～5℃。

在冷却塔的实际运行中，一般属于第一种情况，即 $t_w > t_1$。在冬季，$t_w - t_1$ 值比较大，显热部分可占 50%，严冬时甚至占 70%；夏季则不然，$t_w - t_1$ 值很小，潜热占的比例较大，甚至占到 80%～90%，即主要为蒸发散热，而且水温可以被冷却到比冷却塔的进风温度还要低的温度。在有些情况下，即使冷却塔的进风温度比进水温度高，即 $t_w < t_1$，只要进风湿球温度 t_{s1} 比进水温度 t_w 低，水温同样可以降低。值得注意的是，当夏季温度很高，而且相对湿度又很大时，即进风湿球温度很高时，对于冷却塔的工作是很不顺利的。

当水温不变而改变空气初状态时，同样会引起总热流方向的变化，从而引起推动力的变化。

从上面分析可以得出，空气和水的初状态决定了总热流方向，从而决定了过程的推动力。

5.3　间接接触式热湿处理

5.3.1　间壁式换热器传热、传质过程分析

与直接接触式热湿处理过程不同，间接接触式要求与空气进行热湿交换的冷热媒流体不与空气接触，而是通过设备的固体表面进行热湿交换，热湿交换的结果取决于固体表面的温度。由于空气侧的表面换热系数远低于冷热媒流体侧的表面换热系数，因此，固体表面的温度更接近于冷热媒流体的温度。当固体表面的温度高于空气的露点温度时，空气以对流换热方式为主与固体表面间进行显热交换，此时并不会发生湿量交换，也就是说，空气的含湿量不发生变化。当固体表面的温度低于空气的露点温度时，情况就变得比较复杂。空气中的部分水蒸气将开始在固体表面上凝结，随着凝结液的不断增多，在固体表面上将形成一层流动的水膜，在与空气相邻的水膜一侧，将形成饱和空气边界层，如图 5-9 所示，此时，可以认为与水膜相邻的饱和空气层的温度与固体表面上的水膜温度近似相等。因此，空气的主流部分与固体表面的热交换是由于空气的主流与凝结水膜之间的温差 $(t - t_i)$ 而产生的，质交换则是由于空气主流与凝结水膜相邻的饱和空气层中的水蒸气的分压力差，即含湿量差 $(d - d_i)$ 而引起的。下面介绍根据麦凯尔（Merkel）方程的计算方法。

如图 5-9 所示，湿空气和水膜在无限小的微元面积 dA 上接触时，空气温度变化为 dt，

空气间接接触式热湿处理

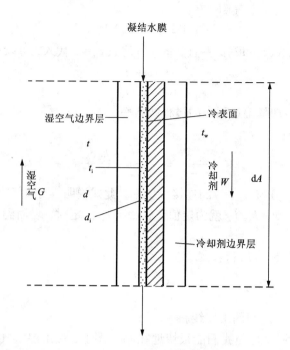

图 5-9　湿空气的冷却与降湿

含湿量变化为 $\mathrm{d}d$。则热、质交换量可用下列两方程来表示：

$$Gc_p\mathrm{d}t = h(t - t_i)\mathrm{d}A \tag{5-12}$$
$$G\mathrm{d}d = h_d(d - d_i)\mathrm{d}A \tag{5-13}$$

式中：G 为湿空气的质量流量，kg/s；d、d_i 分别为湿空气主流和紧靠水膜饱和空气的含湿量，kg/kg；t、t_i 分别为湿空气主流和凝结水膜的温度，℃；h 为湿空气侧的对流换热系数，W/($\mathrm{m}^2 \cdot \mathrm{K}$)；$h_d$ 以含湿量为基准的对流传质系数，kg/($\mathrm{m}^2 \cdot \mathrm{s}$)；

假设忽略水膜和固体壁面的导热热阻，则单位面积上冷却剂的传热量为：

$$h_w(t_i - t_w)\mathrm{d}A = Wc_w\mathrm{d}t_w \tag{5-14}$$

式中：h_w 为冷却剂侧的对流换热系数；t_w 为冷却剂侧的主流温度；c_w 为冷却剂的比热；W 为冷却剂的质量流量。

根据热平衡，可得：

$$h_w(t_i - t_w) = h(t - t_i) + h_d(d - d_i)r$$
$$= h_d\left[\frac{hc_p(t - t_i)}{h_dc_p} + (d - d_i)r\right] \tag{5-15}$$

对于水—空气系统，根据刘伊斯关系式 $\dfrac{h}{h_dc_p} = 1$，上式改写为：

$$h_w(t_i - t_w) = h_d\left[c_p(t - t_i) + (d - d_i)r\right] = h_d(i - i_i) \tag{5-16}$$

式(5-16)通常称为麦凯尔(Merkel)方程式，它清楚地说明，湿空气在冷却表面进行冷却降湿过程中，湿空气主流与紧靠水膜饱和空气的焓差是热质交换的推动势，其在单位时间内、单位面积上的总传热量，可近似地用对流传质系数 h_d 与焓差驱动力 Δi 的乘积来表示。

根据热平衡原理,对于空气侧,有:

$$G\mathrm{d}i = h_\mathrm{d}(i - i_\mathrm{i})\mathrm{d}A \qquad (5-17)$$

将式(5-17)除以式(5-12),并且,将空气比热 $c_\mathrm{p} \approx 1$ 代入,可以得到:

$$\frac{\mathrm{d}i}{\mathrm{d}t} = \frac{i - i_\mathrm{i}}{t - t_\mathrm{i}} \qquad (5-18)$$

这就是湿空气在冷却降湿过程中的过程线斜率。

由式(5-16)可得:

$$\frac{i_1 - i}{t_\mathrm{i} - t_\mathrm{w}} = -\frac{h_\mathrm{w}}{h_\mathrm{d}} = \frac{-h_\mathrm{w}c_\mathrm{p}}{h} \qquad (5-19)$$

这就是连接点 (i, t_w) 与 $(i_\mathrm{i}, t_\mathrm{i})$ 的连接线斜率。此式说明,当空气冷却器结构确定后,已知空气和冷却剂流速,则 $-h_\mathrm{w}/h_\mathrm{d}$ 就为定值,显然当 t_w 一定时,表面温度 t_i 仅与空气进口的焓有关。

由式(5-14)与式(5-17)得:

$$\frac{\mathrm{d}i}{\mathrm{d}t_\mathrm{w}} = \frac{Wc_\mathrm{w}}{G} \qquad (5-20)$$

式(5-20)为 i 与 t_w 之间的工作线斜率。

式(5-18)~式(5-20)使我们能很快地在 i-t 图上,做出湿空气在空气冷却器冷却降湿过程中的温度与焓的变化曲线。图5-10是一个典型的水-空气系统的 i-t 图。PQ 为饱和线,表示冷表面上饱和空气的状态,E 点的坐标为 (t_1, i_1),为湿空气进口的状态点,点 $M(t_2, i_2)$ 为湿空气出空气冷却器的状态点,则曲线 EM 即为湿空气在冷却降湿过程中的过程线。图中 B 点的坐标为 (t_w1, i_1),因此当空冷器有关参数和湿空气进口状态确定后,B 点亦就确定了,过 B 点作斜率为 Wc_w/G 的工作线,再过 B 点作斜率为 $-h_\mathrm{w}/h_\mathrm{d}$ 的直线,交饱和线 PQ 于点 C,则 C 点的坐标为 $(t_\mathrm{i}, i_\mathrm{i})$,$BC$ 线称为连接线。连接 E、C 两点,由式(5-18)可知,直线 EC 就是过程线在初始点 E 上的切线。然后在切线上,离开 E 点很小一段距离找出新的工作点 F,重复上述过程,最后把所有的工作点连接起来,得到过程线 EM,对应湿空气的出口状态一般很接近饱和状态。

图5-10并未给出需要的冷却表面积、出口空气的含湿量及凝结水的量,但这些值可根据进出口湿空气的状态求得。因为知道湿空气的干、湿球温度就可求得其含湿量,再通过质量平衡,立即可求出凝结水的量。所需要的冷却面积可从式(5-21)求得:

$$A = \frac{G}{h_\mathrm{d}} \int \frac{\mathrm{d}i}{i - i_\mathrm{i}} \qquad (5-21)$$

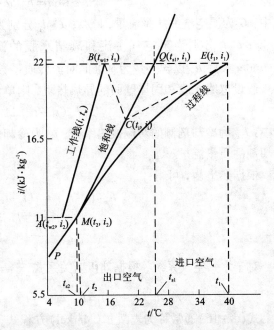

图5-10 麦凯尔方程所表示的湿空气冷却降湿过程

5.3.2　间壁式换热器能够实现的空气处理过程

根据空气与紧贴换热器外表面的边界层空气的参数的不同，间壁式换热器可以实现三种空气处理过程：

①当边界层空气温度高于主流空气温度时，将可以实现等湿加热过程，如图 5 – 11 中 $A{\rightarrow}D$ 过程线所示，这就是所谓的空气加热器的空气处理过程。

②当边界层空气温度低于主流空气温度但高于其露点温度时，将实现等湿冷却过程，过程线如图 5 – 11 中 $A{\rightarrow}B$ 方向所示（外壁温度正好为露点温度时，理论上空气状态可达到 A 点的露点温度），这就是所谓的空气冷却器的干工况冷却过程；

③当边界层空气温度低于主流空气温度的露点温度时，将实现减湿冷却过程，如图 5 – 11 中 $A{\rightarrow}C$ 过程线所示。这就是所谓的空气冷却器的湿工况冷却过程。由于空气与表面式换热器的热湿交换过程实际上不可能进行得十分完全，故空气的终状态点不可能到达 $\varphi = 100\%$ 线，一般只能达到 $\varphi = 90\%$ 左右。

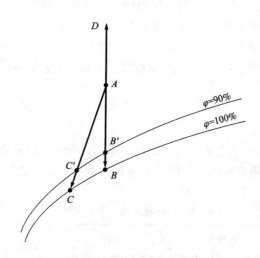

图 5 – 11　间壁式换热器能够实现的空气处理过程

由于在等湿加热和冷却过程中，主流空气和边界层空气之间只有温差，并无水蒸气分压力差，所以只有显热交换。而在减湿冷却过程中，由于主流空气和边界层空气之间不仅存在温差，也存在水蒸气分压力差，所以通过换热器表面不但有显热交换，也伴随有湿交换的潜热交换。由此可知，湿工况下的空气冷却器比干工况下有更大的热交换能力。

间接接触式热质交换设备与直接接触式热质交换设备不同，它不能实现加湿过程，因此在冬季使用间接接触式热质交换设备的暖通空调系统中，应加装空气加湿器，以实现室内湿度的控制要求。

5.4　用固体吸附剂对空气进行除湿处理

5.4.1　固体吸附剂除湿原理

1.吸附现象简介

吸附现象是产生在相异两相的边界面上的一种分子积聚现象。吸附就是把分子配列程度较低的气相分子浓缩到分子配列程度较高的固相中。一切固体都具有不同程度地将其周围介质的分子、原子或离子吸附到自己表面的能力。从热力学观点来说,固体表面之所以能够吸附其他介质,就是因为固体表面具有过剩的能量(表面自由焓),它具有吸附其他物质而达到降低表面自由焓的趋势。如果吸附作用能使表面自由焓降低,则气体在固体表面上的吸附过程就是一个自发的过程。由此可知,固体表面总是吸附那些能降低它表面张力的物质。

使气相浓缩的物体叫作吸附剂,被浓缩的物质叫作吸附质。例如,当某固体物质吸附水蒸气时,此固体物质就是吸附剂,水蒸气就是吸附质。显然,在一定条件下,吸附剂的比表面积越大,它的吸附能力就越强。因此,为了提高吸附剂的吸附能力,必须尽可能地增大吸附剂的比表面积,那些具有多孔的或细粉状的物质,如活性炭、硅胶、沸石分子筛等都是很好的吸附剂。

2.吸附的种类

按照固体表面和气体分子之间作用力的性质不同,吸附作用可分为物理吸附和化学吸附两大类。表5-4比较了物理吸附和化学吸附各自的特点。它们之间的区别在于:

表5-4　物理吸附和化学吸附的比较

比较项目	物理吸附	化学吸附
吸附热	小($21 \sim 63$ kJ/mol),相当于$1.5 \sim 3$倍凝结热	大($42 \sim 125$ kJ/mol),相当于化学反应热
吸附力	范德华力,较小	未饱和化学键力,较大
可逆性	可逆,易脱附	不可逆,不能或不易脱附
吸附速度	快	慢(因需要活化能)
被吸附物质	非选择性	选择性
发生条件	如适当选择物理条件(温度、压力、浓度),任何固体、流体之间都可发生	发生在有化学亲和力的固体、液体之间
作用范围	与表面覆盖程度无关,可多层吸附	随覆盖程度的增加而减弱,只能单层吸附
等温线特点	吸附量随平衡压力(浓度)正比上升	关系较复杂
等压线特点	吸附量随温度升高而下降(低温吸附、高温脱附)	在一定温度下才能吸附(低温不吸附,高温下有一个吸附极大点)

①物理吸附发生时，固体吸附周围分子是通过范德华引力（范德华引力存在于所有物质的分子之间，只有当分子间的距离在几个纳米之内时才显露出来）的作用，彼此不发生电子的转移和化学键的生成与破坏。物质被吸附就好像蒸气分子在固体表面上凝聚（或气体分子在固体表面上液化）一样。化学吸附发生时，吸附剂表面上原有的原子价没有被邻近的原子饱和，在发生吸附作用时，吸附剂与吸附物之间生成表面吸附键，形成表面化合物。

②在吸附过程中，所发生的热效应称为吸附热。因此，所有的吸附过程都是放热过程。但是，由于范德华力作用较小，所以，物理吸附的热效应较小，化学吸附的热效应较大。

③物理吸附是由分子间的引力所引起的物理现象，所以没有选择性，即任何固体都可以吸附任何种类的气体，仅在于吸附量的不同而已。一般来说，沸点越高的气体，越容易被固体吸附。化学吸附是由化学键力所引起的化学反应，所以吸附剂只能吸附那些容易和它发生化学作用的气体，具有选择性。

④物理吸附的速度一般都很快，吸附物与吸附剂一经接触就会发生吸附，容易达到吸附平衡，吸附速度受温度的影响较小。但如果吸附发生在多孔介质表面，吸附速度也较慢。化学吸附与化学反应一样，需要一定的活化能，所以吸附速度较慢，受温度的影响较大，吸附速度随温度升高而加快。

⑤物理吸附是范德华力引起的（吸引力小），所以吸附物分子容易从固体表面脱附（解吸），从这一角度讲，物理吸附是"可逆"的。化学吸附是一种强大的化学键力，发生脱附较困难，因而相对而言是"不可逆"的。

⑥物理吸附的作用力是范德华引力，故物理吸附可以是单分子层吸附，也可以是多分子层吸附。

⑦物理吸附与凝聚有关，必然只有在低于或接近吸附物质的沸点的温度下才会发生。化学吸附是单分子吸附，只有当温度高于某一最低值时才会以显著的速度进行。

⑧化学吸附与物理吸附的区别还在于吸附态的光谱不同。

化学吸附和物理吸附虽有较大差别，但是，即使对于同一吸附剂和吸附质，由于条件不同，吸附性质也可变化，二者之间并没有严格的界限。随着条件（如温度）的不同，二者之间是可以相互转化的。

3. 吸附平衡、等温吸附线和等压吸附线

对于给定的水蒸气 – 吸附剂组合对，在平衡状态下的吸附量可直观地表示为：

$$q = f(p, T) \tag{5-22}$$

式中：q 为单位质量吸附剂在平衡状态下的吸附量，其单位可表示为 g/g。在固定温度下，q 仅是 p 的函数，这被称为吸附等温线。美国 ASHRAE 手册将气体等温吸附分为六种典型形式，见图 5 – 12。图 5 – 12 中，纵坐标为单位质量吸附剂平衡状态下的吸附量，横坐标是对应于这种平衡状态下吸附质的分压力。类型（a）多为合成沸石等吸附剂的等温吸附曲线；类型（b）是 Langmuir 型等温吸附线，这是一种单层吸附模型，适用于化学吸附和多孔介质物理吸附，如硅胶对水蒸气的吸附；类型（c）是活性铝等吸附剂的等温吸附曲线；类型（d）是活性炭吸附水蒸气的等温吸附曲线；类型（e）即所谓 BET 型吸附，适用于固体表面的多层吸附，多存在于非多孔固体表面；类型（f）是线性的吸附等温线。

图 5 – 13 为典型的等压吸附线，其中图中曲线 2 为物理吸附，升高温度使得平衡向脱附

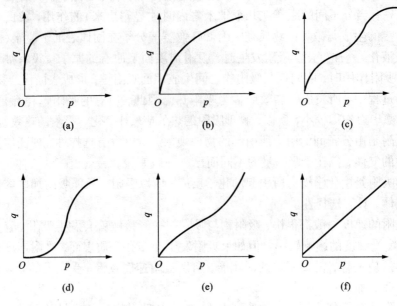

图 5 – 12　典型的等温吸附线

方向移动，吸附量减小。高温部分曲线 1 是化学吸附曲线，温度的升高也使得吸附量减小。如果始终能达到平衡的话，则不论曲线 1 还是曲线 2 都沿图中虚线进行。曲线 3 为物理吸附和化学吸附的过渡区，为非平衡吸附区。

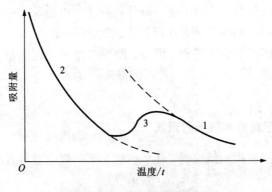

图 5 – 13　等压吸附线类型

4. 干燥循环

　　干燥剂的吸湿和放湿是由干燥剂表面的蒸气压力与环境空气的蒸气压力之差造成的：当前者较低时，干燥剂吸湿，反之放湿，两者相等时，达到平衡，既不吸湿，也不放湿，图 5 – 14 显示了干燥剂吸湿量和温度与其表面水蒸气分压力间的关系。从图中可以看出，随吸湿量和温度增加，表面水蒸气分压也随之增加。当表面水蒸气分压力超过周围空气的水蒸气分压力时，干燥剂脱湿，这一过程称为再生过程。干燥剂加热干燥后，它的蒸气压力仍然很高，吸湿能力较差。冷却干燥剂、降低其表面水蒸气分压力使之可重新吸湿。图 5 - 15 显示了这一完整的循环过程。

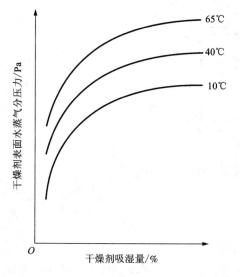

图 5 - 14　干燥剂吸湿量与水蒸气分压及温度的关系

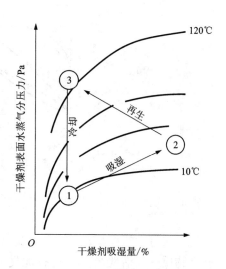

图 5 - 15　干燥循环示意图

吸附剂的再生方式分为以下四类：

①加热再生方式：供给吸附质脱附所需的热量。

②减压再生方式：用减压手段降低再生气流中吸附分子的分压，改变吸附平衡，实现脱附。

③使用清洗气体的再生方式：借通入一种很难被吸附的气体，降低吸附质的分压，实现脱附。

④置换脱附再生方式：用具有比吸附质更强的选择吸附性物质来置换，从而实现脱附。

实际应用中，①、③方式组合的再生加热方式用得最多，②、③组合的非加热再生方式用得也不少。但设计除湿设备时，只有当压力为 4～6 个大气压的空气除湿时，才采用非加热再生法。

5.4.2　吸附剂的类型和性能

良好的吸附剂应满足下列要求：比表面积大，内部具有网格结构的微孔通道；吸附容量大，吸附力小，再生温度低，活化后吸附物的残余量少；吸附热小，循环的经济性高；与吸附物之间无破坏作用；吸附速度快，较易达到吸附平衡；比热容小，热传导性好；可加速吸、脱附过程；耐压、耐磨，使用中不产生粉末，与水接触后不破碎；气流阻力小，能再生和多次使用；来源充足；价格便宜。

完全满足上述条件的吸附剂是难以得到的，工业上采用的吸附剂一般均为多孔性物质，如活性炭、硅胶、活性氧化铝、分子筛沸石等。图 5 - 16 所示为常见固体吸湿剂的吸附等温线。

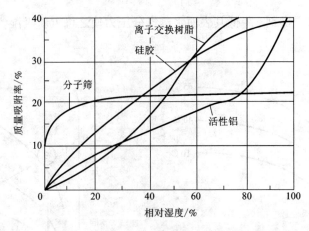

图 5 – 16　常见固体吸湿剂的吸附等温线

1. 活性炭

把木炭等含炭原料，隔绝空气加热，然后活化，除去加热产生的胶质（干馏物），便得到多孔性物质——活性炭。它具有优良的吸附性能，主要用于水处理、气体吸附、制冷与空调等。

2. 硅胶

硅胶（SiO_2）是传统的吸附除湿剂，是用无机酸处理水玻璃时得到的玻璃状颗粒物质，它无毒、无臭、无腐蚀性，不溶于水。因为具有较大的表面积和优异的表面性质，所以在较宽的相对湿度范围内对水蒸气有较好的吸附特性。缺点是如果暴露在水滴中会很快裂解成粉末，失去除湿性能。硅胶由于制造方法不同，可以得到两种类型的硅胶，虽然它们具有相同的密度（真密度），但还是被称为常规密度硅胶和低密度硅胶。常规密度硅胶的表面积为 $750 \sim 850 \ m^2/g$，平均孔径为 $22 \sim 26 \ Å$，而低密度硅胶的相应值分别为 $300 \sim 350 \ m^2/g$ 和 $100 \sim 150 \ Å$。常规密度硅胶在 25℃的水蒸气平衡吸附曲线见图 5 – 17，而低密度硅胶的水容量是很低的。

在水蒸气分子较高的表面覆盖情况下，硅胶对水蒸气的吸附热接近水蒸气的汽化潜热。较低的吸附热使得吸附剂和水蒸气分子的结合比较弱，这对吸附剂的再生是有利的。硅胶的再生只要加热到近 150℃就可以实现，而沸石的再生温度则为 300℃，这是因为沸石的水蒸气吸附热相当高。

根据微孔尺寸分布的不同，可把商业上常见的硅胶分为 A、B 两种，它们对水蒸气的吸附等温线也不同（图 5 – 17）。其原因是 A 型的微孔控制在 $2.0 \sim 3.0 \ nm$，而 B 型控制在 $7.0 \ nm$ 左右。它们的内部表面积分别为 $650 \ m^2/g$、$450 \ m^2/g$。硅胶在加热到 350℃时，每克含有 $0.04 \sim 0.06 \ g$ 的化合水，如果失去了这些水，它就不再是亲水性的了，也就失去了对水的吸附能力。A 型硅胶适用于普通干燥除湿，B 型则更适合于空气相对湿度大于 50% 时的除湿。

3. 活性氧化铝

活性氧化铝具有几种晶型，用作吸附剂的活性铝主要是 γ – 氧化铝。单位质量的比表面

积为 $150 \sim 500 \ m^2/g$，微孔半径为 $1.5 \sim 5.0 \ nm$，这主要取决于活性铝的制备过程。孔隙率为 $0.4 \sim 0.76$，颗粒的密度为 $0.8 \sim 1.8 \ g/cm^3$。活性铝对水蒸气的吸附等温线参见图 5 – 17。与硅胶相比，活性铝吸湿能力稍差，但更耐用且成本降低一半。

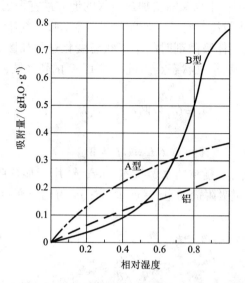

图 5 – 17　水蒸气在 A 型和 B 型硅胶及活性铝中的典型吸附等温线

4. 分子筛沸石

　　沸石具有四边形晶状结构，中心是硅原子，四周包围有四个氧原子，这种规则的晶状结构使得沸石具有独特的吸附特性。由于沸石具有非常一致的微孔尺寸，因而可以根据分子大小有选择地吸收或排斥分子，故而称作"分子筛沸石"。目前商业上常用的作为吸附剂的合成沸石有 A 型和 X 型。4A 型沸石允许透过小于 4 Å 的分子；而 3A 型沸石则只透过 H_2O 和 NH_3 分子。X 型沸石具有更大的透过通道，由 12 个成员环包围组成，通常称为 13X 型沸石。沸石分子筛与硅胶对水蒸气的平衡吸附曲线见图 5 – 18。沸石分子筛的特点是吸附容量大，主要用于制冷与空调中的干燥、净化、分离等过程。

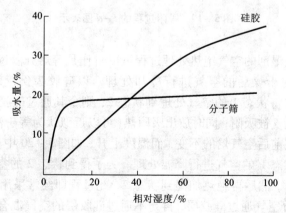

图 5 – 18　硅胶及沸石分子筛对水蒸气的典型吸附等温线

5.4.3 固体吸附剂除湿的空气处理过程

固体吸附剂在除湿过程中将产生吸附热,吸附热不仅使吸附剂本身温度升高,而且加热了被干燥的空气。所以对需要干燥又需要加热空气的地方最宜采用。有时为了冷却吸附剂和被干燥的空气,在吸附层中设冷却盘管。如前所述,冷却吸附剂还能提高其吸湿能力。

在 $i-d$ 图上表示使用固体吸附剂时的空气状态变化过程如图5-19所示。点1为处理前空气状态点,点2为处理后空气状态点。过程线1—2的角系数,可由下列方程导出:

热平衡方程:

$$Gi_2 = Gi_1 - W_k c_w t_2 - g_a W_k + g_1 W_k \tag{5-23}$$

湿平衡方程:

$$Gd_2 = Gd_1 - W_k \tag{5-24}$$

式中:W_k 为1h内在吸湿剂中凝结的水蒸气量,kg;g_a 用于加热吸附剂和吸附器结构的热量,kJ/kg吸附湿量;G 通过吸附剂的空气量,kg/h;g_1 为比湿润热(由于表面活化能下降而释放的能量),kJ/kg吸附湿量。

对于固体吸附剂除湿过程,$g_a \approx g_1$。将式(5-23)除以式(5-24),经整理后可得:

$$\varepsilon = \frac{i_2 - i_1}{d_2 - d_1} \approx c_w t_2$$

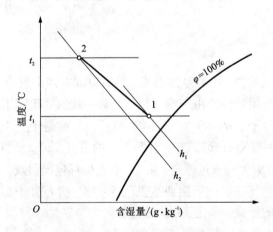

图5-19 吸附过程的 $i-d$ 图表示

因此,使用固体吸湿剂的空气绝热处理过程可以看作是等焓升温过程,所以为了得到温度较低的空气,还应对干燥后的空气进行冷却处理。以硅胶为例,其减湿处理过程如图5-20所示。如果需要将状态1的空气处理到状态2,则令其通过硅胶层。当潮湿空气通过硅胶层时,其中的水蒸气被吸附,同时放出吸附热(可以近似认为等于汽化潜热),将空气加热,因此保持了硅胶层前后空气焓的不变,而温度上升,如图5-20中1—1″。为了得到温度较低的空气,还需对状态1″的空气进行降温处理。为了得到状态2的空气,通常需要由状态1″先等湿冷却到状态2″,然后再绝热加湿到状态2,此过程即经常采用的除湿冷却过程。另一种方案是只让一部分空气通过硅胶层,再与不通过硅胶层的空气混合到点1′,再等湿冷却到点2。前一方案的优点是可以使用温度较高的冷却水,而后一种方案要求冷却水温度较低,但可以减少一套绝热加湿设备。为了实现吸附床的快速循环，常在吸附床中装备肋片管并通冷水冷却，来强化吸附床的传热。

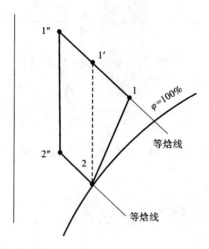

图 5 – 20　空气吸附减湿处理过程

　　固体吸附剂的除湿方法分为静态和动态的两种，静态吸附除湿是指吸附剂和密闭空间内的静止空气接触时，吸附空气中水蒸气的方法，也可以说是间歇操作方法。动态吸附除湿法是让湿空气在风机作用下流经吸附剂层的除湿方法。显然，动态吸湿比静态吸湿效果更好。但是由于静态吸湿设备简单，所以在小空间（如仪表箱等）吸湿时更为适用。与静态吸附除湿法相比，动态吸附除湿所需的吸附剂量较少，设备占地面积也小，花费较少的运行费就能进行大空气流量的除湿，但设备复杂。利用某些固体吸附剂可以制成固体除湿器，以控制空气的露点温度或相对湿度。

　　固体除湿器按工作方式不同，可分为固定式和旋转式。固定式如吸附塔采用周期性切换的方法，保证一部分吸附剂进行除湿过程，另一部分吸附剂同时进行再生过程。当空气不断通过塔内时，吸附剂会达到透过点，在此之前将空气切换到已再生过的塔，使除湿过程连续进行。旋转式则是通过转轮的旋转，使被除湿的气流所流经的转轮除湿器的扇形部分对湿空气进行除湿，而再生气流流过的剩余扇形部分同时进行吸附剂的再生。被除湿的处理气流和再生气流一般逆流流动。图 5 – 21 是转轮除湿机的工作原理图。除湿机由吸湿转轮、传动机构、外壳、风机及再生用加热器（电加热器或热媒为蒸汽的空气加热器）等组成。转轮是由交替放置的平吸湿纸和压成波纹的吸湿纸卷绕而成。在纸轮上形成了许多蜂窝状通道，因而也形成了相当大的吸湿面积。转轮式除湿器可以连续工作、操作简便、结构紧凑、易于维护，所以在空调领域常被应用。

　　固体吸附剂除湿的优点：①既不需要对空气进行冷却也不需要对空气进行压缩；②噪声低而且可以得到很低的露点温度；③设备比较简单，投资和运行费用较低。缺点是减湿性能不稳定，并随时间的延长而下降，吸湿材料需要再生。常用于除湿量较小的场所。

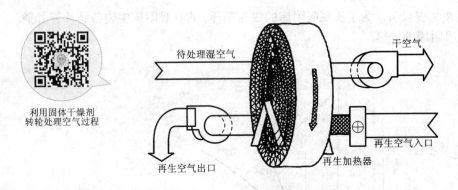

图 5 – 21　转轮除湿机工作原理图

5.5　用液体吸湿剂对空气进行热湿处理

5.5.1　液体吸湿剂处理空气的原理

气体吸收是采用适当的液体吸收剂来吸收气体或气体混合物中的某种组分的一种操作过程。例如,用溴化锂水溶液来吸收水蒸气,用水来吸收氨气等。这一类的吸收,一般认为无明显的化学反应发生,可以当作单纯的物理过程来处理,通常称为简单吸收或物理吸收。在物理吸收过程中,吸收所能达到的极限,取决于在吸收条件下的气液平衡关系。气体被吸收的程度,取决于气体的分压力。在实际应用中通过控制吸收液的温度、浓度来调整其吸收能力。

某些盐类及其水溶液对空气中的水蒸气具有强烈的吸收作用。这些盐水溶液中,由于盐类分子的存在而使得水分子浓度降低,溶液表面上饱和空气层的水蒸气分子数也相应减少。因此,与同温度的水相比,溶液表面上饱和空气层中的水蒸气分压力必然要低些。盐水溶液一旦与水蒸气分压力较高的周围空气相接触,空气中的水蒸气就会向溶液表面转移,或者说为后者所吸收。基于这种吸收作用而吸湿的盐水溶液称为液体吸湿剂(吸收剂)。液体吸湿剂是吸收剂的一个分类,对水蒸气有很强的吸收能力。利用液体吸湿剂除湿,是空气处理过程常用方法之一。液体吸湿剂表面饱和空气中水蒸气压分压力和湿空气中水蒸气分压力之差是二者进行质量传递的驱动力,液体吸湿剂(除湿溶液)吸收大量水蒸气后,浓度降低,吸湿能力下降,为循环使用,需将稀溶液加热使得水分蒸发,从而完成溶液的浓缩再生过程。

5.5.2　液体吸湿剂的类型与性能

在以液体吸湿剂为循环工质的除湿空调系统中,液体吸湿剂的特性对于系统性能有着重要的影响,直接关系到系统的除湿效率和运行情况。通常期望液体吸湿剂具有以下特性:

①相同的温度、浓度下,液体吸湿剂表面水蒸气分压力较低,使得与被处理空气中水蒸气分压力之间有较大的压差,具有更大的传质驱动力,即液体吸湿剂有较强的吸湿能力。

②液体吸湿剂对于空气中的水分有较大的溶解度,这样可提高吸收率并减小液体除湿剂的用量。

③液体吸湿剂在对空气中水分有较强吸收能力的同时，对混合气体中的其他组分基本不吸收或吸收甚微，否则不能有效实现分离。

④低黏度，以降低泵的输送功耗，减小传热阻力。

⑤高沸点，高冷凝热和稀释热，低凝固点。

⑥性质稳定，低挥发性、低腐蚀性，无毒性。

⑦价格低廉，容易获得。

在空气调节工程中，常用的液体吸湿剂有 LiCl 溶液、LiBr 溶液、$CaCl_2$ 溶液、二甘醇、二甘醇等，表 5-5 是常用液体吸湿剂的性能。三甘醇是最早用于溶液除湿系统的液体吸湿剂，但由于它是有机溶剂，黏度较大，在系统中循环流动时容易发生停滞，黏附于空调系统的表面，影响系统稳定工作，而且二甘醇、三甘醇等有机物质易挥发，容易进入空调房间，对人体造成危害，上述缺点限制了它们在溶液除湿空调系统中的应用，近年来已逐渐被金属卤盐溶液所取代。LiBr、LiCl 等盐溶液虽然具有一定的腐蚀性，但塑料等防腐材料的使用，可以防止盐溶液对管道等设备的腐蚀，而且成本较低，另外盐溶液不会挥发到空气中而影响、污染室内空气，相反还具有一定的净化功能，有益于提高室内空气品质，所以盐溶液成为优选的液体吸湿剂。

表 5-5　常用的液体吸湿剂

除湿剂	常用露点/℃	浓度/%	毒性	腐蚀性	稳定性	用途
$CaCl_2$ 溶液	-3 ~ -1	40 ~ 50	无	中	稳定	城市燃气除湿
LiCl 溶液	-10 ~ 4	30 ~ 40	无	中	稳定	空调、杀菌、低温干燥
LiBr 溶液	-10 ~ 4	45 ~ 65	无	中	稳定	空气调节、除湿
二甘醇	-15 ~ -10	70 ~ 90	无	小	稳定	一般气体除湿
三甘醇	-15 ~ -10	80 ~ 96	无	小	稳定	空调、一般气体除湿

（1）LiCl 溶液

LiCl 是一种白色、立方晶体的盐，在水中溶解度很大。LiCl 水溶液无色透明，无毒无臭，黏性小，传热性能好，容易再生，化学稳定性好。在通常条件下，LiCl 溶质不分解，不挥发，溶液表面蒸气压低，吸湿能力大，是一种良好的吸湿剂。LiCl 溶液结晶温度随溶液浓度的增大而增大，在浓度大于 40% 时，LiCl 溶液在常温下即发生结晶，因此在除湿应用中，其浓度宜小于 40%。LiCl 溶液对金属有一定的腐蚀性，钛和钛合金、含钼的不锈钢、镍铜合金、合成聚合物和树脂等都能承受 LiCl 溶液的腐蚀。

（2）LiBr 溶液

LiBr 是一种稳定的物质，在大气中不变质、不挥发、不分解、极易溶于水，常温下是无色晶体，无毒、无嗅、有咸苦味。LiBr 溶液极易溶于水，20℃时食盐的溶解度为 35.9 g，而 LiBr 的溶解度是其 3 倍左右。LiBr 溶液表面上的饱和水蒸气分压力远低于同温度下水的饱和蒸气压，这表明 LiBr 溶液有较强的吸收水分的能力。LiBr 溶液对金属材料的腐蚀，比 NaCl、$CaCl_2$ 等溶液要小，但仍是一种有较强腐蚀性的介质。另外，60% ~ 70% 浓度的 LiBr 溶液在常温下就结晶，因而 LiBr 溶液浓度的使用范围一般不超过 70%。

（3）$CaCl_2$溶液

$CaCl_2$是一种无机盐，具有很强的吸湿性，吸收空气中的水蒸气后与之结合为水化合物。无水氯化钙为白色、多孔、呈菱形结晶块，略带苦咸味，熔点为772℃，沸点为1600℃，吸收水分时放出溶解热、稀释热和凝结热，但不产生氯化氢等有害气体，只有在700~800℃高温时才稍有分解，$CaCl_2$溶液仍有吸湿能力，但吸湿量显著减小。$CaCl_2$价格低廉，来源丰富，但$CaCl_2$水溶液对金属有腐蚀性，其容器必须防腐。

以上三种除湿盐溶液存在以下共性：盐的沸点比水高得多，在气相中实际上只有水蒸气；溶液表面上饱和水蒸气压力是温度和浓度的函数，表面蒸气压随着温度的升高和浓度的降低而增大，除湿能力随之降低；盐的溶解度是有限的，会出现结晶现象；盐溶液对常见金属具有腐蚀性，尤其在开式系统下，防腐问题必须得到充分的重视。

盐溶液对金属腐蚀强度的强弱取决于除湿溶液的酸碱度（pH）和除湿溶液的温度。在相同的温度下，除湿溶液的pH越小，则它对金属材料设备的腐蚀性越强，pH接近中性偏碱性时对金属的腐蚀性逐渐趋于0。对于相同的除湿溶液，随着除湿溶液温度的升高，其对金属的腐蚀强度将会加强。三种盐溶液pH的大小顺序是：LiBr > LiCl > $CaCl_2$。其中LiCl是中性盐，溶液pH为7.0；$CaCl_2$溶液偏酸性，对金属的腐蚀较大。LiBr和LiCl溶液腐蚀性大体相当，但是LiBr溶液所需的再生温度比LiCl高，所以实际应用中腐蚀稍剧烈。

在相同的温度和浓度下，LiCl溶液的表面蒸气压最低；但LiBr溶液的溶解度大于LiCl溶液，因而可以使用浓度较大的溶液，以获得较低的表面水蒸气压。虽然$CaCl_2$的价格低廉（大约为LiCl的几十分之一），但溶液的表面蒸气压较大，而且它的溶解性不好，黏度大，长期使用会有结晶现象发生，除湿性能随着入口空气参数和溶液浓度发生很大的变化。很多学者曾提出，使用LiCl和$CaCl_2$混合溶液或LiBr和$CaCl_2$混合溶液作为除湿剂，以期在除湿性能和经济性上取得平衡。

5.5.3　湿空气与盐溶液之间的热质交换

溶液中盐分的含量可由下式定义的浓度ξ来表示：

$$\xi = G_r/(W + G_r) \times 100\% \tag{5-25}$$

式中：G_r为盐水溶液中的盐的质量；W为盐水溶液中的水的质量。

盐水溶液表面饱和空气层的水蒸气分压力P与溶液吸湿能力密切相关，而它则取决于溶液的温度t和浓度ξ，因而通常采用$P-\xi$图来反映各种盐水溶液的性质。这种图中的曲线簇为等温线，$\xi = 0$的纵坐标即表示纯水表面饱和空气层的水蒸气分压力。

现以LiCl溶液为例，由其$P-\xi$图可以看出（图5-22），当溶液温度一定时，表面水蒸气分压力随浓度的增加而减少；当溶液浓度一定时，表面水蒸气分压力随温度的降低而降低。但是，在这两种情况下，浓度的增加或者温度的降低，都存在一定的限度——超过这一限度，溶液中多余的盐分就会结晶析出来。图5-22中右端粗线即是溶液区与结晶区的分界线。

深入研究$P-\xi$图不难发现，当溶液浓度一定时，溶液表面饱和空气层任一水蒸气分压力P_i与同温度下纯水表面饱和空气层中水蒸气分压力P_{wi}的比值近似为一个常数，这一比值也就是t_i、P_i状态下湿空气的相对湿度φ_i。这意味着$i-d$图中每一条等φ线都对应着一个ξ值，其上各点即代表着该浓度下，不同参数（t，P）所决定的溶液表面饱和空气层状态。据此，我们可以借助$i-d$图，通过表面饱和空气层间接地反映盐水溶液的性质（图5-23），并进行

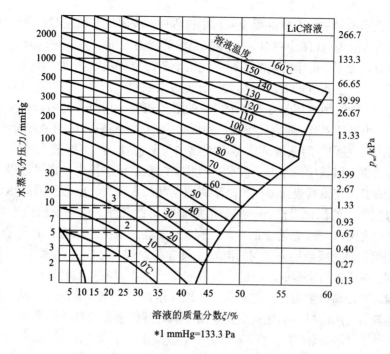

图 5 - 22　LiCl 溶液的 $P - \xi$ 图

其有关吸湿过程计算。

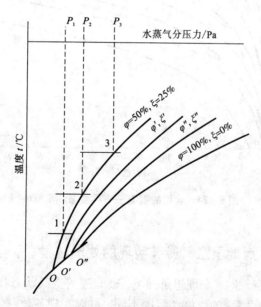

图 5 - 23　溶液表面饱和空气层状态的 $i - d$ 示意图

应该指出，盐水溶液的冰点总比纯水低，且随盐分浓度的增加而下降。因此，$i - d$ 图中 $t < 0$ 以下时，$\xi = 0$ 的浓度曲线就代表溶液的结冰线，其上各条浓度线都对应着一定的冰点

O,O'和O''等。

图 5 - 24 表示的是一种典型的吸湿 - 再生过程中,液体吸湿剂在湿空气性质图上的变化过程,以溴化锂溶液为例(图中40% ~70%线是溶液的等浓度线),1—2 是溶液的吸湿过程,溶液和湿空气直接接触,由于溶液的表面蒸气压小于湿空气的水蒸气分压力,水蒸气就从空气向溶液转移,同时水蒸气的凝结潜热大部分也被溶液吸收。为了抑制溶液温升、保持吸湿剂的吸湿能力,一般采用冷却的方式带走释放的潜热或者采用较大的溶液流量;溶液吸收水蒸气后,浓度变小到达 2 点,而空气湿度达到要求后一般需进一步降温处理再送入室内。2—3—4 是溶液的再生过程。溶液被低压蒸汽或热水等热源加热,当溶液表面蒸气压大于空气的水蒸气分压力时,溶液中的水分蒸发到空气中,溶液被浓缩再生。再生过程所需能量包括三部分:加热除湿剂使得其表面蒸气压高于周围空气的水蒸气分压力所需的热量(2—3);所含水分蒸发过程所需的汽化潜热(3—4);溶质解吸附的热量,这一项相比水的汽化潜热较小,由溶液性质决定。4—1 是溶液的冷却过程,所需能量取决于除湿剂的质量、比热以及再生后和冷却到重新具有吸收能力之间的温差。通常在 2—3 的加热过程和 4—1 的冷却过程之间增加换热器,对进入再生器的较冷的稀溶液和流出再生器的较热的浓溶液进行热交换,回收一部分热量,可提高再生器的工作效率。一般在溶液除湿空调系统中,除了风机、水泵等输配系统的能耗外,所需投入的能量主要是用于满足液体吸湿剂再生的要求。

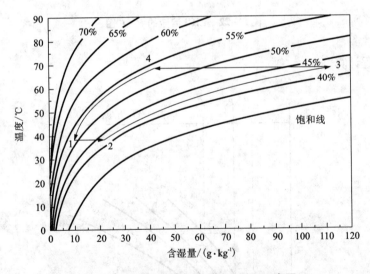

图 5 - 24 典型的吸湿——再生循环示意图

5.5.4 液体吸湿剂处理空气能够实现的处理过程

使用盐水溶液处理空气时,在理想条件下,被处理的空气状态将朝着溶液表面饱和空气层的状态变化。根据盐水溶液的浓度和温度不同,可以实现各种空气处理过程,包括喷水室和表冷器所能实现的各种过程。空气减湿处理多采用图 5 - 25 所示的三种过程:升温降湿过程 $A - 1$、等温降湿过程 $A - 2$、降温降湿过程 $A - 3$。在实际情况中,以采用 $A - 3$ 的情况为多。过程 $A - 3$ 和表冷器处理空气的 $A - C$ 过程(见图 5 - 11)、喷淋室处理空气的 $A - 1$(见图

5-6)过程相仿,不同之处在于,用液体吸湿剂时降温不是主要的,而减湿效果比较显著,因此,图5-25中的A-3过程比图5-6中的A-1过程和图5-11中的A-C过程更向左偏,处理后的空气湿度更低。

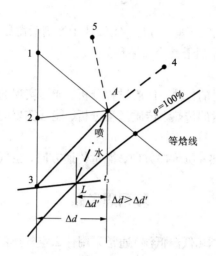

图5-25 盐水溶液处理空气可实现的过程

液体吸湿剂处理空气主要有两个优点:①可以用一种处理过程就把空气处理到所需的送风状态,不必先将空气冷却到机器露点后再加热,从而避免了冷热抵消现象;②空气减湿幅度大,能达到很低的含湿量。缺点是需要有一套盐水溶液的再生设备,系统比较复杂,初投资高,而且喷嘴易堵塞,设备及管道必须进行防腐处理,其主要适合于送风含湿量要求较低的场合。

本章小结

■ 本章主要内容

本章主要讨论了常见的空气热湿处理过程,以及实现各种空气处理过程所采用的处理方法。主要内容包括:

(1)空气热湿处理的12种基本处理过程,以及各种基本处理过程的相互组合。

(2)空气与水直接接触的热湿处理方法

● 能量传递的驱动力:①温差是显热传递的驱动力;②水蒸气分压力(或者水蒸气浓度)差是潜热传递的驱动力;③焓差是总热传递的驱动力。

● 空气和水直接接触能够实现的7种空气处理过程。

● 从空气侧和水侧看各种能量传递的方向:①显热传递以空气干球温度为界限,水温高于干球温度,则显热传向空气,否则传向水;②潜热传递以空气露点温度为界限,水温高于露点温度,则潜热传向空气,否则传向水;③总热传递以空气湿球温度为界限,水温高于湿球温度,则总热传向空气,否则传向水。

(3)空气与水间接接触的热湿处理方法

● 空气与水间接接触的传热、传质过程分析。

- 空气与水间接接触能够实现的 3 种空气处理过程。

(4)固体干燥剂和液体干燥剂空气处理过程

- 固体干燥剂干燥空气的原理与过程：①近似等焓干燥过程；②吸附和再生过程；③固体干燥剂干燥冷却循环。
- 液体干燥剂干燥空气的原理与过程：①液体干燥剂吸湿原理；②液体干燥剂能够实现的空气处理过程；③液体干燥剂干燥冷却循环。

■ 本章重点

(1)空气和水直接接触时的传热、传质过程分析，能够实现的空气处理过程。

(2)空气和水间接接触时的传热、传质过程分析，能够实现的空气处理过程。

■ 本章难点

不同空气处理过程中，热、质传递方向，能量传递方向，空气、水的状态参数变化。

复习思考题

1.夏季(高温高湿)或冬季(低温低湿)通常采用什么空气热湿处理方式？

2.已知房间内空气干球温度为 20℃，相对湿度 $\varphi = 55\%$，所在地区大气压力为 1.01325×10^5 Pa，如果穿过室内的冷水管道表面温度为 8℃，那么管道表面会不会产生凝结水？为什么？如有，应采取什么措施？

3.简述空气与水直接接触时，空气状态变化的 7 个典型的理想过程的特点及实现条件。

4.显热交换、潜热交换和全热交换的推动力各是什么？当空气与水直接接触进行热湿交换时，什么条件下仅发生显热交换？什么条件下仅发生潜热交换？什么条件下不发生全热交换？

5.温度为 30℃，水蒸气分压力为 2 kPa 的湿空气吹过下面三种状态的水的表面时，试在表 5–6 中的"_____"上用箭头表示传热和传质的方向。

表 5–6　习题 5 附表

水温	50℃	30℃	18℃	10℃
传热方向	气_____水	气_____水	气_____水	气_____水
传质方向	气_____水	气_____水	气_____水	气_____水

6.什么叫析湿系数？它的物理意义是什么？

7.某冷却减湿过程，空气的参数为 $t_1 = 30℃$，$d_1 = 21.53$ g/kg，$t_2 = 25℃$，$d_2 = 11.87$ g/kg，求该过程的析湿系数。

8.比较湿空气的干球温度、湿球温度和露点温度的大小关系。

9.喷淋室可以实现哪些空气处理过程？

10.表冷器可以实现哪些空气处理过程？

11.常用的液体吸收剂有哪些？各有什么特点？

12.吸附作用可分为物理吸附和化学吸附两大类，试说明它们各自的特点及适用场合。

13. 在焓湿图上画出典型吸湿 – 再生循环的基本过程及示意图(含湿量与温度图)？

14. 简述吸附(包括吸收)除湿法和表冷器除湿处理空气的原理和优缺点各是什么？

15. 在湿工况下，为什么一台表冷器，在其他条件相同时，所处理的空气湿球温度越高则换热能力越大？

16. 现假设空气状态为：$t = 30℃$，$RH = 50\%$，湿球温度 $t_s = 22℃$，露点温度 $t_d = 18℃$，压力为 1.01325×10^5 Pa，用喷水室进行空气处理，假设水量无限大，空气与水接触时间很长，请问：(1)怎样才能保证，空气经过处理之后是降温、增焓、加湿过程？(2)假设现在能够提供水温为 10℃ 的冷冻水，空气处理后的结果是什么样的？(3)如果供水温度是 19℃ 呢，空气处理后的结果又会怎样？

17. 空气的干球温度 $t = 26℃$、湿球温度 $t_s = 20℃$、露点温度 $t_d = 17.1℃$，该空气流过以下四种情况的水面，请分析各种情况下，显热、潜热与总热的传递方向，分别是传给水，还是传给空气？空气的温度、含湿量、焓怎么变化？水的温度怎么变化？假设空气与水之间的接触时间足够长。(1)水温 $t_w = 30℃$；(2)水温 $t_w = 24℃$；(3)水温 $t_w = 19℃$；(4)水温 $t_w = 15℃$；

18. 现假设空气状态为：$t = 28℃$，$RH = 80\%$，压力为 1.01325×10^5 Pa，用喷水室进行空气处理，假设水量无限大，空气与水接触时间很长，请问：(1)怎样才能保证，空气经过处理之后是降温、减焓、加湿过程？(2)假设现在能够提供水温为 7℃ 的冷冻水，空气处理后的结果是什么样的？如果供水温度是 26℃ 呢，结果又会怎样？

19. 已知空气的干球温度 $t = 35℃$、相对湿度 $RH = 30\%$、湿球温度 $t_s = 21.5℃$、露点温度 $t_d = 15℃$，该空气流过以下两种情况的水面，请分析各种情况下，显热、潜热与总热的传递方向，分别是传给水，还是传给空气？空气的温度、含湿量、焓怎么变化？水的温度怎么变化？假设空气与水之间的接触时间足够长。(1)水温 $t_w = 10℃$；(2)水温 $t_w = 18℃$；

20. 使用间接接触式热交换器对空气进行处理，可以实现哪三种空气处理过程？如果空气进口状态为干球温度 $t = 27℃$、相对湿度 $RH = 50\%$、湿球温度 $t_s = 19.5℃$、露点温度 $t_d = 16℃$，现要求对空气进行只降温，不除湿，理论上需要保证表冷器的进水温度满足什么要求，才能实现所要求的空气处理过程。

第6章　直接接触式热质交换设备

　　直接接触式热质交换设备最主要的特征是空气与处理介质直接接触，且能对所要求处理的空气进行净化，并进行热质交换。建筑环境与能源应用工程领域中广泛应用的此类设备主要有喷水室、冷却塔、直接蒸发冷却器、固体除湿机、吸附式空气净化器及溶液除湿机等。它们的用途主要有两种：一是用水或者干燥剂来处理空气；二是用空气来处理水。虽然处理对象不同，但都是通过空气和水的直接接触进行热质交换来达到热质处理的目的。

　　本章主要讲述直接接触式热质交换设备，如喷水室、冷却塔、蒸发冷却器、固体除湿空调系统和溶液除湿机与液体除湿空调系统等设备或系统的热工性能影响因素及热工计算方法，以及其所适用的场合。通过本章的学习，一方面要理解直接接触式热质交换设备的工作原理，同时要能进行设备的设计计算与选型校核。

6.1　喷水室

　　喷水室是一种多功能的空气调节设备，可对空气进行加热、冷却、加湿及减湿等多种处理过程。喷水室由喷嘴、喷水管路、挡水板、集水池和外壳等组成(图6-1)。空气进入喷水室内，喷嘴向空气喷淋大量的雾状水滴，空气与水滴接触，两者产生热湿交换，达到所要求的温湿度。喷水室的优点是可以实现空气处理的各种过程，具有净化空气、工程造价低等优点；其主要缺点是耗水量大、占地面积大、水系统较复杂、水易受污染，在舒适性空调系统中应用不多。

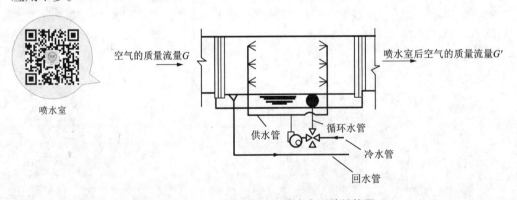

图6-1　喷水室系统结构图

6.1.1 喷水室处理空气时的热湿交换原理

用喷水室处理空气时，根据空气温湿度及水温的不同，空气与水之间既发生热交换，又发生质交换。在贴近水表面的地方或水滴周围，由于水蒸气分子做不规则运动，形成一个饱和空气边界层。

那么，当夏季用喷水室对空气进行冷却减湿时，边界层内水蒸气分子浓度（或水蒸气分压力）小于周围空气的水蒸气分子浓度（或分压力），则由周围空气进入边界层的水蒸气分子数将多于由边界层进入周围空气的水蒸气分子数，最终结果是周围空气中的水蒸气分子数将减少。所以，被处理的空气的含湿量将减小，空气的质量流量 G 将略微减小，终状态时水量将增加。反之，在冬季，一般用喷水室对空气进行加湿，边界层内水蒸气分子浓度（或水蒸气分压力）大于周围空气的水蒸气分子浓度（或分压力），则空气经喷水室处理后含湿量将增大，空气的质量流量 G 也将略微增大，而终状态时水量将减少。发生热质交换时的含湿量、质量流量和喷水量的变化关系如式（6-1）和式（6-2）所示。即：

夏季：

$$d_1 > d_2, \ G > G', \ W < W' \tag{6-1}$$

冬季：

$$d_1 < d_2, \ G < G', \ W > W' \tag{6-2}$$

式中：d_1、G、W 分别为喷水室前空气的含湿量、质量流量、初温喷水量；d_2、G'、W' 分别为喷水室后空气的含湿量、质量流量及变为终温的喷水量。

6.1.2 喷水室的热工计算方法

根据以上对喷水室处理空气时热质交换的分析，可知：在空气处理前后，空气的质量流量 G 是变化的、不相等的；同样初温 t_{w1} 时的喷水量 W，与温度变为 t_{w2} 时的喷水量 W' 也是不相等的。

1. 喷水室内空气与水直接接触时热交换方程式

这里将喷水室看作一开式热力系统，从空气与水直接接触的热湿交换原理角度，充分考虑喷水室在处理空气过程中，空气与水直接接触时，其中水蒸气分子动态变化及其所引起的热湿交换，推导出喷水室热工计算的公式。

$$Q = W'c_w t_{w2} - W c_w t_{w1} = G \frac{1}{1+d_1} i_1 - G' \frac{1}{1+d_2} i_2 \tag{6-3}$$

式中：Q 为喷水室中水或空气所吸收（或放出）的热量，kJ/h；W 为初状态的喷水量，kg/h；W' 为终状态回水量，kg/h；c_w 为水的定压比热，在常温下为 4.19 kJ/kg·℃；G 为需处理的空气初状态的空气量，kg/h；G' 为需处理的空气终状态的空气量，kg/h；t_{w1}、t_{w2} 分别为水的初、终温度，℃；i_1、i_2 分别为空气的初、终焓值，kJ/kg。

公式（6-3）的物理意义是：喷水室喷出的水所吸收（或放出）的热量应该等于空气失去（或得到）的热量。

2. 喷水室中热平衡关系方程式的推导

以夏季对空气进行冷却减湿处理为例，空气状态变化过程如图 6-2 所示。在公式推导过程中,充分注意到空气及水初、终状态下质量流量的变化,及由此带来的热湿交换量的变化。

设 G kg 湿空气中含有的水蒸气量为 G_q,则:

$$\frac{1+d_1}{d_1} = \frac{G}{G_q}$$

式中:d_1 为湿空气的含湿量,kg/kg 干空气。进一步可得水蒸气量:

$$G_q = G\frac{d_1}{1+d_1} \qquad (6-4)$$

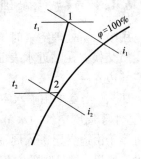

图6-2　空气状态变化过程

干空气量为:

$$G_g = G - G\frac{d_1}{1+d_1} = \frac{G}{1+d_1} \qquad (6-5)$$

由初、终状态下,空气中所含干空气量相等,则:

$$\frac{G}{1+d_1} = \frac{G'}{1+d_2}$$

得:

$$G' = \frac{1+d_2}{1+d_1}G \qquad (6-6)$$

空气中减少的水蒸气量为:

$$G - G' = \frac{d_1-d_2}{1+d_1}G \qquad (6-7)$$

将 $W' = W + \dfrac{d_1-d_2}{1+d_1}G$,$G' = \dfrac{1+d_2}{1+d_1}G$ 代入公式(6-3),得热平衡方程式为:

$$Q = \left(W + \frac{d_1-d_2}{1+d_1}G\right)c_w t_{w2} - Wc_w t_{w1} = \frac{G}{1+d_1}(i_1 - i_2) \qquad (6-8)$$

3. 喷水室中所需冷水量及回水量的推导

喷水室中所需冷水量 W_l 及回水量 W_h 的表达式可由热湿平衡关系式推导。取喷水室作为研究对象,如图6-3所示,研究该开式热力系统的热湿平衡关系。

湿平衡:

$$G\frac{d_1}{1+d_1} + W_l = W_h + G'\frac{d_2}{1+d_2} \qquad (6-9)$$

将式(6-7)代入得:

$$W_h - W_l = G\frac{d_1-d_2}{1+d_1} \qquad (6-10)$$

由热平衡:

$$G\frac{1}{1+d_1}i_1 + W_l c_w t_1 = G'\frac{1}{1+d_2}i_2 + W_h c_w t_{w2}$$

$$(6-11)$$

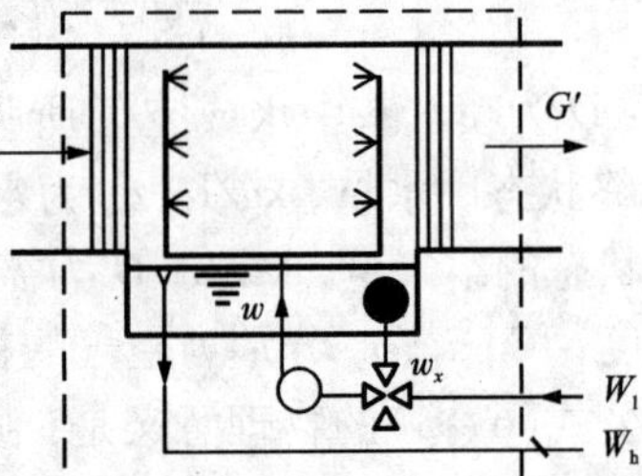

将式(6-7)、式(6-10)代入上式得:

图6-3　开式喷水室热力系统

$$W_1 = \frac{G \dfrac{1}{1+d_1}[(i_1 - i_2) - (d_1 - d_2)c_w t_{w2}]}{c_w(t_{w2} - t_1)} \tag{6-12}$$

式中：t_1 为冷冻水供水温度。将上式代入式(6-10)得：

$$W_h = \frac{G \dfrac{1}{1+d_1}[(i_1 - i_2) - (d_1 - d_2)c_w t_1]}{c_w(t_{w2} - t_1)} \tag{6-13}$$

喷水室循环水量为：

$$W_x = W - W_1 \tag{6-14}$$

在冬季，一般对空气进行加热加湿，被处理空气的含湿量增加，G'增大，W'减小，W'为：

$$W' = W - G\frac{d_2 - d_1}{1 + d_1} \tag{6-15}$$

则冬季喷水室的补水量为：

$$W_b = W - W' = G\frac{d_2 - d_1}{1 + d_1} \tag{6-16}$$

冬季 Q、W_t、W_h、W_x 的表达式与夏季相同。

4. 喷水室热工计算方法介绍

在进行喷水室热工计算时，除了采用式(6-8)、式(6-12)、式(6-13)~式(6-15)之外，还要采用两个喷水室热交换效率计算公式：

$$\eta_1 = A(v\rho)^m \mu^n = 1 - \frac{t_{s2} - t_{w2}}{t_{s1} - t_{w1}} \tag{6-17}$$

$$\eta_2 = A'(v\rho)^{m'} \mu^{n'} = 1 - \frac{t_2 - t_{s2}}{t_1 - t_{s1}} \tag{6-18}$$

式中：η_1、η_2 分别为喷水室的全热交换效率和通用热交换效率，无量纲；$v\rho$ 为喷水室空气质量流速，$\text{kg}/(\text{m}^2 \cdot \text{s})$；$\mu$ 为喷水系数，kg 水/kg 空气；t_{s1}、t_{s2} 分别为喷水室进、出风湿球温度，℃；t_1、t_2 分别为喷水室进、出风干球温度，℃；A、A'、m、m'、n、n' 均为实验获得的经验常数，它们因喷水室结构参数及空气处理过程不同而不同。部分喷水室的这六个经验常数见附表7。

喷水室空气质量流速 $v\rho$ 和喷水系数 μ 分别用下式计算：

$$v\rho = \frac{G}{3600f} \tag{6-19}$$

$$\mu = \frac{W}{G} \tag{6-20}$$

式中：v 为流速；ρ 为密度；f 为喷水室的横断面积，m^2。其余符号的意义与前面公式中相同。

利用上面所讲的理论，即可进行喷水室的热工计算。喷水室的热工计算可分为设计性计算和校核性计算，详细的计算步骤将在《空气调节》这门课程中讲述，请参见相关文献或设计手册。这里以一个例题，简要讲述喷水室热工设计计算工程。

【例题6-1】 需处理的空气量为 21600 kg/h，当地大气压力为 1.01325×10^5 Pa；空气的初参数为：$t_1 = 28$℃，$t_{s1} = 22.5$℃，$i_1 = 65.8$ kJ/kg，$d_1 = 0.143$ kg/kg；需要处理的空气终参

数为：$t_2 = 16.6℃$，$t_{s2} = 15.9℃$，$i_2 = 44.4$ kJ/kg，$d_2 = 0.011$ kg/kg。冷冻水供水温度为 7℃，求：W、t_{w1}、t_{w2}、W_1、W_h、W_x 等设计参数。

【解】　(1)参考附表 7，选用如下喷水室结构：双排对喷，Y－1 型离心式喷嘴，$d_0 = 5$ mm，$n = 13$ 个/($m^2 \cdot$ 排)，取质量流速 $v\rho = 3$ kg/($m^2 \cdot$ s)。查附表 7 得：

$$A = 0.745；A' = 0.755；m = 0.07；m' = 0.12；n = 0.265；n' = 0.27$$

(2)求喷水系数和喷水量：利用式(6－18)求得喷水系数：$\mu = 1.06$，进一步，利用式(6－20)可求得喷水室喷水量 $W = 22680$ kg/h。

(3)求 t_{w1}、t_{w2}：利用式(6－8)代入已知数值，得：

$$t_{w2} = 0.9969 t_{w1} + 4.8819$$

利用式(6－17)代入 $t_{s1} = 22.5℃$、$t_{s2} = 15.9℃$、$v\rho = 3$、$\mu = 1.06$ 得：

$$\frac{15.9 - t_{w2}}{22.5 - t_{w1}} = 0.185$$

联立式前面两个式子得：$t_{w1} = 8.44℃$、$t_{w2} = 13.30℃$。

(4)求 W_1、W_h、W_x、W'：

利用式(6－12)、式(6－13)，并将已知数据代入得：

$$W_1 = 17481 \text{ kg/h}, \ W_h = 17551 \text{ kg/h}$$

$$W_x = W - W_1 = 5199 \text{ kg/h}$$

由 $W' - W = G\dfrac{d_1 - d_2}{1 + d_1} = 70.3$ kg/h 得：

$$W' = 22750 \text{ kg/h}$$

【分析】　在上前面的分析中，考虑了由于湿传递引起的水量增加，不过，从计算结果可以看出，每小时水增加量仅为 70.3 kg/h，只占喷水量的 0.31%，占冷冻水供水量的 0.4%。所以，即使忽略这个水量增加，也不会引起太大的误差，这也就是为什么在其他文献和资料中，没有考虑传质引起的水量变化的原因。在工程设计中，为了计算方便，可以忽略传质引起的风量、水量变化，近似认为风量、水量在喷水室前后是不变的。但在我们分析问题时，还是要知道在这个过程中，水量和风量实际上是在变化的，只是变化量比较小。

6.1.3　喷水室的性能影响因素

根据空气与水进行热质交换的原理分析，影响喷水室热工性能的因素有四个方面。

(1)空气质量流速 $v\rho$

对于相同结构尺寸的喷水室，提高断面空气质量流速，可以增强喷水室的热湿交换效率，从而提高喷水室的效率，同时可以减少喷水室占地面积。但 $v\rho$ 太大，会使导致挡水板过水量增加，同时增加喷水室的流动阻力。所以，常用的 $v\rho$ 为 2.5 ~ 3.5 kg/($m^2 \cdot$ s)。

(2)喷水系数 μ

在一定的压力范围内，加大喷水系数可以增大热交换系数和接触系数。此外，不同的空气处理过程，采用的喷水系数不同，要根据喷水室的热工参数计算确定。

(3)喷水室结构特性

喷水室的结构特性主要是指喷嘴排数、喷嘴密度、排管间距、喷嘴形式、喷嘴孔径、喷水方向等。单排喷嘴的热交换效率比双排差，三排喷嘴的效率与双排差不多，所以，一般采用双排喷嘴。当采用单排喷嘴时，一般采用逆喷效果较好，当采用双排喷嘴时，一般采用一排顺喷，一排逆喷。喷嘴排间距一般以 600 mm 为宜，加大排间距，对增加热湿交换效果并无益处。喷嘴密度一般取 13～24 个/(m^2·排)，喷嘴密度过大或者过小都不好。

（4）空气与水的初参数

增加空气和喷水水滴的初始温差，有利于提高喷水室内的热湿交换量，但对提高热湿交换效率的影响不大，可以忽略不计。

6.2　冷却塔

在工业生产或制冷空调系统中，会产生大量中低温余热，为了保证这些系统的正常运行，需要将这些余热排除，为此，通常采用水作为循环冷却剂，带走这些设备的余热。为保证水的循环使用，需要对水进行冷却，通常采用冷却塔对水进行处理。冷却塔是利用空气与水直接接触，主要依靠水分蒸发吸热，从而对水进行冷却，装置一般为桶状，故名冷却塔。

冷却塔是集空气动力学、热力学、流体力学、化学、生物化学、材料学、静、动态结构力学、加工技术等多种学科为一体的综合产物。水质为多变量的函数，冷却更是多因素，多变量与多效应综合的过程。

6.2.1　冷却塔的结构及工作原理

冷却塔

1. 冷却塔的结构

冷却塔塔体内部结构由上至下分别为除水器、配水系统、喷嘴、淋水填料、水池组成。冷却塔的淋水填料是热水在冷却塔内进行冷却的主要部件。需要冷却的热水经多次溅散成水滴或形成水膜，增加水与空气的接触面积和延长接触时间，促使热水与空气进行热交换，使水得到冷却。冷却塔的配水系统作用是将热水均匀地分配给喷嘴。热水分布是否均匀，对冷却效果影响很大。如水量分配不均匀，不仅直接降低水的冷却效果，也会造成部分冷却水滴飞溅而飘逸出塔外，增加水量损失。冷却塔的通风筒是创造良好空气动力条件的装置，减少通风阻力，把排出冷却塔的湿热空气送入高空，防止或减少湿热空气短路回流。冷却塔的除水器作用是将要排出塔外的湿空气中所携带的水滴，在塔内利用收水器把水滴与空气分离，减少逸出（飘失）水量的损失和对周围环境的影响。冷却塔喷嘴的作用是将配水系统分配来的水均匀地喷淋在填料上。冷却塔水池的作用是保持一定的水量，维持整个循环冷却的用水量。冷却塔的塔体是指冷却塔的外壳体，其作用是起到支撑、围护和组织合适的气流功能。冷却塔的进水管把热水输送到冷却塔的配水系统。

2. 冷却塔工作原理

冷却塔一般用于制冷或化工系统中，其作用是将携带废热的冷却水在塔内与空气进行热湿交换，将废热传输给空气并散入大气，从而获得温度较低的水，供冷凝器等设备使用。现以较常用的机械通风逆流湿式冷却塔为例，说明其工作原理。如图 6-4 所示，载热的温度较高的水通过进水管进入冷却塔，通过配水系统，使其沿塔平面均匀分布，然后通过喷嘴，将水喷淋在填料上。

温度较高的水沿填料表面形成水膜向下流动。空气从冷却塔下部进入塔内,靠风机的作用自下而上与水直接接触进行热湿交换,通过接触散热和蒸发散热,水中的热量传输给空气,冷却后的水送入冷凝器等设备使用。

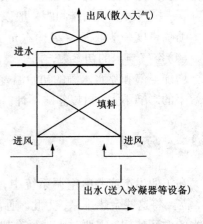

3. 冷却塔中水与空气直接接触的热湿交换

可以看出,冷却塔是利用水的蒸发吸热来冷却未蒸发掉的水,冷却后的水送入其他设备吸热,升温后,回到冷却塔继续被冷却。

水在冷却塔中进行冷却的过程中,把水形成很小的水滴或极薄的水膜,扩大水与空气的接触面积

图6-4 冷却塔工作原理

和延长接触时间,加强水的蒸发汽化,带走水中的大量热量,所以,水在冷却塔中冷却的过程主要是对流散热和蒸发散热的过程。

水的表面蒸发是在水温低于沸点的情况下进行,这时,水和空气的相交面上存在着水蒸气的压力差,一般认为,水与空气的接触时,在其交界面处存在着一层极薄的水面温度下的饱和空气层,称为水面饱和空气层。水首先蒸发到饱和空气层中,然后对流传质到空气中。

下面以在空调领域应用较多的湿式冷却塔为例,对其基本的热湿传递过程进行分析。对于湿式冷却塔,空气与水直接接触,通过接触传热和蒸发散热把水中的热量传递给空气。

(1)蒸发散热

蒸发散热过程可由图6-5表示,蒸发散热是通过水分子不断扩散到空气中来完成的。由于各水分子能量的不同,水温决定了其平均能量。因此,在水面附近,一部分动能大的水分子会克服邻近水分子的吸引力,逃离水面而成为水蒸气。由于能量大的水分子逃离,造成了水面附近水体的能量减小,水温降低。

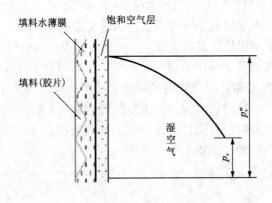

图6-5 蒸发过程

p_v'—湿空气中水蒸气分压力;p_v''—饱和空气层中水蒸气分压力

通常认为蒸发的水分子,首先在水表面形成一层薄的饱和空气层(也称边界层),其温度和水面温度相同,然后水蒸气从饱和层向大气中扩散的快慢取决于饱和层的水蒸气压力和大

气中的水蒸气压力差, 即道尔顿(Dolton)定律。其蒸发水量可由式(6-21)表示:

$$dW = \beta_p(p_v'' - p_v)dF \qquad (6-21)$$

式中: dW 为蒸发的水量, kg/s; p_v'' 为水温 t 时湿空气的饱和水蒸气分压力, Pa; p_v 为湿空气的水蒸气分压力, Pa; β_p 为以压差为基准的传质系数, kg/(m²·s·Pa);

湿式冷却塔中, 蒸发散热又称为潜热换热量。其动力是饱和空气层与大气之间的水蒸气分压力差, 故空气与水接触时必然伴随着水蒸气的蒸发产生质量传递, 从而吸收汽化潜热。

(2)对流传热

流体流过固体或液体表面时, 热量会从高温的一方传向低温的一方, 称为对流传热。因此, 当低温空气流过高温水面时, 水面也会通过对流传热, 把热量传给空气。其对流传热量可由式(6-22)表示:

$$dQ = h(t_w - t)dF \qquad (6-22)$$

式中: dQ 为水面传给空气的热量, W; h 为水表面的对流换热系数, J/(m²·K·s); t_w 为水温, ℃; t 为空气温度, ℃; dF 为水与空气接触面积, m²。

湿式冷却塔中, 空气温度与饱和空气层温度(近似水面温度)不同, 存在温差, 两者会通过导热、对流进行热量传递。因此, 此时空气与水之间的热量传递是显热交换。

假设给定空气初状态参数为: 干球温度为 t_1、湿球温度为 t_{S1}、露点温度 t_{L1}, 改变水初温 t_{W1}, ΔQ 为空气与水之间的总换热量, ΔQ_S 为空气与水之间的显热换热量, ΔQ_L 为空气与水之间的潜热换热量, 如图6-6所示。

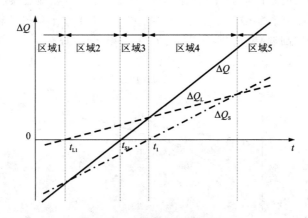

图 6-6　热质流量与水温关系

当空气与水直接接触时, 对于空气侧:

①总热交换量 ΔQ 的方向以空气湿球温度 t_{S1} 为界:

当 $t_{W1} > t_{S1}$ 时, 即水初温大于空气湿球温度, 空气为增焓过程, 总热流方向向着空气(区域3、4、5)。

当 $t_{W1} < t_{S1}$ 时, 即水初温小于空气湿球温度, 空气为减焓过程, 总热流方向向着水(区域1、2)。

②显热交换量 ΔQ_S 的方向以空气干球温度 t_1 为界:

当 $t_{W1} < t_1$ 时, 即水初温小于空气干球温度, 空气失去显热; 总热流方向不定(区域1、2、3)。

当 $t_{w1} > t_1$ 时，即水初温大于空气干球温度，空气获得显热；总热流方向向着空气（区域4、5）。

③潜热交换量 ΔQ_L 以空气露点温度 t_{L1} 为界：

当 $t_{w1} > t_{L1}$ 时，即水初温大于空气露点温度，空气得到潜热；总热流方向不定（区域2、3、4、5）。

当 $t_{w1} < t_{L1}$ 时，即水初温小于空气露点温度，空气失去潜热；总热流方向向着水（区域1）。

当空气与水直接接触时，对于水侧：

①$t_{w1} > t_1$ 时，即水初温大于空气干球温度，ΔQ_S 和 ΔQ_L 都由水流向空气，所以水温降低（区域4、5）。

②$t_{s1} < t_{w1} < t_1$ 时，即水初温大于空气湿球温度且小于空气干球温度，ΔQ_S 和 ΔQ_L 方向虽然相反，但总热流 $\Delta Q > 0$，所以热流由水流向空气，水温降低（区域3）。

③$t_{s1} = t_{w1}$ 时，即水初温等于空气湿球温度，ΔQ_S 和 ΔQ_L 方向相反，且 $\Delta Q_S = \Delta Q_L$，热流量等于零，所以水温不变。

④$t_{w1} < t_{s1}$ 时，即水初温小于空气湿球温度，$\Delta Q < 0$，热流由空气流向水面，所以水温升高（区域1、2）。

空调工程中常用的横流湿式冷却塔热湿交换过程中，空气 – 水状态变化 $i - d$ 图如图6 – 7所示。即温度为 t_{w1} 的高温水通过上水管进入冷却塔后，通过喷嘴喷向填料、水滴垂直通过填料层时，与进入冷却塔的且湿球温度较低的空气 $1(t_1, t_{s1}, i_1)$ 热湿交换后，冷却到 t_{w2}，落入塔底水池。与此同时，状态参数为 (t_1, t_{s1}, i_1) 的进口空气1水平穿过填料与垂直下落的水滴正交，热湿交换后变成高温高湿的空气 $2(t_2, t_{s2}, i_2)$ 由风筒排出。

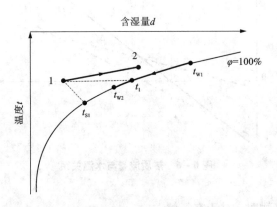

图6 – 7　冷却塔空气 – 水状态变化过程 $i - d$ 图

此过程中，高温冷却水经过填料下落时，刚开始时，对流传热和蒸发散热的方向均由水到空气，水温在蒸发散热和对流传热的共同作用下温度降低；当冷却水温下降到与空气干球温度 t_1 相等时，空气与水之间无对流传热，但蒸发散热仍然存在，水温继续下降；此后显热传热的方向与蒸发散热的方向相反，但蒸发散热量大于对流传热量，因此水温继续下降；由于冷却水温的不断下降，空气与水之间对流换热量逐渐增大，当对流换热量等于水的蒸发散热量时，总传热量等于零，水温不再下降，此时为水的冷却极限，即湿球温度。

但是实际上，空气量是有限的，所以当水温接近空气湿球温度时，焓差将很小，散热很慢，冷却水温很难达到空气的湿球温度，出水温度一般会高于进风空气的湿球温度 3~5℃。

6.2.2　冷却塔的热工计算方法

1. 冷却塔的热工计算方法

冷却塔的热工计算，对逆流式与顺流式有所不同。由于塔内的热量、质量交换的复杂性，影响因素很多，国内外很多研究者提出了多种计算方法。在逆流塔中，水和空气参数的变化仅在高度方向，而横流式冷却塔的淋水装置中，在垂直和水平两个方向都有变化，情况更为复杂。下面仅对逆流式冷却塔用焓差法进行计算做介绍。

（1）用焓差法计算冷却塔的基本方程

1925 年麦凯尔（Merkel）首先引用了热焓的概念，建立了冷却塔的热焓平衡方程式。利用 Merkel 热焓方程和水气的热平衡方程，可比较简便地求解水温 t 和热焓 i，因而，它至今仍是国内外对冷却塔进行热工计算时所采用的主要方法，称其为焓差法。

通过取逆流塔中某一微元段 $\mathrm{d}Z$ 进行研究可得：

$$\mathrm{d}Q = h_\mathrm{d}(i'' - i)\alpha A \mathrm{d}Z \tag{6-23}$$

式中：$\mathrm{d}Q$ 为微元段内总的传热量，kW；h_d 以含湿量差表示的传质系数，$\mathrm{kg/(m^2 \cdot s)}$；$i''$ 为水面饱和空气层的焓，kJ/kg；i 为塔内任何计算部位处空气层的焓，kJ/kg；α 为填料的比表面积，$\mathrm{m^2/m^3}$；A 为塔的横截面积，$\mathrm{m^2}$；Z 为塔的填料高度，m。

式（6-23）即 Merkel 焓差方程。它表明塔内任何部位水、气之间交换的总热量同该点水温下饱和空气焓与该处空气焓之差成正比。该方程可视为能量传递方程，焓差正是这种传递的推动力。但应该指出，Merkel 焓差方程存在一定近似性。

除了 Merkel 焓差方程之外，在没有热损失的情况下，水和空气之间还存在着热平衡方程，亦即水所放出的热量应当等于空气增加的热量。在微元段 $\mathrm{d}Z$ 内水所放出的热为：

$$\mathrm{d}Q = Wc_\mathrm{w}(t + \mathrm{d}t) - (W - \mathrm{d}W)c_\mathrm{w}t = (W\mathrm{d}t + t\mathrm{d}W)c_\mathrm{w} \tag{6-24}$$

式中：W 为进入微元段内的水量，kg/s；t 为微元段 $\mathrm{d}Z$ 的出水温度，℃。

而空气在该微元段吸收的热为：

$$\mathrm{d}Q = G\mathrm{d}i \tag{6-25}$$

式中：G 为进入微元段内的空气量，kg/s。

$$G\mathrm{d}i = c_\mathrm{w}(W\mathrm{d}t + t\mathrm{d}W) \tag{6-26}$$

式（6-26）右边第一项为水温降低 $\mathrm{d}t$ 放出的热，第二项为由于蒸发了 $\mathrm{d}W$ 水量所带走的热，将式（6-26）做一变换有：

$$G\mathrm{d}i = \frac{c_\mathrm{w}W\mathrm{d}t}{1 - \dfrac{c_\mathrm{w}t\mathrm{d}W}{G\mathrm{d}i}} \tag{6-27}$$

$$K = 1 - \frac{c_\mathrm{w}t\mathrm{d}W}{G\mathrm{d}i} \tag{6-28}$$

$$G\mathrm{d}i = \frac{c_\mathrm{w}W\mathrm{d}t}{K} \tag{6-29}$$

式中：K 为考虑蒸发水带走热量的系数。计算表明，式(6 - 26)中第二项表示的热量通常只有总传热量的百分之几，因而 K 接近 1。对 K 的分析可以看出，它基本上是出口水温的函数，其关系如图 6 - 8 所示。

用式(6 - 29)对全塔积分可得：

$$i_2 = i_1 + \frac{cW}{KG}(t_1 - t_2) \qquad (6 - 30)$$

式(6 - 30)可用于求解与每个水温相对应的空气的焓值。

综合上面所得的各式(6 - 23)(6 - 25)(6 - 29)可得：

$$h_d(i'' - i)\alpha A dZ = c_w W dt/K \qquad (6 - 31)$$

对此式进行变量分离并加以积分：

$$\frac{c_w}{K}\int_{t_2}^{t} \frac{dt}{i'' - i} = \int_0^Z h_d \frac{\alpha A}{W} dZ = h_d \frac{\alpha AZ}{W} \qquad (6 - 32)$$

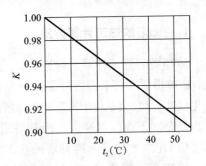

图 6 - 8　K 值与相应段水温关系图

式(6 - 32) 是在麦凯尔方程基础上以焓差为推动力进行冷却时，计算冷却塔的基本方程。若以 N 代表上式的左边部分，即：

$$N = \frac{c_w}{K}\int_{t_2}^{t} \frac{dt}{i'' - i} \qquad (6 - 33)$$

N 为按温度积分的冷却数，简称冷却数，它是一个无量纲数。

另外若以 N' 表示式(6 - 33)右边部分，即：

$$N' = h_d \frac{\alpha AZ}{W} \qquad (6 - 34)$$

称无因次量 N' 为冷却塔特性数。冷却数表示水温从 t_1 降到 t_2 所需要的特征数数值，它代表冷却负荷的大小。在冷却数中的 $(i'' - i)$ 是指水面饱和空气层的焓与外界空气的焓之差 Δi，此值越小，水的散热就越困难。所以它与外部空气参数有关，而与冷却塔的构造和形式无关。在空气量和水量之比相同时，N 值越大，表示要求散发的热量越多，所需淋水装置的体积越大。特性数中的 h_d 反映了淋水装置的散热能力，因而特性数反映了冷却塔所具有的冷却能力，它与淋水装置的构造尺寸、散热性能及水、气流量有关。

冷却塔的设计计算问题，就是要求冷却任务与冷却能力相适应，因而在设计中应使 $N = N'$，以保证冷却任务的完成。

(2)冷却数的确定

在冷却数的定义式(6 - 33)中，$(i'' - i)$ 与水温 t 之间的函数关系极为复杂，不可能直接积分求解，因此一般采用近似求解法。如辛普逊(Simpson)近似积分法是根据将冷却数的积分式分项计算求得近似解。

$$i_n - i_{n-1} = \frac{c_w W}{KG}\left(\frac{t_1 - t_2}{n}\right) \qquad (6 - 35)$$

式中：i_n，i_{n-1} 分别为将积分区间等分为偶数 n 时，后一个等分的 i_n 值与前一个等分的 i_{n-1} 值。

在计算时，应从淋水装置底层开始，先算出该层的 i 值，再逐步往上算出以上各段的 i 值，各段的 K 值也应根据相应段的水温按图(6 - 8)查得。

若精度要求不高，且水在塔内的温降 $\Delta t < 15℃$ 时，常用下列的两段公式简化计算：

$$N = \frac{c_{\mathrm{w}}\Delta t}{6K}\left(\frac{1}{i''_1 - i_1} + \frac{4}{i''_m - i_m} + \frac{1}{i''_2 - i_2}\right) \tag{6-36}$$

式中：i''_1、i''_2、i''_m 分别与水温 t_1、t_2、$t_m = (t_1 + t_2)/2$ 对应的饱和空气焓，kJ/kg；i_1、i_2 分别为冷却塔中进口、出口处空气的焓，kJ/kg；而 $i_m = (i_1 + i_2)/2$。

（3）特性数的确定

为了使实际应用更方便，常将式(6-34)定义的特性数改定成：

$$N' = h_{\mathrm{dV}}\frac{V}{W} \tag{6-37}$$

式中：h_{dV} 为容积传质系数，$h_{\mathrm{dV}} = h_d\alpha$，$\mathrm{kg/(m^3 \cdot s)}$；$V$ 为填料体积，$\mathrm{m^3}$。

可见，特性数取决于容积传质系数、冷却塔的构造及淋水情况等因素。

（4）换热系数与传质系数的计算

在计算冷却塔时，要求确定换热系数和传质系数。假定热交换和质交换的共同作用过程是在两者之间的类比条件得到满足的情况下进行，因此刘伊斯关系式成立。由此得到一个重要结论：当液体蒸发冷却时，在空气温度及含湿量的实用范围变化很小时，换热系数和传质系数之间必须保持一定的比例关系，条件的变化可使一个增大或减小，从而导致另一个也相应地发生同样的变化。因而，当缺乏直接的实验资料时，就可根据其比例关系予以近似估计。

可以说直到现在为止，还没有一个通用的方程式可以计算水在冷却塔中冷却时的换热系数和传质系数，因此，更有意义的是针对具体淋水装置进行实验，取得资料。图6-9和图6-10给出了由实验得到的两种填料的 h_{dV} 曲线。图6-11则是已经把不同气水比（空气量与水量之比，以 λ 表示）整理成的特性曲线，图中表示出了两种填料的特性，更多的资料参见相关文献资料。

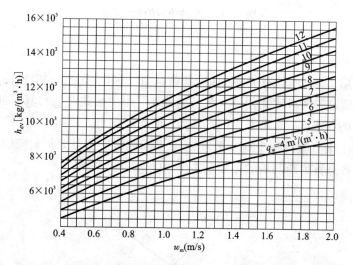

图 6-9　塑料斜波 $55 \times 12.5 \times 60° - 1000$ 型容积传质系数曲线

h_{dV}—容积传质系数；q_{w}—淋密度；w_{m}—空塔平均风速

（5）气水比的确定

气水比是指冷却每千克水所需的空气千克数，气水比越大，冷却塔的冷却能力越大，一

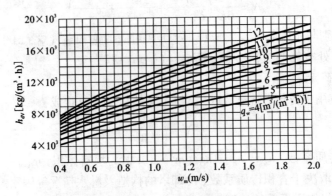

图 6 - 10　纸质蜂窝 d_{20} - 1000 容积传质系数曲线

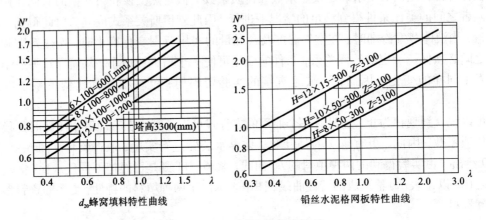

d_{20} 蜂窝填料特性曲线　　铅丝水泥格网板特性曲线

图 6 - 11　两种填料的特性曲线

般情况下可选 $\lambda = 0.8 \sim 1.5$。

由于空气的焓 i 与气水比有关,因而冷却数也与气水比有关。同时特性数也与气水比有关,因此要求被确定的气水比能使 $N = N'$。为此,可用牛顿迭代法计算。或在设计计算时,先假设几个不同的气水比,算出不同的冷却 N,在此基础上,做如图 6 - 12 所示的 $N \sim \lambda$ 曲线。再在同一图上做出填料特性曲线 $N' \sim \lambda$,这两条曲线的交点 P 所对应的气水比 λ_P,就是所求的气水比。P 点称为冷却塔的工作点。

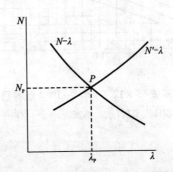

图 6 - 12　气水比及冷却数的确定

(6)冷却塔的通风阻力计算

冷却塔各部位的局部阻力系数，如表 6 - 1 所示。

表 6 - 1　冷却塔各部位的局部阻力系数

部位名称	局部阻力系数	说明
进风口	$\zeta_1 = 0.55$	
导风装置	$\zeta_2 = (0.1 + 0.000025 q_w) l$	q_w—淋水密度 $m^3/(m^2 \cdot h)$ l—导风装置长度，m，对逆流塔取其长度的一半，对顺流塔取总长
淋水装置处气流转弯	$\zeta_3 = 0.5$	
淋水装置处气流突然收缩	$\zeta_4 = 0.5(1 - A_0/A_s)$	A_0—淋水装置有效截面积，m^2 A_s—淋水装置总截面积，m^2
淋水装置	$\zeta_5 = \zeta_0(1 + k_s q_w) Z$	ζ_0—单位高度淋水装置阻力系数 k_s—系数，可查有关手册 Z—淋水装置高度，m
淋水装置处气流突然扩大	$\zeta_6 = (1 - A_0/A_s)^2$	
配水装置	$\zeta_7 = [0.5 + 1.3(A_{ch}/A_s)^2](A_{ch}/A_s)^2$	A_{ch}—配水装置中气流通过的有效截面积，m^2
收水器	$\zeta_8 = [0.5 + 2(A_n/A_g)](A_n/A_g)^2$	A_g—收水器有效截面积，m^2 A_n—收水器总截面积，m^2
风机进风口(渐缩管形)	ζ_9	查阅相关文献
风机扩散口	ζ_{10}	查阅相关文献
汽流出口	$\zeta_{11} = 1.0$	

通风阻力计算的目的是在求得阻力之后选择适当的风机(对机械通风冷却塔)或确定自然通风冷却塔的高度。考虑到在建筑环境与能源应用工程专业中的应用，此处仅介绍机械通风冷却塔的阻力计算。

空气流动阻力包括由空气进口之后经过各个部位的局部阻力。各部位的阻力系数常采用实验数值或利用经验公式计算。表 6 - 1 列出了局部阻力系数的计算公式，相关文献列出了多种填料的阻力特性曲线。

塔的总阻力为各局部阻力之和，根据总阻力和空气的体积流量，即可选择风机。

2. 冷却塔的热工计算例题

冷却塔的具体计算通常分为两类问题：

第一类问题是设计计算，即在规定的冷却任务下，已知冷却水量，冷却前后的水温 t_1、t_2，当地气象资料(t_{a1}、t_{as}、φ、P 等)，选择淋水装置形式，通过热工计算、空气动力计算确定冷却塔的结构尺寸等。

如果已经选定塔形，则结合当地气象参数，确定冷却曲线与特性曲线的交点(工作点 P)，从而求得所要的气水比 λ_P，最后确定冷却塔的总面积、段数等。

第二类问题是校核计算，即在气量、水量、塔总面积、进水温度、空气参数、填料种类均已知的条件下，校核水的出口温度 t_2 是否符合要求。

前面已经讨论，水能被冷却的理论极限温度是进风空气的湿球温度 t_s，当水的出口温度越接近 t_s 时冷却效果越好，但冷却塔的尺寸越大。虽然冷却温差(冷却前后水温之差)、冷却水量均影响着冷却塔尺寸大小，但 $(t_2 - t_s)$ 值(称为逼近度)的大小是决定因素。因而生产上一般要求 t_2 比 t_s 高 $3 \sim 5 ℃$。由于冷却塔通常按夏季最不利气象条件计算，如果采用外界空气最高温度进行计算，t_s 值就越高，而在一年当中所占时间很短，则塔的尺寸很大，其余时间里，冷却塔不能充分发挥作用；反之，如采用较低的 t_s 值，塔体是小了，但有可能使得在炎热季节中冷却塔实际出水温度超过计算温度 t_2。由此可见，选择适当的 t_s 是很重要。在具体选取时，建议采用夏季每年最热的 10 天排除在外的最高日平均干、湿球温度(气象资料不少于 $5 \sim 10$ 年)进行计算。例如北京日平均干球温度 $30.1℃$ 超过 10 天，日平均湿球温度 $25.6℃$ 超过 10 天，就可以 $30.1℃$ 和 $25.6℃$ 作为干、湿球温度进行设计。这样，在夏季三个月($6 \sim 8$ 月)共 92 天中，能保证冷却效果的时间(称为 t_s 的保证率)有 $82/92 = 89.1\%$，而不能保证的时间为 $10/92 = 10.9\%$。

下面举例说明冷却塔的设计计算。

【例题 6-2】 要求将流量为 4500 t/h、温度为 $40℃$ 的热水降温至 $32℃$，已知当地的干球温度 $t = 25.7℃$，湿球温度 $t_s = 22.8℃$，大气压力 $P = 99.3$ kPa，试计算机械通风冷却塔所需要的淋水面积。

【解】 (1)冷却数计算

水的进出口温差：$t_1 - t_2 = 40 - 32 = 8℃$；

水的平均温度：$t_m = (40 + 32)/2 = 36℃$；

由 $t_2 = 32℃$ 查图 6-8 得 K = 0.944；

由相关资料可查得湿空气的密度、水蒸气压力、含湿量和焓等参数值如下：

与 $t_1 = 40℃$ 相应的饱和空气焓 $i'' = 165.8$ kJ/kg；

与 $t_m = 36℃$ 相应的饱和空气焓 $i''_m = 135.65$ kJ/kg；

与 $t_2 = 32℃$ 相应的饱和空气焓 $i'' = 110.11$ kJ/kg；

进口空气的焓近似等于湿球温度 $t_s = 22.8℃$ 时的焓，查得该值 $i_1 = 66.1$ kJ/kg。

由于水的进出口温差$(t_1 - t_2) = \Delta t < 15℃$ 时，故可用 Simpson 积分法的两段公式简化计算 N。假设不同的水气比，计算过程及结果列于表 6-2。表 6-2 中出口空气焓 i_2 按式(6-30)计算。

表 6-2 冷却数的计算

项目	单位	计算公式	数值		
气水比 G/W	kg/kg	G/W	0.5	0.625	1.0
出口空气焓，i_2	kJ/kg	按式(6-30)	138.1	123.9	102.6
空气进出口焓平均值，i_m	kJ/kg	$(i_1 + i_2)/2$	102.6	95.5	84.9
Δi_2	kJ/kg	$i''_2 - i_2$	26.7	41.9	63.2
Δi_1	kJ/kg	$i''_1 - i_1$	43.1	43.1	43.1
Δi_m	kJ/kg	$i''_m - i_m$	33.0	40.2	50.8
冷却数，N		按式(6-36)	1.01	0.867	0.697

（2）求气水比和计算空气流量

将不同气水比时的冷却数作于图 6-13 上。选择的填料为 d_{20}、$Z = 10 \times 100 = 1000$ mm 的蜂窝式填料，将此种填料的特性曲线（图 6-10）也绘制到此图上，两曲线交点 P 的气水比 $\lambda_P = 0.61$，$N_P = 0.86$。故当 $W = 4500$ t/h 时，空气流量 $G = 0.61 \times 4500 = 2745$ t/h。

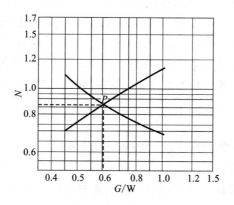

图 6-13　N-G/W 曲线

由 $t = 25.7$℃ 及 $i_1 = 66.1$ kJ/kg，查得进口空气的比容为 0.87 m³/kg，故其密度 = 1.15 kg/m³。所以空气的体积流量为：$G' = 2745 \times 1000 / (3600 \times 1.15) = 663$（m³/s）。

（3）选择平均风速并确定塔的总面积

选取空塔平均风速：$w_m = 2$ m/s；

则横截面积：$A = G'/w_m = 663/2 = 331.5$（m²）；

若采用四格 9 m×9 m 的冷却塔，减去柱子所占面积之后，可认为它的平均断面积为 80 m²，因此塔的有效设计面积为 $4 \times 80 = 320$（m²）。

从而淋水密度为：$q_W = 4500/320 = 14.1$ [m³/(m²·h)]；

每格塔的进风量为：$663/4 = 165.75$（m³/s）。

6.2.3　冷却塔的性能影响因素

1. 湿球温度的影响

室外空气的湿球温度是影响冷却塔换热性能的重要气象参数，该参数的变化直接影响冷却水的出水温度，从而引起空调系统制冷性能的变化。随着空气湿球温度的升高，冷却塔的出口水温逐渐升高，换热量逐渐下降，冷却水量损失亦随之下降。空气湿球温度是冷却塔换热过程中影响冷却水出口水温的不可控因素，在进行冷却塔节能控制时，冷却塔的风量、冷却水量等相关参数的调整需要与湿球温度的变化保持一致，才能保证冷却水温度变化在设定的某一范围，从而保证冷却系统或空调系统的节能运行。

2. 冷却塔风量的影响

冷却塔的进风量控制是通过调节风机的转速来实现的，进风量对冷却塔的能耗指标有重要影响。冷却水水温越低，冷却塔换热量越大，相应的风机能耗比值（计算的风机能耗与实验冷却塔的风机能耗之比)就越高。

3.冷却水量和风量的影响

冷却水泵和冷却塔风机是冷却水系统的主要耗能设备,冷却水量和风量的变化直接影响到冷却水系统的能耗。空气的湿球温度越低,风量和冷却水量保持不变,冷却塔对应的换热量就越大;湿球温度相等,冷却水量保持不变时,随着冷却塔风量的增加,冷却塔的换热量就会相应增加;在风量保持不变时,冷却水量越大,冷却塔的换热量就越大;湿球温度越低,冷却塔的换热量也会相应增大。在空调系统中,根据建筑冷负荷的变化,确保冷却水量在变化范围的情况下,应根据室外气象参数变化,调节冷却塔风量,以维持冷却水出水温度的稳定性。

6.3 直接蒸发冷却器

蒸发冷却空调技术是利用自然环境中可再生能源——干燥空气的干球温度与露点温度之差,通过水与空气之间的热湿交换来获取冷量的一种环保、高效,而且经济的冷却方式,具有较低的冷却设备成本、能大幅度降低用电量和用电高峰期对电能的要求、能减少温室气体和氟利昂(CFC)排放量等特点,被称为零费用制冷技术、绿色空调和仿生空调,是真正意义上的节能环保和可持续发展的制冷空调技术,在我国实施节能减排中起着重要的作用。

6.3.1 蒸发冷却空调的特点与工作原理

循环水直接喷淋未饱和湿空气形成的增湿、降温、等焓过程称为直接蒸发冷却(direct evaporative cooling,简称 DEC)。而利用 DEC 处理后的空气(二次空气)或水,通过换热器冷却另外一股空气(一次空气),其中一次空气不与水接触,其含湿量不变,这种等湿冷却过程称为间接蒸发冷却(indirect evaporative cooling,简称 IEC)。上面两种方法的联合,即直接—间接蒸发冷却。这种蒸发冷却器由两级组成:第一级为间接蒸发冷却器,经间接蒸发冷却后的一次空气再送入直接蒸发冷却器进行等焓加湿冷却。另一种复合式蒸发冷却系统是与除湿装置组合在一起的蒸发冷却系统,亦称除湿蒸发冷却系统。

1.直接蒸发冷却

直接蒸发冷却(简称 DEC)是指空气与水大面积的直接接触,由于水的蒸发使空气和水的温度都降低,此过程中,空气的含湿量有所增加,空气的显热转化为潜热,这是一个绝热加湿过程。整个蒸发冷却过程要在冷却塔、喷水室或其他绝热加湿设备内实现,其装置原理如图 6-14 所示,对应的蒸发冷却过程在 $i-d$ 图上可表示为图 6-15 所示。由图可知,状态 1 的室外空气在接触式换热器内与水进行热湿交换后,温度下降,含湿量增加,沿绝热线变化到状态 2,而水温由 t_{w2} 下降到 t_{w1}。

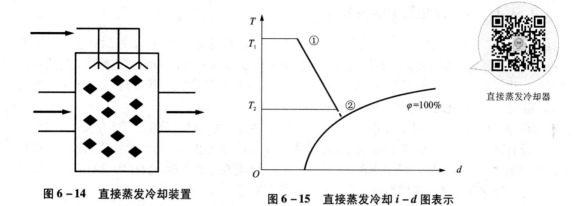

图 6-14　直接蒸发冷却装置

图 6-15　直接蒸发冷却 $i-d$ 图表示

直接蒸发冷却器

2. 间接蒸发冷却

　　间接蒸发冷却(简称 IEC)是指把直接蒸发冷却过程中降温后的空气或水通过非接触式换热器冷却待处理的空气,那么就可以得到温度降低而含湿量不变的送风空气,此过程为等湿冷却过程。若把直接蒸发冷却中用的空气称二次空气,待处理的空气称一次空气,则可得到间接蒸发冷却装置原理图,如图 6-16 所示。图 6-17 为过程焓湿图,可见温度为 T_1 的空气由间接蒸发冷却设备处理后沿等湿线温度下降到 T_2,二次空气的进口温度也就等于一次空气的出口温度 T_2。利用间接蒸发冷却系统处理空气,空气处理前后的温度差

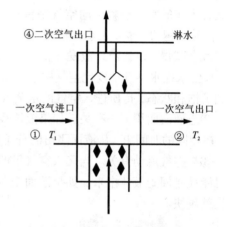

图 6-16　间接蒸发冷却器的基本原理图

一般不会超过空气处理前干湿球温度差的 80%。间接蒸发冷却可以用于很多地区。在集中空调系统中常用的一种形式就是在过渡季节,直接将冷却塔提供的冷却水送入空气处理机组,在表冷器或房间内的风机盘管中处理空气,而停开制冷机组,这实际上也是间接蒸发冷却的一种应用形式。

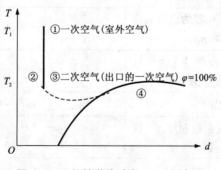

图 6-17　间接蒸发冷却 $i-d$ 图表示

6.3.2　蒸发冷却的影响因素

蒸发冷却是一种常见的自然现象。夏天的时候，在水泥地面上洒水，稍后就会感觉凉爽些，这不是因为水温的变化，而是因为水泥地面上的水分蒸发时，吸收并带走大量的热量造成的。我们出汗、或者退烧时用酒精擦拭身体，有凉快的感觉也是蒸发冷却的作用。事实上，蒸发冷却是一种强力又经济的冷却技术。

水分为什么会蒸发呢？水分的蒸发与水蒸气浓度差（或者说是分压力差）有关，对空气的温度没有必然要求，只要水表面与周围环境中存在水蒸气浓度差，就会发生蒸发过程，即使是零度的水也可以蒸发。只要存在水蒸气浓度差，无论在什么温度，液体中总有一些速度很大的分子能够飞出液面而成为蒸气分子，这就是蒸发过程。

影响蒸发的主要因素有：

①与水蒸气浓度差有关。只要空气与水表面之间存在水蒸气浓度差，暴露在空气中的液体或者固体的水分子就会向空气中传质，就会发生水分蒸发的过程。二者之间的浓度差越大，传质就越快，也就是水分蒸发越快。相反，当二者之间的浓度差减小或者消失时，水分蒸发就会减慢，以致最终蒸发停止。蒸发过程取决于浓度差，即使是周围空气达到了饱和状态，只要水面水蒸气浓度比空气中水蒸气浓度大，蒸发同样会发生。但这时，由于空气已经达到了饱和状态，传质进入空气的水蒸气会很快凝结成水，从空气中析出来。

②与液面面积大小有关。如果液体表面面积增大，处于液体表面附近的分子数目就会增加，在相同的时间里，从液面飞出的分子数就增多。所以液面面积增大，蒸发量会增大。

③与空气流动有关。当飞入空气里的蒸气分子和空气分子或其他气体分子发生碰撞时，有可能被碰回到液体中来。如果液面空气流动快，通风好，分子重新返回液体的机会越小，蒸发就越快。

6.3.3　直接蒸发冷却效率与热工计算

直接蒸发冷却器的热工计算与喷淋室的热工计算方法非常类似，也是通过热交换效率的引入来进行计算的。具体计算方法和步骤见表6-3所示。

表6-3　直接蒸发冷却器热工设计计算表

计算步骤	计算内容	计算公式
1	预定直接蒸发冷却器的出口温度 t_{g2}，计算换热效率 η_{DEC}	$\eta_{DEC} = \dfrac{t_{g1} - t_{g2}}{t_{g1} - t_{s1}}$
2	计算送风量 L，v_y 按 2.7 m/s 计算，计算填料的迎风断面积 A_y	$L = \dfrac{Q}{\rho \cdot c_P \cdot (t_n - t_o)}$；$A_y = \dfrac{L}{v_y}$
3	计算填料的厚度 δ	$\eta_{DEC} = 1 - \exp(-0.029 t_{g1}^{1.678} t_{s1}^{-1.855} v_y^{-0.97} \xi \delta)$
4	根据填料的迎风面积和厚度，设计填料的具体尺寸	

续表 6 – 3

计算步骤	计算内容	计算公式
5	如果填料的具体尺寸能够满足工程实际的要求，计算完成，否则重复步骤 1~5	

注：η_{DEC} 为直接蒸发冷却器的换热效率；t_{s1} 为直接蒸发冷却器的进口空气湿球温度，℃；Q 为空调房间总的显冷负荷，kW；t_n 为空调房间的干球温度，℃；A_y 为填料的迎风面积，m^2；t_{g1}、t_{g2} 分别为直接蒸发冷却器进、出口空气干球温度，℃；L 为直接蒸发冷却器的送风量，m^3/s；t_o 为空调房间的送风温度，℃；v_y 为直接蒸发冷却器的迎面风速，m/s；ξ 为填料的比表面积，m^2/m^3。

6.4　固体除湿空调系统

固体除湿又包括固定床和旋转床（转轮）除湿，由于固定床系统 转轮除湿机及转轮除湿空调系统工作的间歇性（再生和吸附要连续切换），旋转床系统越来越受重视并得到了较快的发展。相对于传统的冷却除湿技术，固体干燥剂除湿在低湿下仍能有良好的除湿效果，能够将空气处理到较低的露点，而且若将转轮除湿与显式冷却相结合，可以实现温度与湿度的单独控制。再生热能够利用太阳能、废热等低品位热能，节约能源。另外，固体除湿对环境友好，没有制冷剂的排放。干燥剂还可以对空气起到过滤、净化的作用，保证室内空气品质。近年来，转轮除湿系统发展较快，与液体干燥剂除湿系统相比，其运行性能比较稳定、维护比较简单。在现实生活和生产中，转轮除湿系统应用越来越广泛，因而成为一个研究热点。从保护环境、节约能源等方面来看，固体除湿空调系统是一种很有发展潜力的空调方式。首先，它直接吸收空气中的水蒸气，节省了压缩式空调制冷系统中需将空气冷却到露点温度进行除湿所消耗的能量。其次，这种吸附除湿制冷系统只用到空气、水与少量的固体除湿剂，消除了氟氯烃等制冷剂对环境的破坏作用。再次，它可以使用可再生能源，如太阳能、地热能以及工业余热等低焓能源作为工作热源，所耗电能大大减少，大约只有压缩式空调系统的三分之一左右。此外，该系统可以单独控制处理空气的温度和湿度，能够满足多种用途的需要，而且这种空调方式在提高空气品质、简化空调系统等方面也具有一定的优势。所有这些优点使得国内外众多的学者将目光都投向固体除湿空调系统的研究。

6.4.1　转轮除湿机的结构和原理

转轮除湿机是一种干式除湿设备。主要是利用除湿剂的亲水性来吸收空气中的水分成为吸附水，而不变成水溶液。因而不会腐蚀设备，也不需要补充吸湿剂。目前这是一种比较理想的除湿设备。

转轮除湿机属于空调领域的一个重要分支，是升温除湿的典型代表。目前全球转轮除湿机的主要产地集中在美国、日本、瑞典和中国等地，中国的转轮除湿机也已发展了 20 多年，但核心技术仍掌握在美国、日本、瑞典等国企业中，所以在市场中的地位并不显著。但是近几年中国产业升级，转轮除湿机需求猛增，中国的转轮除湿机企业也获得了很大的发展，逐渐被中国的消费者认知。

转轮除湿机的核心部件是一个蜂窝状转轮，转轮由特殊陶瓷纤维载体和活性硅胶复合而成；转轮两侧由特殊的密封装置分成两个区域：处理区域和再生区域。当需要除湿的潮湿空气通过转轮的处理区域时，湿空气的水蒸气被转轮的活性硅胶所吸附，干燥空气被处理风机送至需要处理的空间；而不断缓慢转动的转轮载着趋于饱和的水蒸气进入再生区域；再生区内反向吹入的高温空气使得转轮中吸附的水分被脱附，被风机排出室外，从而使转轮恢复了吸湿的功能而完成再生过程，转轮不断地转动，上述的除湿及再生周而复始地进行，从而保证除湿机持续稳定的除湿状态。转轮降温的工作原理及焓湿过程分别见图6-18和图6-19。

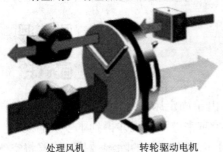

图6-18　吸附式转轮工作原理

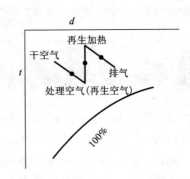

图6-19　转轮除湿过程的 $i-d$ 图

6.4.2　干燥剂除湿转轮基体结构及除湿性能

除湿转轮包括平行通道式除湿转轮和蜂窝状除湿转轮。研究发现，平行通道间隙越大，传质系数越大，而硅胶颗粒越小，则传质系数越大。相比较而言，蜂窝状除湿转轮由于操作简便、结构紧凑，可以连续工作，易于维护，成为转轮除湿机的常采用的结构形式。与平行通道式除湿转轮相比，蜂窝状的除湿转轮所能提供的传热传质面积大，具有更好的除湿性能。转轮除湿器的除湿性能受多个参数的影响，其中转轮自身的基体和结构影响最为显著，包括干燥剂的等温吸附特性、转轮基体的传热传质性质、转轮速度和除湿转轮的尺寸等。转轮除湿的转速是优化除湿转轮性能的一个重要参数。另外，研究还表明，传热单元数NTU直接影响除湿性能的大小，NTU越大，除湿性能越好。在转轮除湿的设计中，最主要的工作是确定系统中除湿转轮的尺寸，微型通道结构和管道形状，基体通道波浪形高度与间距等，这些参数的选取对其传热传质性能有直接性的影响。

除湿转轮是一种连续制冷的优良的除湿器，但同样存在一些问题。第一，密封问题，除湿转轮转芯与风道之间以及转轮再生区与吸附区之间必须密封良好，以免产生空气之间的交叉污染。第二，机械驱动问题，除湿转轮需要配有专门的驱动装置。第三，除湿转轮通道壁面与干燥剂之间的紧密黏固性问题。这些问题都增加了转轮除湿器的加工难度，所以如何妥善的处理这些问题，制造出更为精密的除湿转轮，也是目前发展的一个方向。

6.4.3　转轮除湿传热传质强化

强化转轮除湿的传热传质过程，就要强化吸附剂的传热传质过程，它是优化转轮除湿的基础。强化转轮的传热传质过程主要方法有两大类：一类是增加除湿器的传热面积，增大传热面积有利于能量的输入与导出,增加空气处理量。但是,吸附面积增大就意味着,采用更多的吸附材料和基体,这将导致吸附器质量增加和热惯性加大,不利于能量的有效利用。另一类是添加剂法:在吸附剂中添加良好导热性能的高热容的惰性材料金属颗粒、功能高分子材料等。该法可以增加吸附面积,提高传热传质速率,降低吸附床层温度,提高吸附剂吸附性能。

6.4.4　转轮除湿空调系统的影响因素

干燥剂除湿转轮的传热和传质过程是相互耦合,相互影响的。除湿转轮性能受到很多因素的影响,包括转轮的物性参数(如干燥剂定压比热、基材料定压比热等)、结构参数(如转轮厚度、通道半高度、通道半宽度、再生区面积等)和运行参数(如处理空气温度、处理空气湿度、再生风温度、再生风湿度、处理风量、转轮转速等)。

(1)处理空气进口温度对处理空气出口状态的影响

处理空气进口温度增加,由于吸附热增加,相对应的处理空气出口温度也随之增加。处理空气进口温度升高,导致干燥剂表面空气的水蒸气压升高,与湿空气之间的水蒸气压差减少,传质过程减弱。同时,与再生空气之间的温差减少,传热过程也随之减弱。处理空气出口温度、含湿量随处理空气进口温度的增加而增加。总之,当其余参数维持不变,处理空气进口温度升高,转轮的除湿能力降低。

(2)处理空气进口含湿量对处理空气出口状态的影响

当处理空气进口含湿量增加时,处理空气出口温度、含湿量均在单调递增。由于处理空气进口的含湿量不是固定的,所以不能单从出口含湿量单调递增的趋势看出除湿量的变化情况。处理空气进口含湿量增加,一方面增加了除湿过程的驱动力即水蒸气压差,另一方面也加大了除湿转轮的除湿负荷。

(3)再生空气进口温度对处理空气出口状态的影响

随着再生空气温度的增加,相同状态(温度、含湿量)的处理空气经过除湿转轮后,温度增加,出口含湿量是逐渐减少。再生空气进口温度越高,转轮的除湿效果越好。再生空气进口温度越高,处理空气与再生空气之间温差越大,传热过程增强,并且再生风温度越高,干燥剂表面水蒸气压增加,有利于水分的再生过程的进行。

(4)再生空气进口含湿量对处理空气出口状态的影响

再生空气进口含湿量的大小对转轮除湿量的影响较小。一般情况下可以不考虑再生空气湿度的大小,可直接引入室外空气到加热器加热,作为除湿空调用再生风。

(5)转轮转速对处理空气出口状态的影响

转轮转速的大小,影响的是转轮除湿过程和再生过程的时间长短。干燥剂除湿转轮在其他工况条件一定的情况下,存在一个最优转速,处理空气出口温度趋于稳定,含湿量达到最低,除湿能力最佳。

(6)风量对处理空气出口状态的影响

随着处理风量的增加,处理空气出口温度降低,含湿量基本成线性增加的趋势。由于,处理空气进口状态(温度、含湿量)保持不变,所以出口含湿量增加,表明随着处理空气流量的增加,转轮的除湿量减少。这是由于,处理风量增加表示单位时间通过转轮的空气质量增加,由于干燥剂单位时间内的吸附量有一个饱和值,当达到这个饱和值的情况下,通过的空气流量越多，表明吸收单位质量空气的水分减少，其换热量也减少。

6.4.5 转轮式新风热回收机

转轮式热回收机是转轮在旋转过程中让排风与新风以相逆的方向流过转轮（蓄热器）而进行能量交换的装置。它既能回收显热，又能回收潜热，排风与新风交替逆向流过转轮，具有自净作用，它可以通过对转轮转速的控制来适应不同的室内外空气参数。转轮式热回收机回收效率高，可达 70% ~ 90%。还能适用于较高温度的排风系统，同时它也存在一些缺点：①如装置较大，占用面积和空间较大；②接管位置固定，配管灵活性差；③有传动设备，自身消耗动力；④压力损失较大；⑤无法避免交叉污染。

转轮式热回收机一般将它们用于有一定湿度要求的空调系统中，如纺织厂、旅馆、医院、办公楼、工业通风系统等一些大型空调系统中，对家用空调系统则不适用。一般情况下，转轮式热回收机宜布置在负压段，且适用于排风不带有害物或有毒物质的场合。

6.5 吸附式空气净化器

有许多物理现象和化学现象发生于两相界面上，吸附是基本的表面现象之一，它不仅是了解许多主要工业过程的基础，而且是表征固体颗粒表面和孔结构的主要手段。很早以前，人们就知道多孔固体能捕集大量的气体，例如在 18 世纪已有人注意到热的木炭冷却下来会捕集几倍于自身体积的气体。稍后，又认识到不同的木炭对不同的气体所捕集的体积不一样，并指出木炭捕集气体的效率有赖于暴露的表面积，进而强调了木炭中孔的作用。现在，人们认识到吸附现象中的两个重要因素即表面积和孔量，来获得有关固体表面积和孔结构的信息。

最近，尤其是使用活性炭、分子筛为吸附剂的吸附操作，在天然气、空气净化或下水道废水及工业废水的深度处理等有关防止公害污染的部门中，亦得到了广泛应用，从而引起了人们的注意。当流体（气体或液体）与多孔的固体表而接触时，由于气体或液体分子与固体表面分于之间的相互作用，流体分子会停留在固体表面上，这种使流体分子在固体表面上浓度增大的现象称为固体表面的吸附现象。

6.5.1 活性炭吸附技术

吸附是指液体或气体附着集中于固体表面的作用，一般的活性炭都能发生这种作用。吸附与吸收不同，吸收是指让液体或气体进入固体内部的原子结构中，但活性炭并不具备这样的能力，它的吸附作用只是一个表面现象，所以只发生于它的表面。

吸附作用的形成，主要来自伦敦分散力，这也是另一种范德华力的表现形式。此种力普遍存在于不具有永久性偶极矩的分子之间，它是一种自然的吸引力。只要分子足够靠近，都会很自然产生这种作用力。凡是能利用此种力把物质吸住的作用，我们称为物理吸附。此种作用力与温度无关，因此不受温度之影响。

伦敦分散力必须在炭表面与被吸附分子之间达到作用的距离之后才会发生，该力的大小涉及被吸附分子中所有相关原子与活性炭表面碳原子密切接触的程度。如果接触的程度越高，则该力越大，同时活性炭对该分子的吸附能力也越强。

6.5.2 吸附空气净化器

吸附式空气净化器主要用多孔性、表面积大的活性炭、硅胶、氧化铝和分子筛等作为有害气体吸附剂的一种净化器。气体与固体吸附剂依靠范德华力的吸引作用而被吸附住。其主要性能是能够除去空气中的二氧化硫、硫化氢、氨气、氮氧化物及部分挥发性有机物，如苯、甲苯、甲醛等。但其对除去二氧化碳、一氧化碳效果不大，除臭也比较困难，容易吸附饱和，已吸附的有害气体和臭气，在一定条件下会释放出来；吸附剂如果不及时更换又会造成室内二次污染。优点是在污染物的浓度较高或较低时均可使用，吸附剂容易脱附再生。

6.6 溶液除湿机与液体除湿空调系统

溶液除湿主要是空气与溶液直接接触的热湿交换。相对于固体除湿，液体具有流动性，采用液体吸湿材料的传热传质设备比较容易实现，液体除湿过程容易被冷却，从而实现等温除湿过程，不可逆损失减少，采用液体除湿的方法能够达到更好的热力效果，利用溶液的吸湿能力除去空气中的水蒸气，溶液通过加热再生后循环利用。溶液再生可以利用低品位的能源，如地热能，太阳能，余热等。

6.6.1 溶液除湿机的结构与原理

溶液除湿机及
温湿度独立控制

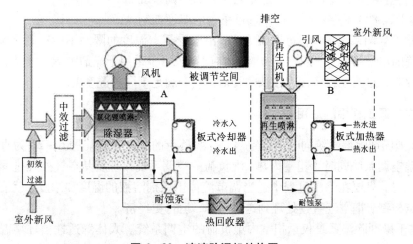

图 6-20 溶液除湿机结构图

热湿空气经过溶液除湿机的初中效过滤后进入除湿器，浓度较高的低温 LiCl 或 LiBr 溶液通过除湿器中的填料与热湿空气直接接触进行热湿交换。将热湿空气中水分吸收，干燥后的洁净空气被用于室内空气调节。除湿器中吸收了水分的 LiCl 或 LiBr 稀溶液，通过溶液泵和液位平衡系统转移到再生器。吸收了空气中水分的较高温的 LiCl 或 LiBr 稀溶液通过在再生器中填料的热湿交换，将水分分离后，重新回到除湿器对处理空气进行除湿。

6.6.2 液体干燥冷却空调系统

液体干燥剂除湿空调系统是利用液体干燥剂强烈的吸收水蒸气的能力对空气进行干燥，然后对干燥空气进行绝热加湿，以满足空调系统热湿处理要求。这种系统可以使用燃气、余热、太阳能等来驱动，无须使用高品位的电能，也没有 CFCs 等环境问题，是一种对环境友好的空调技术。因此，世界各国都加大了研究力度，以期用它作为传统的蒸气压缩式空调技术的可替代方案之一。

1. 液体干燥剂除湿空调系统的特点

液体干燥剂除湿空调系统有以下优点：

(1)液体干燥剂除湿空调系统有利于优化城市用能结构

液体干燥剂除湿空调系统特别适合燃气驱动，燃气的消耗与电力消耗的情况相反，燃气的用气高峰一般出现在冬季(夏季用气量明显减少)。如果推广利用燃气驱动的液体干燥剂除湿冷却空调，则空调系统在夏季供冷时使用燃气而不使用电力，这既可让夏天多余的燃气资源得到充分利用，同时又能有效削减由于空调引起的用电峰谷差，从而达到优化城市用能结构的目的。

(2)液体干燥剂除湿空调系统有利于环境保护

液体干燥剂除湿空调系统不使用 CFCs 或 HCFCs，完全不存在破坏臭氧层的问题。该系统可以用燃气、余热和太阳能驱动，是环境友好的空调系统。

(3)液体干燥剂除湿空调系统可以进行精确的湿度控制

蒸气压缩式空调系统采用冷冻除湿方式，由于受露点温度的限制不能达到低湿度，同时不能进行精确的湿度控制。液体干燥剂除湿空调系统由于采用干燥剂吸湿，可以对空气状态实行无露点控制，并能很容易达到较低的相对湿度，满足不同的湿度要求。

2. 系统在空调工程中的应用

(1)液体干燥剂除湿系统同时承担室内热、湿负荷的空调系统。图 6－21 为直接使用液体干燥剂除湿空调系统同时承担室内热、湿负荷的空调系统原理及其空气处理过程的焓－湿图。系统运行时，只要在除湿过程中适当调节液体干燥剂溶液的温度和浓度，就能实现房间湿度的无露点控制，把空气直接处理到送风状态，运行更经济。

(2)液体干燥剂除湿系统仅承担室内湿负荷的空调系统。人体舒适性由环境温度和相对湿度共同作用。研究表明，室内相对湿度的降低可以明显提高人体舒适感和室内空气品质，降低空调房间微生物污染。液体干燥剂除湿系统除湿量大，处理后的空气能达到较低的露点温度，将其和传统的空调系统结合，利用它来处理空调环境的湿负荷，利用风机盘管或冷却吊顶处理房间的显热冷负荷，将除湿和降温解耦，冷却顶板和风机盘管均干工况运行，解决了传统空调风机盘管湿工况运行而在盘管表面滋生细菌的问题(参见图 6－22)。

液体干燥剂除湿空调系统是一种对环境友好的空调系统，同时，这种空调系统能精确进行空调环境的湿度控制，改善空气品质。大力发展液体干燥剂除湿空调系统对社会经济的可持续发展具有积极意义。

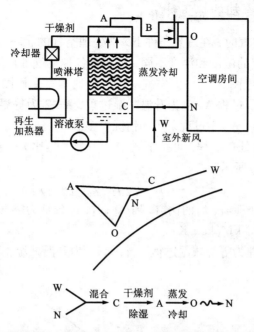

图 6 - 21 　 液体干燥剂除湿空调系统同时承担室内热、湿负荷的原理图及空气处理过程焓 - 湿图

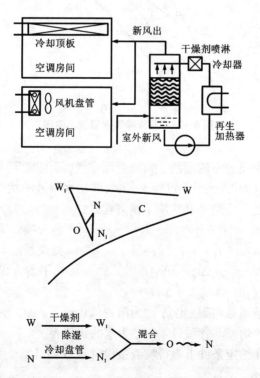

图 6 - 22 　 液体干燥剂除湿空调系统仅承担室内湿负荷的原理图及空气处理过程焓 - 湿图

6.6.3　液体干燥冷却的热工计算

使用盐水溶液处理空气时，在理想条件下，被处理空气的状态将朝着溶液表面空气层的状态变化。根据盐水溶液的浓度和温度不同，可实现各种空气处理过程，包括喷水室和表冷器所能实现的各种过程（见图 5 − 25）。空气减湿处理通常多采用图 5 − 25 上的 A—1，A—2 和 A—3 三种过程。其中，过程 A—1 为升温减湿过程，A—2 为等温减湿过程，A—3 为降温减湿过程。在实际工作中，A—3 过程采用的情况较多。

为判别上述 3 种减湿处理过程，可按下式定义一个潜热比 ε（空气传给溶液的总热量与潜热量之比）如式（6 − 38）所示：

$$\varepsilon = (i_1 - i_2) / [i_1 - i_2 - c_p(t_1 - t_2)] \qquad (6-38)$$

式中：i_1，i_2 分别为空气处理前、后的比焓，kJ/kg；t_1，t_2 分别为空气处理前、后的干球温度，℃；c_p 为空气的定压地热，kJ/(kg · K)。

当 $\varepsilon = 1$ 时，空气处理为等温减湿过程，当 $\varepsilon < 1$，为升温减湿，当 $\varepsilon > 1$，为降温减湿。

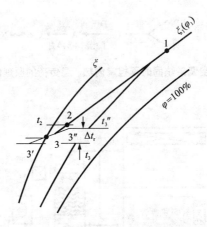

图 6 − 23　液体降温除湿过程附图

图 6 − 23 是对于使用喷液室的溶液干燥剂处理空气（降温减湿）过程在 $i - d$ 图上的表示。图中过程 1—2 表示空气的状态变化；过程 3—3″反映盐水溶液的状态变化。这种减湿处理过程的热工计算是依据下述 2 个效率和热质平衡方程式：

$$E_i = (i_1 - i_2)/(i_1 - i_3) \qquad\qquad \text{热交换效率} \qquad (6-39)$$

$$E_d = (d_1 - d_2)/(d_1 - d_3) \qquad\qquad \text{湿交换效率} \qquad (6-40)$$

$$\Delta i = c_r \mu_r \Delta t_r + \Delta d c_{pw} t_3'' \qquad\quad \text{热平衡方程} \qquad (6-41)$$

$$\xi_3 \mu_r = \xi_{3''}(\mu_r + \Delta d) \qquad\qquad \text{质平衡方程} \qquad (6-42)$$

式中：μ_r 为喷液室的喷液系数（液气比）；c_r 为溶液的比热容；Δt_r 为溶液的温升；Δi 和 Δd 分别表示空气处理前、后的焓差和含湿量差；c_{pw} 为水的比热容。

通过热工计算，可在给定条件下进行喷液室设计或校核计算，并确定出溶液初、终温度或浓度等必要参数。

实践中通常也是针对一定结构特性的喷液室进行性能实验，在特定实验条件下获得 2 个效率的经验公式 $E = f(v\rho, \mu_r, \xi)$。同时，研究也发现，适当加大 $v\rho$ 和 μ_r 对提高 E_i 和 E_d 是有益的,但 $v\rho$ 和 μ_r 过大则不利,通常应保持 $v\rho \leqslant 3$ kg/(m² · s) , $\mu_r = 1 \sim 3$ 。

不难看出,采用盐水溶液处理空气主要有两个优点:

①可以利用处理过程就把空气处理到所需送风状态,不必先将空气冷却到机器露点后再加热,从而避免了冷热抵消现象。

②空气减湿幅度大,可以达到较低的含湿量。但是,这种减湿处理方法需要有一套盐水溶液再生设备,系统比较复杂,而且喷嘴易堵塞,设备及管道也必须进行防腐处理。

本章小结

■ 本章主要内容

本章主要讲述了常见的直接接触式热湿交换设备的工作原理、热工计算方法、性能影响因素等内容。这些直接接触式热质交换设备包括:(1)喷水室;(2)冷却塔;(3)直接蒸发冷却器;(4)除湿转轮;(5)吸附式空气净化器;(6)溶液除湿机。

■ 本章重点

(1)各种直接接触式热质交换设备的传热、传质过程分析。

(2)各种直接接触式热质交换设备的热工计算方法。

■ 本章难点

各种直接接触式热质交换设备的热工计算方法。

复习思考题

1.简述空气与水直接接触时,空气状态变化的 7 个典型的理想过程的特点及实现条件。

2.采用喷水室对空气进行热湿处理有哪些优、缺点?它应用于什么场合?

3.简述冷却塔各部件的名称及其作用。

4.蒸发冷却空调的特点及其适用气候条件。

5.固体除湿空调系统的特点。

6.吸附式空气净化器处理空气的原理及适用场所。

7.溶液除湿与传统冷却除湿相比有什么优势?

8.已知房间内空气干球温度为 20℃,相对湿度 $\varphi = 55\%$,所在地区大气压力为 1.01325×10^5 Pa。如果穿过室内的冷水管道表面温度为 8℃,那么管道表面会不会产生凝结水?为什么?如有,应采取什么措施?

9.在我国南方夏季用采天然水(江、河、湖水)对空气进行降温处理。有时会出现水温与空气温度同时降低。你认为这种现象符合能量守恒定律吗?为什么?

10.冷却塔内用空气直接冷却 45℃ 的热水,空气的干球温度为 30℃,湿球温度为 13℃,要求出口水温不超过 30℃,气液两相在塔内逆流流动,操作压强为常压,试求需要的最小气液比。

11.张同学希望用热空气对自来水进行加热,于是他设计了一台喷水室,让热空气流过喷水室,并将自来水喷入空气中,以此来加热自来水。小张认为,只要进风温度高于自来水进水温度,自来水就会被加热,他的这种想法对吗?如果不对,水温在什么进风条件下才会升高？为什么？假如要想实现他的想法：进风温度高于自来水温度，水温就被升高，小张需要采用什么样的热力设备？请您帮助他提建议，并解释为什么。假设所有情况都发生在理想条件下。

12.空调制冷机用冷却水要求是：32℃进水，37℃回水，也就是说，要求冷却塔的出水温度为32℃。炎热夏天，空气温度可能高于38℃，这时，冷却塔还能制取32℃的冷却水吗？从理论上讲，什么情况下能够制取？什么条件下又不能制取？为什么？假设不考虑传热温差。

第7章 间接接触式热质交换设备

在前一章中介绍了各种直接接触式热质交换设备,在这类设备中,处理介质与被处理介质直接接触,因此在接触过程中,不仅会发生热的传递,同时也会发生质的掺混。在很多时候,由于工艺要求,处理介质与被处理介质之间不能发生质的交换,只要求发生热的传递。这时,采用直接接触式热质交换设备就不能满足工艺要求,需要采用间接接触式热质交换设备。在间接接触式热质交换设备中,处理介质与被处理介质之间不直接接触,它们之间通过一层固体壁面分隔开,因此,只能通过间壁传递热量,而不能通过间壁传递质量。本章对这种间接接触式热湿交换设备进行介绍,分析其传递原理,讲述其热力计算方法。应当指出,在本章所讲的设备中,有些设备中既包含了间接接触热质传递过程,又包含了直接接触热质传递过程,在某种意义上讲是一种复合型设备,比如间接蒸发冷却器、蒸发式冷凝器等。但如果仅从处理介质与被处理介质之间的关系来看,应该也可以归属于间接接触式热质交换设备,所以放在本章中介绍。

7.1 间壁式换热器

7.1.1 间壁式换热器的构造和类型

间壁式换热器结构形式

换热器又称热交换器,是指两种流体通过分隔两流体的固体壁面进行热量传递的设备。间壁式换热器是化工、石油、动力、食品及其他许多工业部门的通用设备,在生产中占有重要地位,因为两流体不相混,不会影响热流体或冷流体的浓度。根据使用的场合不同,间壁式换热器又可称为加热器、冷却器、冷凝器、蒸发器或再沸器。从构造上主要可分为:管壳式、肋片管式、板式、板翅式、螺旋板式;按传热面形式可分为管式和板式换热器。

1. 管式换热器

管式换热器是换热壁面为管子的一类换热器,分为套管式、管壳式、蛇管式、交叉流式等多种形式。

(1)套管式换热器

套管式换热器是最简单的一种间壁式换热器,其结构为将两种直径大小不同的标准管连接成同心套管,然后将管内和管间分别串联而成,每一段套管称为一程。一般程数较多时作上下排列,固定于管架上。依两种流体的流动方向不同,又有顺流布置及逆流布置之别(图7-1(a)、图7-1(b))。实际使用时,为增加换热面积可采用图7-1(c)所示结构。总的来说，这类间壁式换热器适用于传热量不大或流体流量不大的情形。

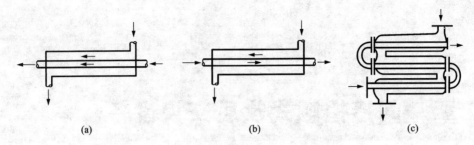

(a)   (b)   (c)

图7-1   套管式换热器示意图

(2)管壳式换热器

管壳式换热器是间壁式换热器的一种主要形式，又称为列管式换热器。化工厂中的加热器、冷却器，电厂中的冷凝器、冷油器以及压缩机的中间冷却器等都是壳管式换热器的实例。图7-2所示为一种最简单的管壳式换热器的示意图。它的传热面由管束构成，管子的两端固定在管板上，管束与管板再封装在外壳内，外壳两端有封头；一种流体(图7-2中为冷流体)从封头进口流进管子里，再经封头流出。这条路径称为管程。另一种流体从外壳上的连接管进入换热器，在壳体与管子之间流动，这条路径称为壳程。管程流体和壳程流体互不掺混，只是通过管壁交换热量。在同样流速下，流体横向掠过管子的换热效果要比顺着管面纵向流过时好，因此外壳内一般装有折流挡板，来改善壳程的换热。

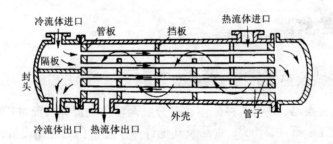

图7-2   简单的管壳式换热器示意图

为了提高管程流体速度，在图7-2所示换热器中，一端的封头里加了一块隔板，构成了两管程的结构，称为1-2型换热器(此处1表示壳程数，2表示管程数)。图7-3所示是一个1-2型换热器的立体图去掉外壳。图中管束采用U形管。这种结构形式的优点是可以避免因管子受热膨胀引起的热应力。在壳体两端封头里加装必要数量的隔板，还可以得到4、6、8等多管程的结构。把几个壳程串联起来也能得到多壳结构。图7-4所示是由

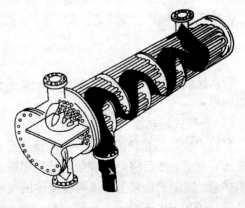

图7-3   1-2型换热器立体示意图

两个1-2型换热器串联组成的一个2-4型换热器。

(3)蛇管式换热器

蛇管式换热器又分为沉浸式及喷淋式两种。沉浸式
蛇管换热器的结构可由肘管连接直管组成或由盘成螺旋
形的弯管组成(见图7-5)。除安装成排外,蛇管可构成
一个平面,水平地安装在容器底部,根据容器的形状不同
而弯成有利于操作的形状。图7-6为各种不同的蛇管的
形状,将蛇管浸没在盛液体的容器中,在蛇管中通入热流
体,用于液体加热、蒸发,或在蛇管中通入冷流体用于液
体冷却、冷凝。该形式换热器在石油化工厂中常用作冷
凝蒸气,或冷却石油产品的设备。喷淋式蛇管换热器常
用作冷却器,是一种高效率的设备,其结构见图7-7。
蛇管结构做成平板式,固定在管架上。被冷却的液体在

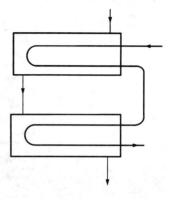

图7-4　2-4型换热器示意图

蛇管内流动,冷却水由最上面的喷淋装置中均匀地淋下。因结构简单故便于检修和清洗。

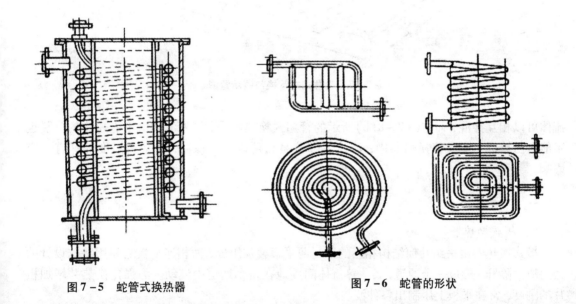

图7-5　蛇管式换热器　　　　　　　　图7-6　蛇管的形状

4)交叉流换热器

交叉流换热器是间壁式换热器的一种主要形式。根据换热表面结构的不同又可分为管束
式、管翅式、管带式及板翅式等多种形式。图7-8(a)所示为锅炉装置中的蒸汽过热器、
省煤器、空气预热器采用的管束式交叉流换热器的例子。家用空调器中的冷凝器与蒸发器也
多采用管翅式[图7-8(b)],汽车发电机的散热器采用的是管带式[图7-8(c)],也常用于
机车和坦克装甲车辆中作为冷却循环水之用,其中换热管一般为椭圆管或扁管,管外布置了
多层翅片以强化空气侧的换热。板翅式换热器[图7-8(d)]广泛应用于低温工程中。在管
束式、管翅式及管带式换热器中,管内流体在各自管子内流动,管与管间不相互掺混,而管
外的流体(一般为气体)则在管子与各种翅片所构成的空间中流动。在管束式换热器中,管外

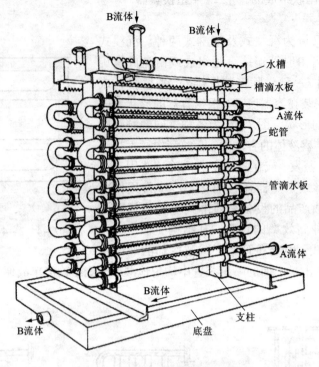

图 7 - 7 喷淋式蛇管换热器示意图

流体可以相互掺混，而在图 7 - 8(b)所示的管翅式换热器中，管外流体由于受翅片的分隔也不能自由掺混。交叉流换热器中，流体各部分是否可以自由掺混，对平均温度计算有一定影响。

2. 板式换热器

(1)板式换热器

板式换热器由一组几何结构相当的平行薄平板叠加组成，两相连平板之间用特殊设计的密封垫片隔开，形成一个通道，冷、热流体间隔地在每个通道中流动。为强化换热并增加板片的刚度，常在平板上压制出各种波纹。

板式换热器中冷、热流体的流动有多种布置方式，图 7 - 9(a)所示为 1 - 1 型板式换热器的逆流布置，这里的 1 - 1 型表示冷、热流体都只流过单程。图 7 - 9(b)所示是板式换热器换热表面的排列情形；图 7 - 9(c)是这种换热器的一种外形简图。板式换热器拆卸清洗方便，故适合于含有易污染物的流体(如牛奶等有机流体)的换热。

(2)螺旋板式换热器

螺旋板式换热器的换热表面是由两块金属板卷制而成，冷、热流体在螺旋状的通道中流动，图 7 - 10 所示是其两个方向的截面示意图。这种换热器换热效果较好，缺点是换热器的密封比较困难。

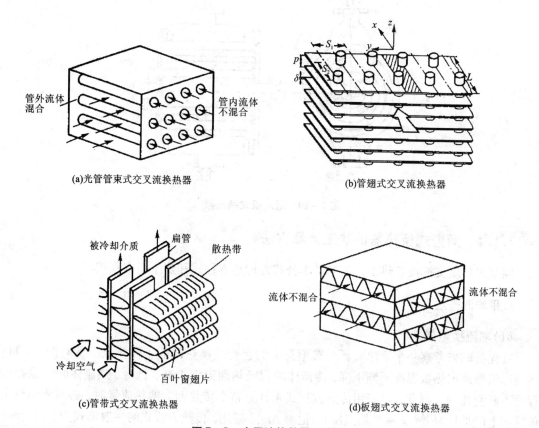

(a)光管管束式交叉流换热器

管外流体混合

管内流体不混合

(b)管翅式交叉流换热器

被冷却介质　扁管　散热带

冷却空气

百叶窗翅片

(c)管带式交叉流换热器

流体不混合　　流体不混合

(d)板翅式交叉流换热器

图 7-8　交叉流换热器示意图

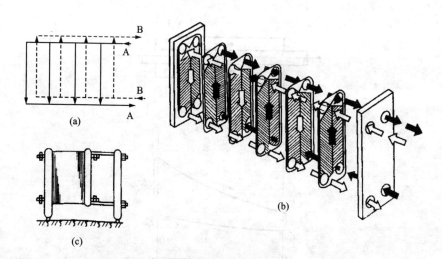

图 7-9　板式换热器示意图

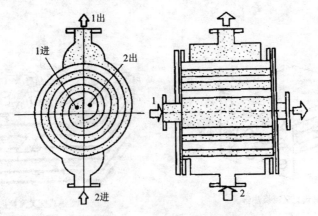

图7-10 螺旋板式换热器

7.1.2 间壁式换热器的热工计算方法

间壁式热质交换设备热工计算的基本公式为传热方程式和热平衡方程式。

1. 平均温差法

(1)顺流换热器

首先我们来考察一个简单而具有典型意义的套管式换热器的工作特点。参看图7-11，热流体沿程放出热量温度不断下降，冷流体沿程吸热而温度上升，且冷、热流体间的温差沿程是不断变化的。因此，当利用传热方程式来计算整个传热面上的热流量时，必须使用整个传热面上的平均温差(又称平均温压)，记为 Δt_{m}。据此，传热方程式的一般形式为：

$$\Phi = KA\Delta t_{m} \qquad (7-1)$$

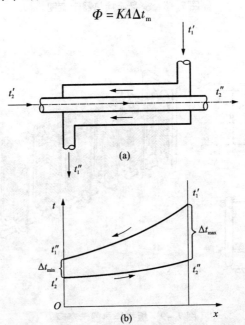

图7-11 换热器中流体温度沿程变化示意图

Δt_{max}—冷热流体在换热器内传热温差的最大值；t_1'—热流体进口温度；t_2'—冷流体进口温度；
t_1''—热流体出口温度；t_2''—冷流体出口温度；Δt_{min}—冷热流体在换热器内传热温差的最小值

现在来导出这种简单顺流及逆流换热器的平均温差计算式。图 7 – 12 定性地给出了顺流换热器中冷、热流体的温度沿换热面 A 的变化情况：热流体从进口处的 t_1' 下降到出口处的 t_1''，而冷流体则从进口处的 t_2' 上升到出口处的 t_2''。

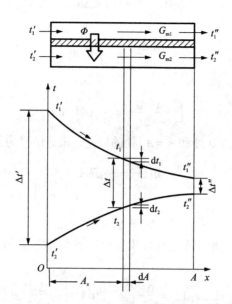

图 7 – 12　顺流时冷、热流体的温度变化

为了分析这一实际问题，可对传热过程做以下假设：①冷、热流体的质量流量 G_{m2}、G_{m1} 及比热容 c_2、c_1 在整个换热面上都是常量；②传热系数在整个换热面上不变；③换热器无散热损失；④换热面中沿管子轴向的导热量可以忽略不计。应当指出，除了发生相变的换热器外，上述 4 条假设适用于大多数间壁式换热器。如果一种介质在换热器的一部分表面上发生相变，则在整个换热面上，该流体的热容量为常数的假设将不再成立，此时无相变部分与有相变部分应分别计算。

现在我们来研究通过图 7 – 12 中微元换热面 $\mathrm{d}A$ 上的传热。在 $\mathrm{d}A$ 两侧，冷、热流体的温度分别为 t_2 及 t_1，为此，需要知道传热温差 Δt，即 $\Delta t = t_1 - t_2$ 沿传热面上的变化关系。获得了 Δt 沿 x 轴方向的变化关系后，对全长做积分即可得出平均值。下面我们从热平衡关系与传热方程两个角度来寻找其依变关系式。

在微元面积 $\mathrm{d}A$ 两侧热、冷流体的温度差为：

$$\Delta t = t_1 - t_2 \tag{7-2}$$

通过微元面 $\mathrm{d}A$ 的热流量为：

$$\mathrm{d}\Phi = K\Delta t\mathrm{d}A \tag{7-3}$$

热流体放出这份热量后温度下降了 $\mathrm{d}t_1$。于是：

$$\mathrm{d}\Phi = -G_{m1}c_1\mathrm{d}t_1 \tag{7-4}$$

同理，对于冷流体则有：

$$\mathrm{d}\Phi = G_{m2}c_2\mathrm{d}t_2 \tag{7-5}$$

将式(7-2)微分，并利用式(7-3)和式(7-4)的关系，可得：

$$d(\Delta t) = dt_1 - dt_2 = -\left(\frac{1}{G_{m1}c_1} + \frac{1}{G_{m2}c_2}\right)d\Phi = -\mu d\Phi \tag{7-6}$$

式中：μ 是为简化表达式引入的。将式(7-3)代入式(7-6)得：

$$d(\Delta t) = -\mu K\Delta t dA \tag{7-7}$$

分离变量得：

$$\frac{d(\Delta t)}{\Delta t} = -\mu K dA$$

积分得：

$$\int_{\Delta t'}^{\Delta t_x} \frac{d(\Delta t)}{\Delta t} = -\mu K \int_0^{A_x} dA$$

式中：$\Delta t'$ 和 Δt_x 分别表示 $A = 0$ 处和 $A = A_x$ 处的温差，积分结果为：

$$\ln\frac{\Delta t_x}{\Delta t'} = -\mu K A_x \tag{7-8}$$

即：

$$\Delta t_x = \Delta t' e^{-\mu K A_x} \tag{7-9}$$

由此可见，温差沿换热面作负指数规律变化。整个换热面的平均温差可由式(7-9)求得，为：

$$\Delta t_m = \frac{1}{A}\int_0^A \Delta t_x dA = \frac{\Delta t'}{A}\int_0^A e^{-\mu K A_x} dA = -\frac{\Delta t'}{\mu K A}(e^{-\mu K A} - 1) \tag{7-10}$$

$A_x = A$ 时，$\Delta t_x = \Delta t''$。按式(7-8)得：

$$\ln\frac{\Delta t''}{\Delta t'} = -\mu K A \tag{7-11}$$

$$\frac{\Delta t''}{\Delta t'} = e^{-\mu K A} \tag{7-12}$$

将(7-11)、式(7-12)代入式(7-10)，最后得：

$$\Delta t_m = \frac{\Delta t'}{\ln\frac{\Delta t''}{\Delta t'}}\left(\frac{\Delta t''}{\Delta t'} - 1\right) = \frac{\Delta t' - \Delta t''}{\ln\frac{\Delta t'}{\Delta t''}} \tag{7-13}$$

(2)逆流换热器

简单逆流换热器中冷、热流体温度的沿程变化示于图7-13中。对于 Δt_m 可推导得出与式(7-13)相同的结果。由于逆流时式(7-5)右边出现负号，故 μ 的形式为：

$$\mu = \frac{1}{G_{m1}c_1} - \frac{1}{G_{m2}c_2} \tag{7-14}$$

而式(7-7)~式(7-13)均不变。

根据理论推导结果，不论顺流、逆流，平均温差可统一用以下计算式表示：

$$\Delta t_m = \frac{\Delta t_{max} - \Delta t_{min}}{\ln\frac{\Delta t_{max}}{\Delta t_{min}}} \tag{7-15}$$

式中：Δt_{max} 和 Δt_{min} 分别代表 $\Delta t'$ 和 $\Delta t''$ 两者之中大者和小者。式(7-15)为确定平均温差 Δt_m 的基本计算式。由于计算式中出现了对数，故常把 Δt_m 称为对数平均温差。

以上推导出了顺流和逆流情况下的传热平均温差计算公式，对于其他复杂形式的间壁换

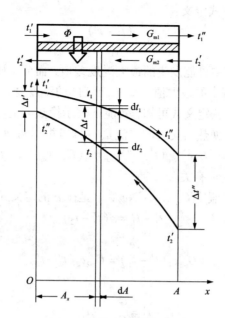

图 7 - 13 逆流时冷、热流体温度的变化

热器，其传热平均温差也可以采用类似的方法来分析，只是数学推导过程很复杂，感兴趣的读者可以参考相关文献。在工程实践中，为了计算方便，对壳管式、叉流式换热器，可以先按照纯逆流或纯顺流情况计算平均温差，然后再在其基础上乘以一个小于 1 的修正系数 ψ，ψ 的取值可以根据具体情况查阅相关图线获得。对于排数大于 4 排的叉流换热器，其平均温差可以直接按照纯顺流或者纯逆流情况处理，不会产生太大的误差。

2. 效能单元法(ε – NTU)

一般分析中通过将方程式无因次化，可以大大减少方程中独立变量的数目，ε – NTU 法正是利用推导对数平均温差时得出的无因次化方程而建立的一种间壁式换热器热工计算法。它定义了以下三个无因次量。

（1）热容比或称水当量比(C_r)

$$C_r = \frac{(G_m c)_{min}}{(G_m c)_{max}} \qquad (7 - 16)$$

（2）传热单元数(NTU)

$$NTU = \frac{KA}{(G_m c)_{min}} \qquad (7 - 17)$$

（3）传热效能(ε)

$$\varepsilon = \begin{cases} \dfrac{t_2'' - t_2'}{t_1' - t_2'} & G_{m2} c_2 < G_{m1} c_1 \text{ 时} \\[3mm] \dfrac{t_1' - t_1''}{t_1' - t_2'} & G_{m1} c_1 < G_{m2} c_2 \text{ 时} \end{cases} \qquad (7 - 18)$$

通过上述定义，推导得出了 ε – NTU 法。详细推导如下：

令换热器的效能 ε 按下式定义：

$$\varepsilon = \frac{(t' - t'')_{\max}}{t_1' - t_2'} \tag{7-19}$$

式中：分母为流体在换热器中可能发生的最大温度差值，而分子则为冷流体或热流体在换热器中实际所发生的温度差值中的最大值。如果冷流体的温度变化大，则 $(t' - t'')_{\max} = t_2'' - t_2'$，反之则 $(t' - t'')_{\max} = t_1' - t_1''$。从定义式可知，效能 ε 表示换热器的实际换热效果与最大可能的换热效果之比。已知 ε 后，换热器交换的热流量 Q 即可根据两种流体的进口温度确定：

$$Q = (G_m c)_{\min}(t' - t'')_{\max} = \varepsilon (G_m c)_{\min}(t_1' - t_2') \tag{7-20}$$

下面来揭示 ε 与哪些变量有关。

现以顺流为例作推导。假定 $G_{m1} c_1 < G_{m2} c_2$，于是按 ε 的定义式(7-19)可以写出：

$$t_1' - t_1'' = \varepsilon (t_1' - t_2') \tag{7-21}$$

根据热平衡有：

$$G_{m1} c_1 (t_1' - t_1'') = G_{m2} c_2 (t_2'' - t_2') \tag{7-22}$$

于是：

$$t_2'' - t_2' = \frac{G_{m1} c_1}{G_{m2} c_2}(t_1' - t_1'') \tag{7-23}$$

将式(7-21)、式(7-23)相加得：

$$(t_1' - t_2') - (t_1'' - t_2'') = \varepsilon \left(1 + \frac{G_{m1} c_1}{G_{m2} c_2}\right)(t_1' - t_2') \tag{7-24}$$

$$1 - \frac{t_1'' - t_2''}{t_1' - t_2'} = \varepsilon \left(1 + \frac{G_{m1} c_1}{G_{m2} c_2}\right) \tag{7-25}$$

由式(7-12)可知：

$$\frac{t_1'' - t_2''}{t_1' - t_2'} = \mathrm{e}^{-\mu KA} \tag{7-26}$$

代入(7-25)得：

$$\varepsilon = \frac{1 - \exp(-\mu KA)}{1 + \dfrac{G_{m1} c_1}{G_{m2} c_2}} \tag{7-27}$$

把式(7-6)中 μ 的定义式代入上式即得：

$$\varepsilon = \frac{1 - \exp\left[\dfrac{-KA}{G_{m1} c_1}\left(1 + \dfrac{G_{m1} c_1}{G_{m2} c_2}\right)\right]}{1 + \dfrac{G_{m1} c_1}{G_{m2} c_2}} \tag{7-28}$$

当 $G_{m1} c_1 > G_{m2} c_2$，类似的推导可得：

$$\varepsilon = \frac{1 - \exp\left[\dfrac{-KA}{G_{m2} c_2}\left(1 + \dfrac{G_{m2} c_2}{G_{m1} c_1}\right)\right]}{1 + \dfrac{G_{m1} c_1}{G_{m2} c_2}} \tag{7-29}$$

式(7-28)和式(7-29)可合并写成：

$$\varepsilon = \frac{1 - \exp\left\{ - \dfrac{KA}{(G_{\mathrm{m}}c)_{\min}}\left[1 + \dfrac{(G_{\mathrm{m}}c)_{\min}}{(G_{\mathrm{m}}c)_{\max}} \right] \right\}}{1 + \dfrac{(G_{\mathrm{m}}c)_{\min}}{(G_{\mathrm{m}}c)_{\max}}} \tag{7-30}$$

令：

$$\frac{KA}{(G_{\mathrm{m}}c)_{\min}} = NTU \tag{7-31}$$

上式成为：

$$\varepsilon = \frac{1 - \exp[-NTU(1 + C_{\mathrm{r}})]}{1 + C_{\mathrm{r}}} \tag{7-32}$$

类似的推导可得逆流换热器的效能 ε 为：

$$\varepsilon = \frac{1 - \exp[-NTU(1 - C_{\mathrm{r}})]}{1 - C_{\mathrm{r}}\exp[-NTU(1 - C_{\mathrm{r}})]} (C_{\mathrm{r}} < 1) \tag{7-33}$$

式(7-17)所定义的 NTU 称为传热单元数。它是换热器设计中的一个无量纲参数，在一定意义上可以看成是换热器 KA 值大小的一种量度。ε 也称为传热有效度，它表示换热器中的实际换热量与可能有的最大换热量的比值。

当冷、热流体之一发生相变，即 $(G_{\mathrm{m}}c)_{\max}$ 趋于无穷大时，(7-32)、(7-33)均可简化成：

$$\varepsilon = 1 - \exp(-NTU) \tag{7-34}$$

当冷、热流体的 $G_{\mathrm{m}}c$ 的值相等时，即水当量比 $C_{\mathrm{r}} = 1$，此时式(7-32)和式(7-33)可分别简化成为：

顺流：

$$\varepsilon = \frac{1 - \exp(-2NTU)}{2} (C_{\mathrm{r}} = 1) \tag{7-35}$$

逆流：

$$\varepsilon = \frac{NTU}{1 + NTU} (C_{\mathrm{r}} = 1) \tag{7-36}$$

更广泛地，对于不同形式的换热器，ε 统一汇总在表7-1。

表7-1 各种不同形式换热器的传热效能

换热器类型		关系式
同心套管式	顺流	$\varepsilon = \dfrac{1 - \exp[-NTU(1 + C_{\mathrm{r}})]}{1 + C_{\mathrm{r}}}$
	逆流	$\varepsilon = \dfrac{1 - \exp[-NTU(1 - C_{\mathrm{r}})]}{1 - C_{\mathrm{r}}\exp[-NTU(1 - C_{\mathrm{r}})]} (C_{\mathrm{r}} < 1)$
		$\varepsilon = \dfrac{NTU}{1 + NTU} (C_{\mathrm{r}} = 1)$
壳管式换热器单壳多管（管数为 2，4，6……）		$\varepsilon_1 = 2\left\{ 1 + C_{\mathrm{r}} + (1 + C_{\mathrm{r}}^2)^{1/2} \times \dfrac{1 + \exp[-NTU(1 + C_{\mathrm{r}}^2)]^{1/2}}{1 - \exp[-NTU(1 + C_{\mathrm{r}}^2)]^{1/2}} \right\}^{-1}$
双壳多管（管数为 4，8，12，……）		$\varepsilon = \left[\left(\dfrac{1 - \varepsilon_1 C_{\mathrm{r}}}{1 - \varepsilon_1} \right)^2 - 1 \right]\left[\left(\dfrac{1 - \varepsilon_1 C_{\mathrm{r}}}{1 - \varepsilon_1} \right)^2 - C_{\mathrm{r}} \right]^{-1}$

续表 7 - 1

换热器类型			关系式
	两种流体 均不混流		$\varepsilon = 1 - \exp\left[\left(\dfrac{1}{C_r} \right)(NTU)^{0.22} \left\{ \exp\left[-C_r(NTU)^{0.78} \right] - 1 \right\} \right]$
交叉 (单通)	$\begin{cases} (G_m c)_{\max}(混流) \\ (G_m c)_{\min}(不混流) \end{cases}$		$\varepsilon = \left(\dfrac{1}{C_r} \right)\left(1 - \exp\left\{ -C_r\left[1 - \exp(-NTU) \right] \right\} \right)$
	$\begin{cases} (G_m c)_{\max}(不混流) \\ (G_m c)_{\min}(混流) \end{cases}$		$\varepsilon = 1 - \exp\left(-C_r^{-1}\exp\left\{ 1 - \exp\left[-C_r(NTU) \right] \right\} \right)$
所有的换热器($C_r = 0$)			$\varepsilon = 1 - \exp(-NTU)$

利用表 7 - 1 中的公式，可绘制 $\varepsilon - NTU$ 和 C_r 的关系曲线，以方便使用，如图 7 - 14 ~ 图 7 - 19 所示。图中 $C = G_m c$。

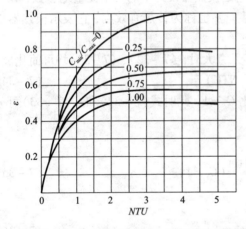

图 7 - 14　式(7 - 32)对应的 $\varepsilon - NTU$ 和 C_r 曲线

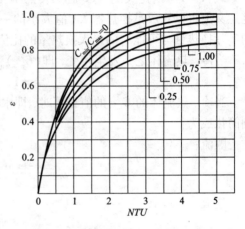

图 7 - 15　式(7 - 33)、(7 - 36)对应的 $\varepsilon - NTU$ 和 C_r 曲线

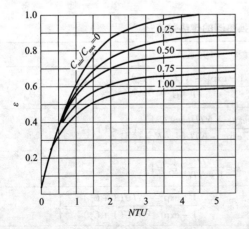

图 7 - 16　壳管式换热器单壳多管的 $\varepsilon - NTU$ 和 C_r 曲线

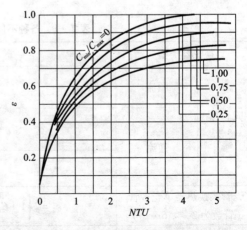

图 7 - 17　n 壳多管的 $\varepsilon - NTU$ 和 C_r 曲线

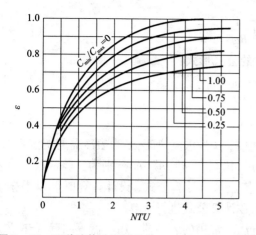
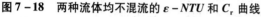
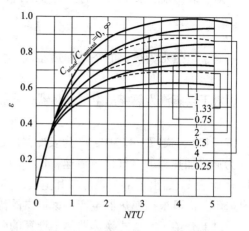

图 7 - 18　两种流体均不混流的 $\varepsilon - NTU$ 和 C_r 曲线

图 7 - 19　$C_{\max}$（混流）、$C_{\min}$（不混流）的 $\varepsilon - NTU$ 和 C_r 曲线

3. 间壁式换热器总传热系数 K 的确定

从上面介绍的两种间壁式换热器热工计算方法可以看出，对于换热器的传热分析和计算来说，如何确定总传热系数 K 是至关重要的。根据传热学的知识，对于通过平板型间壁换热的总传热系数可用下式计算：

$$K = \cfrac{1}{\cfrac{1}{h_1} + \cfrac{\delta}{\lambda} + R_f + \cfrac{1}{h_2}} \tag{7-37}$$

式中：h_1 和 h_2 分别为间壁两侧流体的对流换热系数；δ 为间壁厚度；λ 为间壁的导热系数；R_f 为间壁两侧污垢热阻。附表 8 给出了一些典型情况下的污垢热阻。

对于通过圆管壁所发生的传热，其总传热系数根据计算采用的换热面积不同，可以分别用如下公式计算：

对于采用管子外表面积作为传热计算面积：

$$K = \cfrac{1}{\cfrac{d_o}{d_i}\cfrac{1}{h_i} + \cfrac{d_o}{2\lambda}\ln\left(\cfrac{d_o}{d_i}\right) + R_f + \cfrac{1}{h_o}} \tag{7-38}$$

对于采用管子内表面积作为传热计算面积：

$$K = \cfrac{1}{\cfrac{d_i}{d_o}\cfrac{1}{h_o} + \cfrac{d_i}{2\lambda}\ln\left(\cfrac{d_o}{d_i}\right) + R_f + \cfrac{1}{h_i}} \tag{7-39}$$

式中：h_i 和 h_o 分别为管子内、外表面的对流换热系数；d_i 和 d_o 分别为管子内、外直径；其余符号与前面相同。

在实际工程中，由于换热器结构形式和传热过程的复杂性，一般难以直接给出传热系数的理论计算公式，附表 9 给出了一些有代表性条件下的总传热系数取值范围。工程计算中，一般采用实验的方法获得某种固定结构形式的换热器的总传热系数。

对于表冷器，采用如下的公式形式：

$$K = \left[\frac{1}{A v_y^m \xi^p} + \frac{1}{B \omega^n} \right]^{-1} \qquad (7-40)$$

对于以热水为热媒的空气加热器，采用如下的公式形式：

$$K = A' (v\rho)^{m'} \omega^{n'} \qquad (7-41)$$

对于以蒸汽为热媒的空气加热器，采用如下的公式形式：

$$K = A'' (v\rho)^{m''} \qquad (7-42)$$

式（7-40）~式（7-42）中：v_y 为表冷器的迎风速度；ω 为水流速度；ξ 为表冷器的析湿系数；$v\rho$ 为通过加热器的空气质量流速；A、B、m、n、p、A'、m'、n'、A''、m''分别为实验常数。附表10和附表11给出了部分表冷器和空气加热器的传热系数计算公式，设计计算时可以根据情况选用。也可根据换热器生产厂家提供的传热系数计算公式进行计算。

以上介绍了间壁式换热器热工计算的两种方法。常用的表冷器、加热器等间壁式热质交换设备的具体计算步骤将在《空气调节》这本教材中详细讲述，这里不再赘述。

7.1.3　间壁式换热器传热、传质性能的影响因素

间壁式换热器主要以热传导、对流形式传热。但管壁导热热阻较小，对传热影响不大。影响其传热过程的因素主要来自对流传热过程，其中影响较大的有以下几方面：

①流体的种类和相变。不同的液体、气体或蒸气的对流传热系数都不相同，牛顿型流体和非牛顿型流体也有区别。流体有相变的传热过程，其传热机理不同于无相变过程，所以传热系数不同。

②流体的特性。对对流传热系数影响较大的流体物性参数有：导热系数、乳度、比热容、密度以及体积膨胀系数。即使对同一种流体，其物性大小不同，对流传热系数亦不同。

③流体的流动状态。由层流和湍流的传热机理可知，流体处于层流状态，对流传热系数较小，流体处于剧烈的湍流状态时，对流传热系数大。

④流体流动的原因。按引起流动的原因不同，可将对流传热分为自然对流换热和强制对流换热。强制对流换热的传热系数较自然对流的传热系数大几倍甚至几十倍。

⑤传热面的形状、位置和大小。传热面的形状（如管、板、环隙、翅片等）、传热面方位和布置（水平或垂直放置）、管束的排列方式，以及管道尺寸（如管径和管长）等都直接影响对流传热系数。

⑥流体的温度。对对流传热的影响表现在：流体温度和壁面温度之差、流体物性随温度变化的程度，以及附加自然对流等方面。此外，由于流体内部温度分布不均匀，必然导致密度的差异，从而产生附加的自然对流，这种影响又与热流方向及管子排列情况等有关。

此外，换热器在实际操作中，传热表面上常有污垢积存，对传热产生附加热阻，所以生产用的换热器要防止和减少污垢层的形成，降低其对传热效果的影响。

换热器传热过程的强化就是力求使换热器在单位时间内、单位传热面积上所传递的热量尽可能增多。其意义在于：在设备投资及输送功耗一定的条件下，获得较大的传热量，从而增大设备容量，提高劳动生产率；在设备容量不变的情况下，使其结构更加紧凑，减少占地空间，节约材料，降低成本；在某种特定技术过程中，使某些特殊工艺要求得以实施等。换热设备传热计算的基本关系式揭示了换热设备的传热速率 Q 与总传热系数、平均温度差以及

传热面积 A 之间的关系。因此，要使换热设备的传热过程得到强化，可以通过提高传热系数，增大换热面积和增大平均传热温差来实现。

（1）增大传热面积 A

增大传热面积，是指从设备的结构入手，通过改进传热面的结构来提高单位体积的传热面积，而不是靠增大换热器的尺寸，使用多种高效能传热面，不仅使传热面得到充分的扩展，而且还使流体的流动和换热设备的性能得到相应的改善。主要形式介绍如下：

①翅化面（肋化面）：用翅（肋）片来扩大传热面面积和促进流体的湍动，从而提高传热效率，是最早提出的方法之一。翅化面的种类和形式很多，用材广泛，制造工艺多样，翅片管式换热器、板翅式换热器等均采用此法强化传热。

②异形表面：用轧制、冲压、打扁或爆炸成形等方法将传热面制造成各种凹凸形、波纹形、扁平状等，使流道截面的形状和大小均发生变化。这不仅使传热表面有所增加，还使流体在流道中的流动状态不断改变，增加扰动，减少边界层厚度，从而强化传热。

③多孔物质结构：将细小的金属颗粒烧结或涂敷于传热表面或填充于传热表面间，以实现扩大传热面积的目的。

④采用小直径管：在管壳式换热器设计中，减小管子直径，可增加单位体积的传热面积。

（2）增大平均温度差

增大平均温度差，可以提高换热设备的换热量。平均温度差的大小主要取决于两流体的温度条件和两流体在换热器中的流动形式。可以从以下两方面增大平均温度差：一是在冷流体和热流体进出口温度一定时，利用不同的换热面布置来改变平均温度差。如尽可能使冷、热流体相互逆流流动，或采用换热网络技术，合理布置多股流体流动与换热；二是扩大冷、热流体进出口温度的差别以增大平均传热温差。但此法受生产工艺限制，不能随意变动，只能在有限范围内采用。

（3）提高总传热系数

提高换热设备的传热系数以增加换热量，是传热强化的重要途径，也是当前研究传热强化的重点。当换热设备的平均传热温差和换热面积给定时，提高传热系数将是增大换热设备传热量的唯一方法。提高传热系数的方法大致可分为主动强化（有源强化）和被动强化（无源强化）。

主动强化：指需要采用外加的动力（如机械力、电磁力等）来增强传热的技术。主动强化包括：对换热介质做机械搅拌、使换热表面震动或流体振动、将电磁场作用于流体以促使换热表面附近流体的混合、将异种或同种流体喷入换热介质或将流体从换热表面抽吸走等技术。被动强化：指除了输送传热介质的功率消耗外不再需要附加动力来增强传热的技术。被动强化主要包括：涂层表面、粗糙表面、扩展表面、扰流元件、涡流发生器、射流冲击、螺旋管以及添加物等手段。由于主动强化传热技术要求外加能量等因素的限制，工程中采用更多的是被动强化传热技术。

7.2 间接蒸发冷却器与间接蒸发冷却空调系统

直接蒸发冷却是一种简单、经济的空气处理方案，在前面一章中，对直接蒸发冷却器进行了介绍。但由于在直接蒸发冷却器中，空气与水直接接触，空气在降温的同时，湿度也增加了。在很多时候，湿度增加是不希望发生，所以这时要采用间接蒸发冷却，本节中将介绍间接蒸发冷却器的工作原理和热工计算。

7.2.1　间接蒸发冷却器

间接蒸发冷却器

在某些情况下，当对待处理空气有进一步的要求，例如要求较低的含湿量或焓值时，就不得不采用间接蒸发冷却技术。间接蒸发冷却技术是利用一股辅助气流先经喷淋水（循环水）直接蒸发冷却，温度降低后，再通过空气—空气换热器来冷却待处理的空气（即准备进入室内的空气），并使之降低温度。由此可见，待处理空气通过间接蒸发冷却所实现的便不再是等焓加湿降温过程，而是减焓等湿降温过程，从而得以避免由于加湿把过多的湿量带入室内。故这种间接蒸发冷却器除了适用于低湿度地区外，在中等湿度地区，如我国哈尔滨、太原、宝鸡、西昌、昆明一线以西地区，也有应用的可能性。

间接蒸发冷却器的核心部件是空气—空气换热器。通常称被冷却的干侧空气为一次空气，而直接蒸发冷却所发生的湿侧空气称为二次空气。通过喷循环水，二次空气侧的元件表面形成一层水膜，水膜的蒸发通过吸收热量来完成，使水膜温度维持在接近二次空气的湿球温度，一次空气通过换热元件、水膜，把热量传送给二次空气，从而达到降温目的。

目前，这类间接蒸发冷却器主要有板翅式，管式和热管式三种。不论哪种换热器都具有两个互不连通的空气通道。让循环水和二次空气相接触产生蒸发冷却效果的是湿通道（湿侧），而让一次空气通过的是干通道（干侧）。借助两个通道的间壁，使一次空气得到冷却。

1. 板翅式间接蒸发冷却器

板翅式间接蒸发冷却器是目前应用最多的间接蒸发冷却器。它的核心是板翅式换热器，结构如图 7 - 20 所示，换热器所采用的材料为金属薄板（铝箔）或高分子材料（塑料等）。

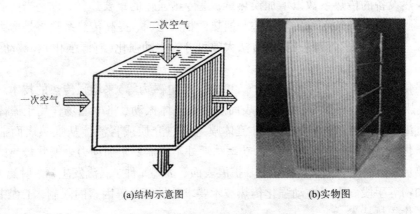

(a)结构示意图　　　　　　　(b)实物图

图 7 - 20　板翅式间接蒸发冷却器

板翅式间接蒸发冷却器中的二次空气可以来自室外新风、房间排风或部分一次空气。一次空气、二次空气侧均需要设置排风机。一、二次空气的比例对板翅式间接蒸发冷却器的冷却效果影响较大。

2. 管式间接蒸发冷却器

目前，常用的管式间接蒸发冷却器的管子断面形状有圆形和椭圆形(异形管)两种。所采用的材料有聚氯乙烯等高等分子材料和铝箔等金属材料。管外包覆有吸水性纤维材料，使管外侧保持一定的水分，以增加蒸发冷却的效果。这层吸水性纤维套对管式间接蒸发冷却器的冷却效率影响极大。喷淋在蒸发冷却管束外表面的循环水，是通过上部多孔板淋水盘来实现的。管式间接蒸发冷却器的结构示意图和实物图如 7 – 21 所示。

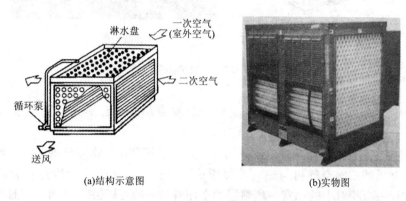

(a)结构示意图　　　　　　　　　　(b)实物图

图 7 – 21　管式间接蒸发冷却器

3. 热管式间接蒸发冷却器

热管是依靠自身内部工作液体相变来实现传热元件。热管由于热传递速度快，传热温降小，结构简单和易控制等特点，因而广泛应用于空调系统的热回收和热控制。典型的热管是由管壳、吸液芯和端盖组成，在抽成真空的管子里充以适当的工作液作为工质，靠近管子内壁贴装吸液芯，再将其两端封死即为热管。热管既是蒸发器又是冷凝器，如图 7 – 22 所示。从热流吸热的一端为蒸发段，工质吸收潜热后蒸发汽化，流动至冷流体一端即冷凝段放热液化，并依靠毛细力作用回流蒸发段，自动完成循环。热管换热器就是由这些单根热管集装在一起，中间用隔板将蒸发段与冷凝段分开，热管吸热器无须外部动力来促使工作流体循环，这是它的一个主要优点。图 7 – 23 为热管换热器结构示意图及实物图。

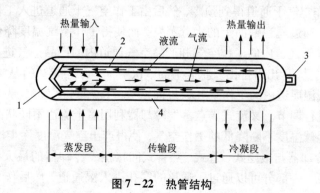

图 7 – 22　热管结构

1—热管端盖；2—吸液芯；3—抽空充液封口管；4—管壳

一次空气
翅片热管
淋水端
隔板　二次空气

(a)结构示意图　　　　　　　　　　(b)实物图

图 7 – 23　热管换热器

热管式间接蒸发冷却器按热管的冷凝段与蒸发冷却的结合形式不同主要有以下三种形式：

①填料层直接蒸发冷却与热管冷凝段结合。这类系统利用二次空气通过湿填料层来实现蒸发冷却，冷却后的二次空气再与热管冷凝段进行交换。当热管冷凝段盘管表面风速较低时，系统只需设一个相对小的小室。填料层的平均寿命一般可以持续 10 年，并且维修量相对少些。对于这些系统，冷凝段盘管不与水直接接触因而无须特殊涂料。

②冷凝段盘管直接喷淋。二次空气与直接喷淋到冷凝段盘管上的雾化水直接接触得到处理，一些水直接蒸发到空气中冷却二次空气。水从盘管滴到排水盘和集水箱内。这类热管式间接蒸发冷却器的性能比填料层的好，所需空间小。因此，目前得到了广泛的应用，但存在冷凝段盘管结垢和腐蚀的危险。

③喷水室直接蒸发冷却与热管冷凝段结合。这类系统利用二次空气通过喷水室来实现蒸发冷却。部分水蒸发，冷却二次空气，空气也被净化。经过喷水室冷却后的二次空气再与热管冷凝段进行热交换。在喷水室后设有挡水板，去除排气中的小水滴。此系统的压降与以上两个系统相比是最小的，并可在很大设计条件范围内工作。

7.2.2　露点蒸发冷却器

叉流式露点蒸发冷却器的工作原理如图 7 – 24 所示。状态 1 的二次空气（工作空气）首先从 C 入口进入工作空气干通道得到预冷，然后由工作空气干通道进入工作空气湿通道。在工作空气湿通道内，通过通道壁面上的水分蒸发，而使得工作空气温度降低。降温后的工作空气同时对工作空气干通道内的工作空气和产品空气通道内的产品空气进行冷却，其自身焓值增加，达到状态 3，从 D 出口排出。状态 1 的一次空气 C（产品空气）从 A 入口进入产品空气通道，被工作空气湿通道内的工作空气通过间壁等湿冷却到状态 2，从 B 出口排出，送入空调房间，对室内进行调节。叉流式露点蒸发冷却器利用多个流道不同状态的气流进行能量的梯级利用，获得湿球温度不断降低的工作空气，使得产出空气温度逐步逼近露点温度。

露点间接蒸发冷却器与板翅式、管式、热管式间接蒸发冷却器的最大不同之处就是：干通道的空气经预冷后，一部分可以通过干通道的穿孔进入湿通道，然后作为工作空气与水进行热湿交换。

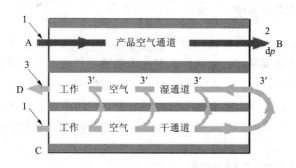

图 7 – 24　叉流式露点蒸发冷却器原理图

1——一次、二次空气进口状态；2——产出空气出口状态；3—工作空气出口状态；
A——一次空气进口；B——一次空气出口；C 二次空气进口；D—二次空气出口

　　间接蒸发冷却技术依靠的是产出空气的干球温度和工作空气的湿球温度之差实现传热传质过程的驱动，其中以露点间接蒸发冷却器的温降最大。因此，露点间接蒸发冷却器的送风温度可达到"亚湿球温度"，换热效率在理论上高于传统间接蒸发冷却器。叉流式露点蒸发冷却器的空气处理焓湿图见图 7 – 25。

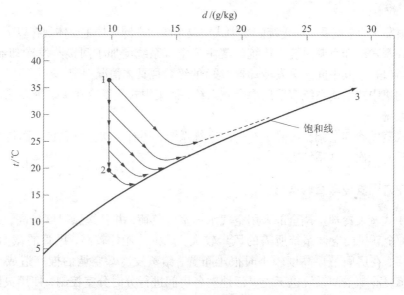

图 7 – 25　叉流式露点蒸发冷却器的空气处理焓湿图

7.2.3　间接蒸发冷却空调系统

　　蒸发冷却空调技术是一种节能、环保、经济和可提高室内空气品质的空调方式。它既可以制取冷风，也可以制取冷水，本节所讲述的间接蒸发冷却空调系统是指利用间接蒸发冷却制取冷风的系统。蒸发冷却空调系统按照集中程度可分为集中式蒸发冷却空调系统和半集中式蒸发冷却空调系统。

1. 集中式蒸发冷却空调系统

集中式蒸发冷却空调系统按被处理空气的来源不同，主要分为直流式和混合式系统。通常采用全新风的直流式空调系统，也就是将室外的新鲜空气通过集中设置的蒸发冷却空调机组处理后，由风管送入各房间，从而在满足室内热舒适性的同时，改善室内空气品质。集中式蒸发冷却空调系统设备集中，便于集中管理和维修，使用寿命长。图7-26为集中式蒸发冷却空调系统的原理图。目前广泛应用于商场、体育馆、影剧院等大空间公共建筑。

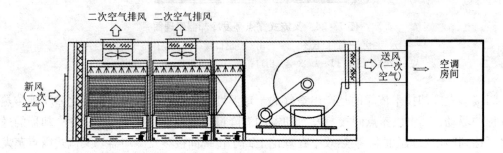

图7-26　集中式蒸发冷却空调系统原理图

集中式蒸发冷却空调系统与传统的集中式空调系统的不同之处主要体现在以下三个方面：

①集中式蒸发冷却空调系统比传统的集中式空调系统增加了间接蒸发冷却器（段）和直接蒸发冷却器（段），其中间接蒸发冷却器（段）的级数视具体情况而定。

②传统的集中式空调系统多采用混合式系统，而集中式蒸发冷却系统则多采用全新风的直流式空调系统。

③集中式蒸发冷却空调系统除了有一次空气系统，还有二次空气系统，而传统的集中式空调系统中没有二次空气系统。

2. 半集中式蒸发冷却空调系统

由于集中式蒸发冷却空调全部采用空气承担室内负荷，并且送风温度较高，送风焓差较小，因此这种全新风的空调系统所需的风量较大，风机的能耗较高，风管的截面面积较大，占用空间较多，在房间吊顶高度较小时很难布置，给蒸发冷却空调的推广造成了困难。此外，集中式蒸发冷却空调系统也不能灵活地对各房间进行分时分室控制，使用灵活性差。为此，借鉴传统半集中式空调系统的理念，提出适用于炎热干燥地区的半集中式蒸发冷却空调系统，图7-27为半集中式蒸发冷却空调系统的原理图。

如图7-27所示，在半集中式蒸发冷却空调系统中，新风经蒸发冷却新风机组集中处理后送入空调房间，高温冷水由蒸发式冷水机组（或冷却塔）制取后送入室内显热末端。新风含湿量低于室内空气含湿量，新风承担室内全部潜热负荷和部分显热负荷，室内显热末端承担室内剩余显热负荷。

与传统半集中式空调系统相同的是，半集中式蒸发冷却空调系统除了有集中的新风处理设备外，在各个空调区域内还增加了处理空气的"末端装置"（如风机盘管、辐射板等）。目前，半集中式蒸发冷却空调系统最常见的末端装置是干式风机盘管和辐射末端，末端装置多

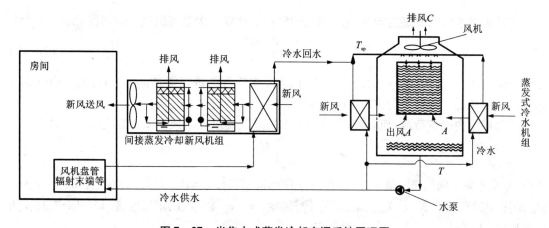

图 7 - 27　半集中式蒸发冷却空调系统原理图

A—塔底空气状态；*C*—塔顶排风状态；T_{sp}—回水温度；T—出水温度

采用水作为冷媒，仅仅对室内回风进行处理。这样做的好处是可以减少新风管道的断面积，节省建筑空间，还可以根据各室负荷情况单独调节。

半集中式蒸发冷却空调系统与传统半集中式空调系统的不同之处主要体现在以下两个方面：

①传统的半集中式空调系统中，新风机组与风机盘管等末端装置中所用的冷媒多由常规冷水机组（如电驱动的活塞式、螺杆式、离心式冷水机组，以及热驱动的吸收式冷水机组等）提供。而半集中式蒸发冷却空调系统中，可利用我国西北地区独有的炎热干燥的气候环境选用单级或多级蒸发冷却新风机组处理新风，选用蒸发式冷水机组或冷却塔提供"末端装置"所需的高温冷媒水。根据新疆、西藏、青海、宁夏、甘肃五省气象台站的统计数据，最湿月室外平均含湿量为 10.2 g/kg 干空气。因此，房间的湿负荷可以完全依靠干燥的新风带走。同时设计蒸发式冷水机组，利用室外干空气制取 15 ~ 20℃的高温冷水，送入室内的辐射地板、风机盘管等干式末端，带走房间的显热。蒸发冷却新风机组以及蒸发式冷水机组能效比较高，系统的节能效果更好。

②传统的半集中式空调系统如风机盘管加新风系统，风机盘管进水温度较低（一般为7℃），室内空气被冷却去湿，室内热湿负荷联合处理，风机盘管工作在湿工况下。而半集中式蒸发冷却空调系统中，由于蒸发式冷水机组提供的冷水温度较高（16 ~ 18℃），半集中式蒸发冷却空调系统的末端装置多采用去除显热的末端装置，而室内的全部潜热负荷、新风负荷及剩余显热负荷则由新风系统承担。末端装置工作在干工况下，系统属于独立新风空调系统，是一种全新风系统，系统无回风，所有送风均通过渗透和排风排出建筑物外，在防止病毒、细菌扩散方面具有其他空调系统无法比拟的优越性，避免了现有空调系统中温湿度联合控制带来的损失，实现了温湿度独立控制，因而可以满足房间温湿度不断变化的要求。

7.2.4　间接蒸发冷却的热工计算

1. 间接蒸发冷却器的热工设计计算方法

间接蒸发冷却器的具体设计方法和步骤如下：

①给定要求的间接蒸发效率 η_{IEC}（小于75%），计算一次空气出风干球温度 t'_{g2}。

$$\eta_{IEC} = \frac{t'_{g1} - t'_{g2}}{t'_{g1} - t''_{s1}} \tag{7-43}$$

式中：η_{IEC} 为间接蒸发冷却器的换热效率；t''_{s1} 为二次空气的进口湿球温度，℃；t'_{g1}、t'_{g2} 分别为间接蒸发冷却器一次空气的进、出口干球温度，℃；

②根据室内冷负荷或对间接蒸发冷却器制冷量的要求和送风温差计算机组送风量 L'。

$$L' = \frac{Q}{\rho c_p (t_n - t_0)} \tag{7-44}$$

式中：t_0 为空调房间的送风温度，℃。在不考虑管路温升时，$t_0 = t'_{g2}$。L' 为一次风量，m^3/s；Q 为空调房间总显冷负荷，kW；t_n 为空调房间的干球温度，℃；c_p 为空气的定压地热，kJ/(kg·℃)；ρ 为空气密度，kg/m^3。

③按照迎面风速 v_y 为 2.7 m/s，按照二次风量与一次风量之比 L''/L' 为 0.6~0.8，计算一、二次风道迎风面积 A'_y、A''_y。

$$L'' = (0.6 \sim 0.8) L' \tag{7-45}$$

$$A'_y = \frac{L'}{v'_y} \tag{7-46}$$

$$A''_y = \frac{L''}{v''_y} \tag{7-47}$$

式中：L'' 为二次风量，m^3/s；v'_y、v''_y 分别为一、二次空气通道的迎风速度，m/s；A'_y、A''_y 分别为一、二次空气通道总的迎风面积，m^2。

④单一通道断面具体尺寸预设计。即初步设计一、二次通道的宽度 B'、B''（一般5 mm左右）和长度 l'（1 m左右）、l''，并计算一、二次通道的当量直径 de'、de'' 和空气流动的雷诺数 Re'、Re''。

$$de = \frac{4f}{U} \tag{7-48}$$

$$Re' = \frac{N'_y de'}{\nu} \tag{7-49}$$

$$Re'' = \frac{v''_y de''}{\nu} \tag{7-50}$$

式中：f 为通道的横断面面积，m^2；Re 为雷诺数；de 为当量直径，m；U 为湿周，m；ν 为运动黏度，m^2/s。

⑤计算一次空气侧的对流换热系数 h' 和二次空气侧的对流换热系数 h''

$$h' = \frac{0.023 (Re')^{0.8} Pr^{0.3} \lambda}{de'} \tag{7-51}$$

$$h'' = \frac{0.023 (Re'')^{0.8} Pr^{0.3} \lambda}{de''} \tag{7-52}$$

式中：Pr 为普朗特准则数；h'、h'' 分别为一、二次空气侧显热对流换热系数，W/(m²·℃)；λ 为空气的导热系数，W/(m·℃)；

⑥根据间接蒸发冷却器所用材料，计算间隔平板的导热热阻 δ_m/λ_m。其中：δ_m 为板材的厚度，m；λ_m 为板材的导热系数，W/(m·℃)。

⑦计算二次空气湿球温度与水膜温度之差表示的相界面对流换热系数:

$$h_w = h''\left(1.0 + \frac{2500}{c_p \cdot k}\right) \tag{7-53}$$

式中: h_w 为以二次空气湿球温度与水膜温度之差表示的相界面对流换热系数, W/(m²·℃); c_p 为干空气的定压比热, kJ/(kg·℃); k 为湿空气饱和状态曲线的斜率, 通过式(7-56)计算。

⑧根据给定的单位淋水长度上的淋水量, 计算水膜厚度 δ_w, 并计算 δ_w/λ_w。其中 λ_w 为水的导热系数。

⑨计算板式间接蒸发冷却器平均传热系数 K。

$$K = \left[\frac{1}{h'} + \frac{\delta_m}{\lambda_m} + \frac{\delta_w}{\lambda_w} + \frac{1}{h_w}\right]^{-1} \tag{7-54}$$

⑩根据预设计的通道尺寸, 计算总换热面积 F, 并计算传热单元数 NTU:

$$NTU = \frac{KF}{L'c_p\rho} \tag{7-55}$$

式中: NTU 为传热单元数; F 为间接蒸发冷却器总传热面积, m²。总传热面积为多个单通道侧壁面积之和。

⑪根据当地大气压下的焓湿图, 分别计算湿空气饱和状态曲线的斜率 k 和以空气湿球温度定义的湿空气定压比热 c_{pw}:

$$k = \overline{\frac{t_s - t_l}{d_b - d}} \tag{7-56}$$

$$c_{pw} = 1.01 + 2500 \overline{\frac{d_b - d}{t_s - t_l}} \tag{7-57}$$

式中: t_l 为空气的露点温度, ℃; d 为空气的含湿量, kg/kg; t_s 为空气的湿球温度, ℃; d_b 为空气湿球温度下的饱和含湿量, kg/kg; c_{pw} 以空气湿球温度定义的空气定压比热容, kJ/(kg·℃)。

⑫计算 η_{IEC}, 如果计算的 η_{IEC} 与预定的 η_{IEC} 差不多, 说明间接蒸发冷却器尺寸设计合理。

$$\eta_{IEC} = \left[\frac{1}{1 - \exp(-NTU)} + \frac{\dfrac{L'c_p}{L''c_{pw}}}{1 - \exp\left(-\dfrac{L'c_p}{L''c_{pw}}NTU\right)} - \frac{1}{NTU}\right]^{-1} \tag{7-58}$$

⑬如果计算的 η_{IEC} 与设定的 η_{IEC} 相差较大, 则可以根据预定的 η_{IEC}, 通过式(7-58)计算间接蒸发冷却器需要的总换热面积 F, 重新设计干、湿通道的具体尺寸, 重复步骤③~⑫。或者重新假设 η_{IEC}、重复步骤①~⑫计算。

2. 间接蒸发冷却器的性能评价

如前所述, 间接蒸发冷却是通过换热器使被冷却空气(一次空气)不与水接触, 利用另一股气流(二次空气)与水接触让水分蒸发吸收环境的热量而降低空气和其他介质的温度。一次气流的冷却和水的蒸发分别在两个通道内完成, 因此间接蒸发冷却的主要特点是降低了温度并保持了一次空气的湿度不变, 其理论最低温度可降低至蒸发侧二次空气流的湿球温度。

一次气流在整个过程的焓湿变化如图 7 – 28 所示，温度由 t'_{g1} 沿等湿线降到 t'_{g2}，其热交换效率为：

$$\eta_{IEC} = \frac{t'_{g1} - t'_{g2}}{t'_{g1} - t''_{s1}}$$

(7 – 59)

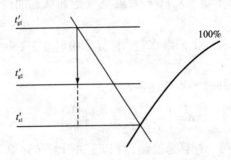

图 7 – 28　间接蒸发冷却过程焓湿图

　　类似于直接蒸发冷却器热交换效率的意义，η_{IEC} 的大小也就反映了空气在间接蒸发冷却器里的实际降温与理想降温的接近程度。

7.3　间接蒸发冷水机组

　　蒸发冷却技术是一项利用"干空气能"可再生能源节能、绿色的冷却技术。所谓干空气能是指当有水蒸发源存在时，干燥空气由于其水蒸气处在不饱和状态面而具备的对外做功的能力。蒸发冷却设备正是利用这一原理来制取冷水或冷风。而间接蒸发冷却技术与直接蒸发冷却技术相比能够制取更低温度的冷水或冷风。因此，基于间接蒸发冷却技术设计的冷水机组可得到低于空气湿球温度的冷水。利用间接蒸发冷却技术制备冷水，成为推广应用蒸发冷却技术的迫切需要，也将使间接蒸发冷却技术有更大的应用领域。

7.3.1　间接蒸发冷水机组的结构与工作原理

1. 结构形式

间接蒸发冷水机组

　　间接蒸发冷水机组是以室外干空气能为驱动源来制取冷水的，其结构如图 7 – 29 所示。
　　该机组包括在机壳内安装的空气 – 水直接接触逆流填料塔，在填料塔上方安装着布水器和风机，其下部的机壳内设置着带有循环水泵的储水池，在机壳的进风口处设置着空气冷却器，循环水泵的进水口通过管路与储水池底部的出水口相连接，循环水泵的出水口通过管路与室内显热供冷末端入口相连接，室内显热供冷末端的出口通过管路与空气冷却器相连接，空气冷却器出水口通过管路与喷淋布水器相连接。

2. 工作原理

　　间接蒸发冷水机组的工作过程是一个多级蒸发冷却的过程，其主要工作原理是以室外空气干球温度和露点温度的差值作为制冷驱动势，实现一种节能环保、绿色健康、经济安全的

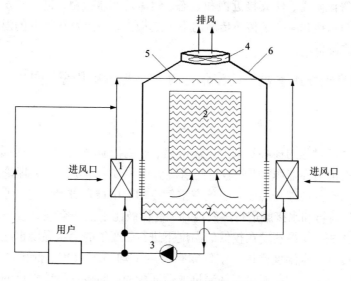

图 7 - 29 间接蒸发冷水机组结构图

1—空气冷却器；2—空气 - 水直接接触逆流换热塔；3—循环水泵；4—风机；
5—喷淋布水器；6—机壳；7—储水池

冷水处理方式，获得接近空气露点温度的天然冷水。

在焓湿图上的变化过程如图 7 - 30 所示。状态为 O 的室外空气从进风口进入空气冷却器 1，被从塔底部流出的冷水冷却到 A 状态，之后进入塔的尾部喷雾区和 B 状态的冷水进行充分热湿交换后，近似等焓到达接近饱和的状态。在排风机的作用下，空气进一步沿塔内填料层上升，上升过程中与顶部淋水逆流接触，沿饱和线升至 C 后排出。塔内的热湿交换过程同时产生 B 状态的冷水，一部分进入空气冷却器冷却机组进风，一部分输出到用户，带走用户冷负荷，两部分回水混合到塔内喷淋产生冷水，完成水侧循环。

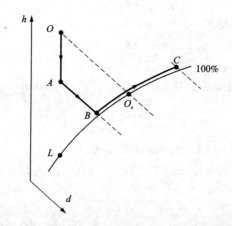

图 7 -30 间接蒸发冷水机组冷水产生过程焓湿图

间接蒸发冷却过程的核心是采用逆流换热、逆流传质来减小不可逆损失，以充分利用外界干空气中具有的潜在能源，得到较低的供冷温度和较大的供冷量。空气在空气冷却器中被自身产生的冷水等湿降温,使其接近饱和状态,然后再和水接触,进行蒸发冷却,这样做比不饱和空气直接与水接触减少了传热传质的不可逆损失,使蒸发在较低的温度下进行,产生的冷水温度也随之降低。

7.3.2　间接蒸发冷水机组的出水温度与性能影响因素

1. 出水温度

此间接蒸发冷却过程的核心是采用逆流换热、逆流传质来减小不可逆损失,以充分利用外界干空气中具有的潜在能源,得到较低的供冷温度和较大的供冷量。理论上产生的冷水温度可无限接近进口空气的露点温度。空气在空气冷却器中被自身产生的冷水等湿降温,使其接近饱和状态,然后再和水接触进行蒸发冷却,这样做比不饱和空气直接与水接触减小了传热传质的不可逆损失,使得蒸发在较低的温度下进行,产生的冷水温度也随之降低。由测试结果得到机组的冷水出水温度比进口空气露点温度平均高 $3 \sim 5 \, ^\circ\!\text{C}$,低于进口空气的湿球温度。当换热面积足够大,且各换热部件流量取值匹配时,间接蒸发冷水机的出水温度极限值为进风露点温度。

间接蒸发冷水机组逆流式填料塔内直接蒸发冷却的水侧效率 η_w 为:

$$\eta_\text{w} = \frac{t_\text{o} - t_\text{w}}{t_\text{o} - t_\text{A,s}} \qquad (7-60)$$

式中: η_w 为逆流式填料塔内直接蒸发冷却的水侧效率; t_o 为室外空气干球温度, $^\circ\!\text{C}$; t_w 为间接蒸发冷水机组出水温度, $^\circ\!\text{C}$; $t_\text{A,s}$ 为 A 点的湿球温度, $^\circ\!\text{C}$ 。

定义进风空气冷却器的露点效率 η_L :

$$\eta_\text{L} = \frac{t_\text{o} - t_\text{A}}{t_\text{o} - t_\text{L}} \qquad (7-61)$$

式中: η_L 为进风空气冷却器的露点效率; t_A 为 A 点的干球温度, $^\circ\!\text{C}$; t_L 为室外空气 O 点对应的露点温度, $^\circ\!\text{C}$ 。

根据焓湿图,可以近似得到:

$$\eta_\text{L} = \frac{t_\text{o,s} - t_\text{A,s}}{t_\text{o,s} - t_\text{L}} \qquad (7-62)$$

式中: $t_\text{o,s}$ 为室外空气的湿球温度, $^\circ\!\text{C}$ 。

由式(7-62)可得:

$$t_\text{A,s} = t_\text{o,s} - \eta_\text{L}(t_\text{o,s} - t_\text{L}) \qquad (7-63)$$

联立式(7-60)和式(7-63)可得机组出水温度 t_w 为:

$$t_\text{w} = t_\text{o} - \eta_\text{w}\{t_\text{o} - [t_\text{o,s} - \eta_\text{L}(t_\text{o,s} - t_\text{L})]\} \qquad (7-64)$$

2. 性能影响因素

蒸发式冷水机组的出水温度理论上可无限接近室外空气的露点温度,室外空气越干燥,露点温度越低,冷水出水温度越低。研究表明,对于实际的蒸发式冷水机组,室外空气的含湿量是冷水出水温度的主要影响因素,且由于换热面积有限,冷水的出水温度将处于湿球温度和露点温度之间,一般比进口空气的露点温度平均高 $3 \sim 5 \, ^\circ\!\text{C}$ 。其次,由于空气冷却器属于显热换热器，在换热面积一定的情况下，进风的干球温度影响了其出风温度，从而会影响喷淋得到的冷水出水温度，因此冷水出水温度还受室外干球温度的影响。

冷水机组的性能随室外气象条件的变化而变化。对于理想的流程，冷水机组的出水温度只和进口空气的露点温度相关，露点温度越低，冷水机组出水温度越低。而由于实际流程传热、传质面积有限，对于设计好的机器，当空气冷却器和填料塔的换热面积一定后，冷水出水温度除了主要受露点温度或含湿量影响外，还受干球温度的影响，表现为随室外空气的比焓有一定的线性关系。

7.3.3 基于间接蒸发冷水机组的空调系统

目前，在实际应用中，蒸发冷却空调系统一般多采用全新风的直流式空调系统，也就是将室外的新鲜空气通过集中设置的蒸发冷却机组处理后，由风管送入各房间，从而在满足室内热舒适性的同时，改善室内空气品质。由于这种全新风的空调系统所需的风量较大，风机的能耗较高，风管的截面面积较大，占用空间较多，在房间吊顶高度较小时很难布置，给蒸发冷却空调的推广造成了困难。为此，通过利用间接蒸发冷水机组制取冷水，然后通过送冷水至各空调房间，就能克服以上所说的缺点。

与传统的空调系统相似，基于间接蒸发冷水机组的蒸发制冷空调系统也包括两种主要的系统形式：全空气系统和空气 – 水系统。在全空气系统中，空气为载冷介质，由冷空气承担所有室内负荷。在空气 – 水系统中，室内负荷由冷空气和冷水共同承担。在广大的西部干燥地区，室外空气焓值与室内空气焓值很接近，新风负荷很小，所以系统一般使用全新风，而不使用回风。甚至在不少地区，室外焓值比室内焓值还低，使用全新风有利于利用室外空气的免费冷。当然，如果室外焓值比室内焓值高出较多时，也可采用部分回风的形式。下面，对基于间接蒸发冷水机组的空气调节系统常见形式进行简要介绍。

1. 基于间接蒸发冷水机组的全空气系统

图 7 – 31 所示为基于间接蒸发冷水机组的全空气系统流程示意图。在这种流程中，由间接蒸发冷水机组制取冷水，送入外冷型多级蒸发制冷空气处理机组，对新风进行处理，处理后的新鲜空气送入空调房间，带走房间的余热、余湿，维持室内相对舒适的空气环境。在这种空调系统中，由新风承担全部冷、湿负荷，同时保证室内卫生要求。

从空气处理的角度来看，这种流程是一种全新风直流式空调系统，其夏季空气处理的焓湿过程如图 7 – 32 所示。W 状态的室外新鲜空气在空气处理机组内首先被间接蒸发冷水机组提供的高温冷水间接冷却到 P 状态，再被直接蒸发冷却到 Q 状态，Q 状态的新鲜空气送入空调房间，带走室内的余热、余湿后，排除室外。对于这种系统，由于空气同时承担室内的全部冷负荷和湿负荷，对于室内湿度控制要求比较高的场合，需要严格控制直接蒸发段效率。理论上，应将送风状态 Q 点正好控制在房间的热湿比线上。对于室内热湿比较小，或者室外空气含湿量较高时，热湿比线可能与 PQ 线段没有交点（如图 7 – 32 中的 ε_2），这时，可不需要直接蒸发制冷段，而直接将间接蒸发冷却后的空气送入房间。

这种系统属于全空气集中式空调系统，多适用于一些高大建筑空间，如体育馆、会展中心、影剧院等。通常，这种系统的送风管道横截面积较大，而且一般需要预留较大面积的空调机房，风机能耗也较高。但这种系统的室内空气品质好、噪声低、系统简单、房间温湿度

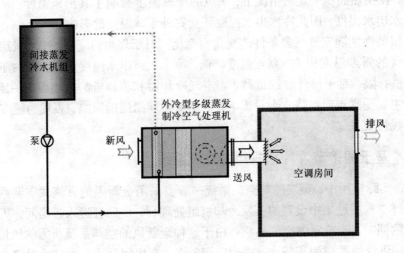

图 7 – 31   基于间接蒸发冷水机组的全空气系统流程示意图

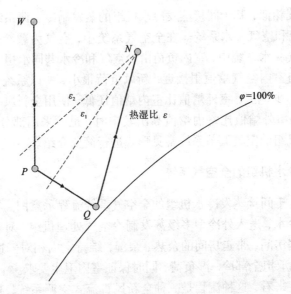

图 7 – 32   基于间接蒸发冷水机组的全空气系统夏季焓湿过程

分布均匀。另外,在一些气象条件较差的地区,由于间接蒸发冷水机组的出水温度较高(高于19℃),采用干式风机盘管处理回风的温降很小,单位换热面积的显冷量太低,经济上可能不合理,同时,由于室外含湿量较高,除湿所要求的新风量较大,在这种情况下,也往往采用这种空调系统流程。

2. 基于间接蒸发冷水机组的空气 – 水系统

基于间接蒸发冷水机组的空气 – 水系统采用温湿度独立控制的空调理念。在这种系统中,由独立的新风系统承担室内的除湿任务和部分显热负荷,同时满足室内通风的要求,维持室内较高的空气品质，由显热末端装置承担余下的显热负荷。这种系统的夏季焓湿过程如图 7 - 33 所示。

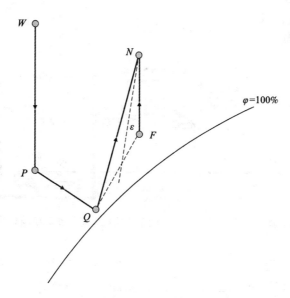

图 7 - 33　基于间接蒸发冷水机组的空气——水系统夏季焓湿过程

常用的显热末端装置包括干式风机盘管和辐射板，分别组合成独立新风加干盘管系统和独立新风加地板供冷系统。下面，分别对这两种系统进行介绍。

（1）独立新风加干盘管系统

独立新风加风机盘管系统是传统空调系统中使用最为广泛的一种系统形式，它具有使用方便、控制灵活、占用建筑空间小、节能等诸多优点。对于这种系统，又可根据风机盘管和空气处理组在系统中的连接方式不同，分为并联连接方式（简称并联系统）和串联连接方式（简称串联系统）。

①风机盘管与新风机组并联运行：这种系统的流程示意图见图 7 - 34。由间接蒸发冷水机组所制取的高温冷水，分别送给干式风机盘管和新风机组，相应地对室内回风和室外新风进行处理。这种系统与传统空调方式所采用的独立新风加湿式风机盘管的空调系统在形式上是基本一致的。所不同的是，在本流程中，冷源采用的是间接蒸发冷水机组制取的高温冷水，风机盘管是在干工况下工作，系统完全实现了温湿度独立控制的空气调节理念。

在这种并联系统中，盘管与空气处理机组的回水温度一般不同，通常，风机盘管的回水温度较低，而空气处理机组的回水温度较高。为了避免冷热相互抵消，同时进一步利用盘管回水中的冷量，可将两股回水分开输送，分别送到冷水机组的不同部位。为此，需要两套水泵，一套用于输送空气处理机组用冷水，一套用于输送风机盘管用冷水，温度较高的空气处理机组的回水直接送冷水机组顶部喷淋，而温度较低的盘管回水先送至冷水机组的进风冷却器，对冷水机组的进风进行冷却，温度进一步升高之后，再送回冷水机组顶部喷淋。当然，如果风机盘管与空气处理机组的回水温度相差不大，也可将两股水合并后一起输送，这就与传统系统结构形式完全相同。

②风机盘管与新风机组串联运行：根据间接蒸发冷水机特性可知，在机组最大允许供回

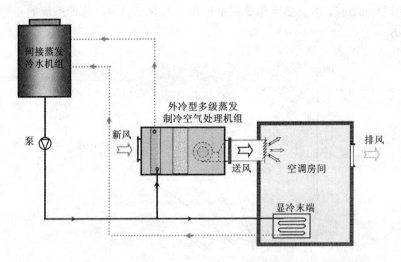

图 7 – 34　基于间接蒸发冷水机组的干式风机盘管与新风机组并联流程

温差范围内，应尽可能地提高机组供回水温差，有利于提高机组的使用能效比和减少水泵能耗。为提高冷水机组的供回水温差，在干式风机盘管加新风系统中，风机盘管与新风机组可采用串联的形式，如图 7 – 35 所示。在这种流程中，由间接蒸发冷水机组制取的冷水，先送入室内干式风机盘管，处理室内回风。干式风机盘管的回水再送入外冷型多级蒸发制冷空气处理机组，对室外新风进行处理。

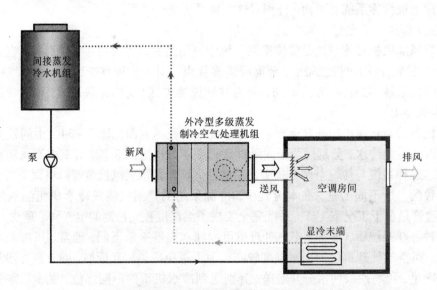

图 7 – 35　基于间接蒸发冷水机组的干式风机盘管与新风机组串联流程

在这种系统中，由于冷水经过了风机盘管和空气处理机组两次温升，所以，冷水机组的供回水温差更大，系统的冷能利用更合理，更符合热力学中能量梯级利用的原则。但对于这种系统流程，一般要求间接蒸发冷水机组的出水温度较低，否则，进入新风机组的水温太高，使得新风的出风参数偏高，因此，这种系统适合于一些气象条件较好的地区。同时，间接蒸发冷水机组要能容许有较大的用户供回水温差,一般需要选择大温差型间接蒸发冷水机组。

串联系统在能量利用上要优于并联系统,但也存在着系统管路布置复杂、新风机组水量与盘管水量之间难于匹配等问题,设计相对也要复杂一些。对于有些工程中,如果新风机组要求的水量远大于风机盘管的总水量,而通过改变盘管温升和新风机组风水比也难于调平二者的水量时,可从冷水机组再单独引一股冷水至新风机组,以解决二者水量之间的匹配问题。

(2)独立新风加辐射地板供冷系统

辐射地板供冷是一种新的显热末端空气调节形式,它通过将塑料管(PB 管、PC 管、PEX 管等)直接埋设在地板之中,然后将高温冷水通入地板内的塑料管中,使地板表面温度降低,形成冷辐射面,依靠冷辐射表面与人体、家具及围护结构其余表面之间的辐射热交换,达到空调降温的目的。辐射板换热以辐射形式为主,同时也包含一部分对流换热的形式。由于表面温度的降低,使得空气与表面间的自然对流作用加强,使房间内温度降低。

辐射供冷使用高温冷水,其供水温度一般在16℃以上,而这个温度正好与间接蒸发冷水机组的出水温度相匹配,间接蒸发冷水机组是地板辐射供冷的最好冷源形式。加上西部地区室外空气干燥,新风具有除湿能力,且不会在地板表面出现结露的问题。

由于采用辐射供冷时,室内平均辐射温度比非辐射供冷系统要低,使得人体感觉温度比传统系统低 1~2℃,因此,较之传统空调系统,在相同的热感觉前提下,辐射供冷系统可以将室内设计温度提高 1~2℃,所以,使得其冷负荷比常规系统的冷负荷要低 10%~20%。研究表明,辐射供冷系统比常规空调系统节能 28%~40%。由此可见,基于间接蒸发冷水机组的地板辐射供冷系统具有相当大的节能潜力。

不仅具有节能的优点,辐射板供冷还具有舒适性好的特点。一般认为,舒适条件下,人体产生的热量,大致以这个比例散发:对流散热 30%,辐射散热 45%,蒸发 25%。辐射供冷降低了围护结构内表面温度,加大了人体辐射散热量,舒适程度提高。美国、欧洲、日本都对此做过大量的研究,其结论都是一致的。此外,辐射供冷没有吹冷风的感觉,解决了空调冷风吹向人体引起的身体不适,并且避免了室内机的噪声问题。

另外,地板辐射供冷在系统布置上也是很方便的。采用送水的方式比采用送风的方式要更节省建筑空间,地板辐射供冷对建筑层高没有特殊的要求。地板辐射供冷系统可实现冬夏合用,冬季可直接采用辐射地板进行采暖。

当然,地板辐射供冷系统也存在单位面积的供冷量较少的缺点,系统的供回水温差较小,一般为 2~3℃,这么小的供回水温差,不利于间接蒸发冷水机组的冷量释放,所以,最好采用串联的系统形式,如图 7-36 所示。来自间接蒸发冷水机组的高温冷水首先送入辐射地板内,升温 2~3℃送入外冷型多级蒸发制冷空气处理机组(新风机组)中,对新风进行间接冷却。经过与新风机组串联之后,供回水温差会有较大提高,从而提高冷水机组的使用能效比。

地板辐射供冷一般采用聚乙烯管(PE 管)或者聚丁烯管(PB)作为地板埋管,管径一般为 DN16~DN25。地板表面温度一般比进水温度高为 3~4℃,管间距一般为 100~200 mm。

(3)其他形式的独立新风加显冷末端系统

前面主要是讲了几种常见的基于间接蒸发冷水机组的独立新风加显冷末端空气-水系统流程,这些系统流程相对比较简单,设计与系统布置上比较容易。然而,从能量利用的角度

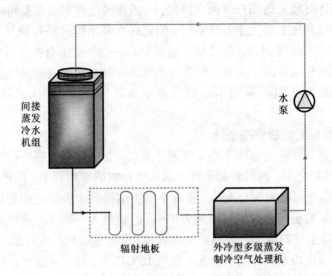

图7-36　基于间接蒸发冷水机组的独立新风加地板辐射供冷系统流程图

来看,这些流程不一定是最好的,还可以在以上基本流程的基础上,进行相应的改进,使能量利用更加充分,如图7-37～图7-39等,供读者参考。当然,这系统设计起来要复杂一些,且对冷水机组和空气处理机组的内部结构及性能参数需要有较深的了解。

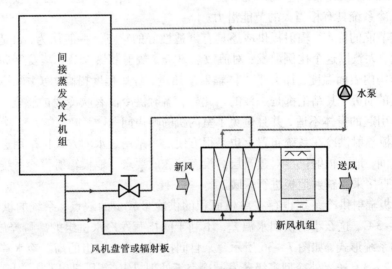

图7-37　改进的串联流程(一)

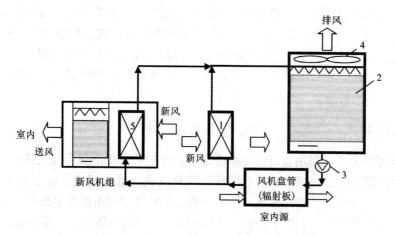

图 7-38　改进的串联流程(二)

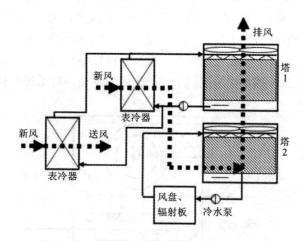

图 7-39　冷水机组与新风机组分散设置流程

1—间接蒸发冷水机阻进风冷却器；2—逆流填料塔；3—循环水泵；
4—间接蒸发冷水机组排风风机；5—新风机组间接蒸发冷却器

7.4　蒸发式冷凝器

7.4.1　蒸发式冷凝器的种类和结构

　　蒸发式冷凝器主要由换热器、水循环系统和风机三部分组成。蒸发式冷凝器按照不同的标准可分为多种类型。按照风机的工作方式不同可分为鼓风式和吸风式，由于吸风式气流可均匀地通过冷凝盘管，冷凝效果好，故较多应用，但此时风机在高温高湿下运行，易发生故障；压送式则与之相反。按照换热核心部件的结构可分为管式蒸发冷凝器和板式蒸发冷凝器，管式蒸发冷凝器又可以分为水平管式与立管式两类。

　　蒸发式冷凝器的换热盘管一般采用圆形光管，但随着对换热管不断深入研究，通过改变换热盘管管型结构以达到强化传热的蒸发式冷凝器称为异型管蒸发式冷凝器。目前采用的异型管主要有：椭圆管、异形滴管、波纹管和交变曲面波纹管。将换热盘管与其他换热单元体结合起来构成的蒸发式冷凝器还有填料蒸发式冷凝器与鼓泡蒸发式冷凝器。为了改善水膜在管表面的分布，一些厂家对换热盘管表面进行纳米亲水导热涂层处理，使水膜均匀地覆盖整个盘管表面，减小水膜厚度，提高传热性能。

7.4.2　蒸发式冷凝器的工作原理与特点

蒸发式冷凝器主要是利用盘管外喷淋冷却水蒸发时的汽化潜热而使盘管内制冷剂蒸气凝结的。蒸发式冷凝器主要由换热器、水循环系统及风机三部分组成，结构如图 7 - 40 所示。换热器为一个蛇形管组成的冷凝盘管，处于下部水槽的冷却水由淋水泵提升到盘管上部并由淋水器喷出，淋洒在盘管外表面上，水吸收气态制冷剂放出的热量，一部分蒸发变成水蒸气，剩下的则落入水槽中，循环使用。喷淋水的水量配置和均匀布水对蒸发式冷凝器盘管的换热效果有很大的影响，根据经验，喷淋水量以能全部润湿盘管表面、形成连续的水膜为佳，以获得最大的传热系数，并减少水垢。室外空气自下向上流经盘管，这样不仅可以强化盘管外表面的换热，而且可以及时带走蒸发形成的水蒸气，以加速水的蒸发，提高冷凝效果。为了防止空气带走水滴，喷水管上部装有挡水板，挡水板将热湿空气中带走的水滴挡住，减少水的吹散损失，一般一个高效挡水板能控制水的损失率为水循环总量的 0.002%。

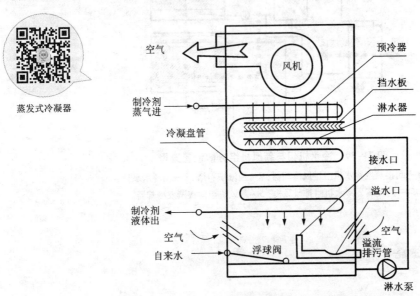

图 7 - 40　蒸发冷凝器原理图

蒸发式冷凝器基本上是利用水的汽化以带走制冷剂蒸气冷凝过程放出的凝结潜热，其所消耗的冷却水主要是补给散失的水量，其循环水量也比水冷式冷凝器的冷却水用量要少得多。例如，水的汽化潜热约为 2450 kJ/kg，而冷却水在水冷式冷凝器中的温升只有 6 ~ 8℃，即每千克冷却水只带走 25 ~ 35 kJ 的热量，所以理论上讲，蒸发式冷凝器循环水量为水冷式的 1/100 ~ 1/70。鉴于挡水板的效率不能达到 100%，空气中灰尘对水的污染，水分蒸发等原因，需要定期向蒸发式冷凝器补水，但其补充的水量也比水冷式冷凝器要小些。

蒸发式冷凝器进口空气湿球温度对换热量影响很大。进口空气湿球温度越小，则空气相对湿度越小，在相同的冷凝温度和风量情况下，冷却水蒸发量大，冷凝效果好。

蒸发式冷凝器的耗水量很小，而且，其所需要的空气流量不到风冷式冷凝器所需要空气流量的 1/2，因此特别适用缺水地区，气候越干燥使用效果越好。

7.4.3　蒸发式冷凝器的热工计算

冷凝器中的传热过程包括制冷剂的冷凝换热，金属壁、垢层的导热以及冷却剂的吸热。本节就以上三个过程分别予以介绍。

1. 制冷剂的冷凝换热

对于蒸发式冷凝器，制冷剂在水平管内冷凝。冷凝器水平管内的制冷剂一般呈现气液分层流动的状态。相当于全部光管内表面面积的平均冷凝换热系数，可按以下公式计算：

对于氟利昂：

$$h_{cn} = 0.55 \left(\frac{\beta}{\Delta t \cdot d_i} \right)^{0.25} = 0.455 \left(\frac{\beta}{q \cdot d_i} \right)^{1/3} \tag{7-65}$$

式中：Δt 为冷凝温度与壁面温度之差，℃；d_i 为管道内径，m；q 为热流密度，W/m²；β 为物性系数，$\beta = \frac{\lambda^3 \rho^2 g \gamma}{\mu}$，W³·N/(m⁶·K³·s)。式中：$\rho$ 为冷凝液的密度，kg/m³；γ 为制冷剂的比潜热，J/kg；μ 为冷凝液的动力黏度，N·s/m²；λ 为冷凝液的导热系数，W/(m·K)；g 为重力速度，m/s²。

式(7-65)仅适用于低 Re 时，即：

$$Re = \frac{\rho v d_i}{\mu} < 35000$$

目前氟利昂系统多采用多股螺旋形微内肋的高效冷凝管，即在 $\phi 4 \sim \phi 16$ 的铜管内壁轧制成呈三角状的微形肋，用来强化换热；这种微形肋高效冷凝管的平均冷凝换热系数约为光管的 2~3 倍，使用时应予以注意。

对于氨制冷剂，管内冷凝时的换热系数可按照下式计算

$$h_{cn} = 2116 \Delta t^{-1/6} d_i^{-1/4} = 86.88 \times q^{0.22} d_i^{-1/3} \tag{7-66}$$

对于制冷剂蒸气在水平蛇管内冷凝时，可按照下式计算

$$h_{cns} = \varepsilon_s h_{cn} = 0.25 q^{0.15} h_{cn} \tag{7-67}$$

式(7-65)~式(7-67)中制冷剂物性值按冷凝器进口蒸气状态计算。以上计算公式只考虑了影响冷凝换热的基本因素，但实际上还有其他影响因素，主要有：

①不凝性气体。热流密度比较小时，不凝性气体影响很大，此时，靠近传热面形成不凝性气体膜层，气态制冷剂必须经过此膜层才能向冷却表面传热，从而使冷凝换热系数显著降低。然而，热流密度较大时，气态制冷剂流速提高，带动不凝性气体膜层向冷凝器末端移动，从而对大部分冷凝表面影响不大。

②冷凝表面的粗糙度。壁面越粗糙，液膜流动阻力越大，使液膜增厚，冷凝换热系数降低。

③蒸气含油。由于氨、油不相容，润滑油会附着在制冷剂传热表面上，形成油膜，造成附加热阻。但是，在一些试验中，未发现氨冷凝器冷凝表面有润滑油膜存在，而是被冷凝下的氨液冲掉，并带入蒸发器，故在冷凝器计算时可不考虑此项的影响。对于氟利昂系统，制冷剂含油将致使一定压力下的饱和温度提高，影响传热效果，所以制冷剂的含油浓度宜小于 5% ~ 6%。

2. 冷却剂的换热

蒸发式冷凝器管外对流换热包括管外表面与水膜的对流换热和水膜与空气间的对流换热。

(1)管外表面与水膜的对流换热

在蒸发冷凝器中，循环水沿水平管外膜状流动，此时管外表面与水膜的对流换热系数 h_w 为：

$$h_w = 704(1.39 + 0.22 t_w)\left(\frac{\Gamma}{d_0}\right)^{1/3} \tag{7-68}$$

式中：t_w 为水膜的温度，℃；Γ 为喷淋密度，$kg/(m \cdot s)$；d_0 为管外径，m。

(2)水膜与空气间的对流换热

蒸发冷凝器管外水膜与空气的对流换热包括潜热交换和显热交换。管外空气当量对流换热系数 h_j(同时考虑传热、传质共同作用效果)为：

$$h_j = \frac{A h_{wa}(i_w - i_m) A_w}{C_{pa}(t_w - t_m) A_0} \tag{7-69}$$

式中：t_w 为水膜的温度，℃；t_m 为空气的平均温度，℃；i_w 为水膜表面饱和空气焓值，kJ/kg；i_m 为流动空气的平均焓值，kJ/kg；h_{wa} 为管外水膜与空气的对流换热系数，$W/(m^2 \cdot K)$；C_{pa} 为空气的定压比热，$kJ/(kg \cdot K)$；A_w 和 A_0 分别为水膜与空气间的接触面积和管外表面积，m^2，且 $A_w = \beta_w A_0$，$\beta_w = 1.3 \sim 1.5$；A 是与水膜温度有关的系数，其取值范围为 0.94 ~ 0.99.

管外水膜与空气的对流换热系数 h_{wa} 为：

$$h_{wa} = 0.297 \frac{\lambda_m}{d_0}\left(\frac{u_{fmax} d_0}{\nu_m}\right)^{0.602} \tag{7-70}$$

式中：最窄截面空气流速 u_{fmax} 可由迎面风速 u_f 求得：$u_{fmax} = \frac{s}{s - d_0} u_f$，m/s；$s$ 为管间距，m；d_0 为管外径，m；λ_m 为空气在平均温度下的导热系数，$W/(m \cdot K)$；ν_m 为空气在平均温度下的平均黏度，m^2/s。

(3)管壁与垢层的热阻

管壁热阻 R_p：对于铜管，导热系数大，可不考虑；对于钢管等，应考虑。

油膜热阻 R_{oil}：对于氨，取$(0.33 \times 10^{-3}) \sim (0.6 \times 10^{-3}) m^2 \cdot K/W$；对于氟利昂，可不考虑。

污垢热阻 R_{fou}：污垢热阻包括水垢、锈垢以及其他污垢造成的附加热阻。冷凝器中的污垢对冷水机组的影响可参见图 7-41，图中设计选用污垢热阻为 $0.44 \times 10^{-4} m^2 \cdot K/W$，$\varepsilon_\varphi$ 为冷水机组制冷量与设计制冷量之比，ε_p 为冷水机组实际功率与设计功率之比，t_c 为冷凝温度。可以看出，冷水机组制冷量随污垢热阻增加而呈线性降低，压缩机耗功率和冷凝温度随污垢热阻呈线性增加。对于水侧可取 $0.44 \times 10^{-4} \sim 0.86 \times 10^{-4}$ m^2 · K/W，如为易腐蚀管材应加倍，对于空气侧取 $(0.1 \times 10^{-3}) \sim (0.3 \times 10^{-4})$ m^2 · K/W。

肋片与基管接触热阻 R_c：对于肋片管，若肋片与基管接触不严，形成接触热阻，可取 0.86×10^{-3} m^2 · K/W。

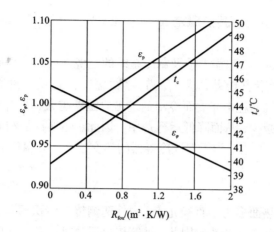

图 7 - 41　污垢热阻与冷水组性能

（蒸发器出口水温为 6.7℃，冷凝器进口水温为 29.4℃）

（4）蒸发式冷凝器的设计计算

蒸发式冷凝器的设计计算是在给定冷凝器的热负荷及工况条件下，计算所需要的传热面积和结构尺寸。

冷凝器的传热计算式：

$$q_k = K_c A \Delta t_m \qquad (7-71)$$

因此，只要知道了冷凝器热负荷 q_k、传热平均温差 Δt_m 和冷凝器传热系数 K_c 后，就可以求出所需要的传热面积 A。下面分别介绍 q_k、Δt_m 和 K_c 的确定方法。

①冷凝器的热负荷

对于采用开启式压缩机的制冷系统，冷凝器热负荷一般约等于制冷量与制冷压缩机的指示功 P_i 之和，即

$$q_k = q_0 + P_i = \varphi q_0 \qquad (7-72)$$

式中：系数 φ 与蒸发温度 t_0、冷凝温度 t_k、气缸冷却方法以及制冷剂种类有关。

对于采用全封闭式压缩机的制冷系统，冷凝器热负荷等于制冷量与压缩机电机功率之和，然后减去压缩机传到周围介质的热量。采用全封闭式压缩机的制冷系统的冷凝器热负荷计算式，根据前苏联 B. B. 雅柯勃松的实验数据，已整理为与其制冷量比值的形式：

$$q_k = q_0 (A + B t_k) \qquad (7-73)$$

式（7 - 73）的适用范围：$28℃ \leqslant t_k \leqslant 54℃$。对于 R22，$A = 0.86$，$B = 0.0042$。

②传热平均温差 Δt_m 与冷凝温度 t_k

制冷剂蒸气进入冷凝器的换热分为三个区域：过热蒸气冷却、饱和蒸气冷凝和冷凝液体再冷，所以冷凝器中制冷剂的温度并不是定值。但是在一般制冷设备中，冷凝器出口制冷剂再冷度很小，而且冷却过热蒸气的换热量所占的比例一般也不很大，所以为了简化计算，可

以认为制冷剂的温度等于冷凝温度 t_k。因此冷凝器内制冷剂和冷却剂的对数平均传热温差为：

$$\Delta t_m = \frac{t_2 - t_1}{\ln\left(\dfrac{t_k - t_1}{t_k - t_2}\right)} \tag{7-74}$$

由式(7-74)可知，要计算传热温差 Δt_m，首先要确定制冷剂的冷凝温度 t_k 和冷却剂的进出口温度 t_1、t_2。

冷凝温度与冷却剂进、出口温差涉及制冷系统的经济性问题。提高冷凝温度、减少冷却剂进出口温差，可以提高传热温差，减少所需传热面积，降低设备投资费用。然而冷凝温度降低，可减少制冷压缩机的耗电量，而冷却剂进出口温差越大，所需冷却剂流量越少，输送能耗(水泵、风机耗能)减少，从而降低运行费用。因此，必须权衡利弊，合理确定冷凝温度与冷却剂进、出口温差。再者，为了保证冷凝器的热交换，冷凝温度必须高于冷却剂出口温度，且有一定下限。

③传热系数

蒸发式冷凝器的传热面多为小直径光管，内外两侧传热面积相差较大，采用不同的面积为基准计算的传热系数相差也较大，因此，计算传热系数时应考虑此问题。以外表面积为基准的水平蛇形盘管蒸发式冷凝器总传热系数可以采用下式计算(忽略水膜热阻)：

$$K_c = \cfrac{1}{\cfrac{A_o}{A_i h_{cns}} + \cfrac{A_o R_{oil}}{A_i} + R_p \cfrac{A_o}{A_i} + R_{fou} + \cfrac{1}{h_w} + \cfrac{1}{h_j}} \tag{7-75}$$

蒸发式冷凝器的热力性能推荐值见表7-2。

表7-2 蒸发式冷凝器的热力性能参数

蒸发式冷凝器	制冷剂种类	传热系数 K_c/[W/(m^2·K)]	热流密度 q_k/(W/m^2)	平均传热温差/K
	氨	600~750	1800~2800	3~4
	氟利昂	500~700	1500~2600	3~4

【例题7-1】 冷凝负荷为30 kW的R22制冷机组，采用蒸发式冷凝器，冷凝温度 t_k 为37℃，冷凝器空气进口干球温度为 $t_1 = 31$℃，相对湿度50%，冷凝风量2400 m^3/h，冷却水的喷淋密度为0.04 kg/(m·s)。蒸发式冷凝器换热盘管采用 Ø16 mm×0.5 mm光滑紫铜圆管，正三角形排列，管间距 $s = 38$ mm，盘管布置如图7-42。试计算蒸发式冷凝器的传热面积。

【解】 按以下步骤计算：

(1)确定空气各参数

①蒸发式冷凝器进、口空气状态。根据进口空气干球温度和相对湿度，由焓湿图(附图)查得进口空气焓值 $h_1 = 67.3$ kJ/kg。

②水膜处空气状态(为饱和状态)。假设水膜温度 $t_w = 34$℃，则水膜饱和空气焓 $i_w = 122.6$ kJ/kg。

③出口空气状态。由 $q_k = m_a(i_2 - i_1)$，计算得冷凝器出口空气焓值 $i_2 = 108$ kJ/kg；根据

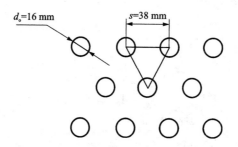

图 7 - 42　蒸发式冷凝器盘管布置图

图 7 - 43 给出的蒸发式冷凝器中空气状态变化过程，出口状态 2 处于 1 - w 直线上，则可以确定出口空气干球温度 $t_2 = 33℃$。

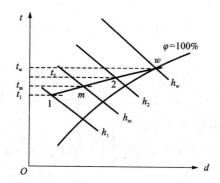

图 7 - 43　蒸发式冷凝器中空气的状态变化过程

④管外空气的平均焓和平均温度。由公式：

$$i_m = i_w - \frac{i_2 - i_1}{\ln\left(\dfrac{i_w - i_1}{i_w - i_2}\right)}$$

求得空气平均焓值为 92 kJ/kg，根据图 7 - 43 空气变化过程由焓湿图查得空气平均温度 $t_m = 32℃$。

(2)计算对流换热系数

①水膜与流动空气间的对流换热系数 h_{wa}

取空气迎风风速 $u_f = 2$ m/s，则最窄截面处空气流速

$$u_{fmax} = \frac{s}{s - d_0}u_f = 3.45(\text{m/s})$$

空气温度为 32℃ 时，空气参数为(查附表 6)：$\lambda_m = 2.689 \times 10^{-2}$ W/(m · K)，$\nu_m = 16.192 \times 10^{-6}$ m²/s，$c_{pm} = 1.005$ kJ/(kg · K)。

则管外处水膜与空气对流换热系数为：

$$h_{wa} = 0.297\frac{\lambda_m}{d_0}\left(\frac{u_{fmax}d_0}{\nu_m}\right)^{0.602} = 66.8[\text{W/(m}^2 \cdot \text{K)}]$$

管外空气当量对流换热系数：

$$h_j = \frac{A h_{wa}(i_w - i_m) A_w}{C_{pa}(t_w - t_m) A_0} = 1243 [W/(m^2 \cdot K)]$$

其中 A 取值为 0.94。

$$\beta_w = \frac{A_w}{A_0} = 1.3$$

热流密度：$q = h_j(t_w - t_m) = 2486(W/m^2)$

初算换热面积：$A_0' = \dfrac{q_k}{q} = \dfrac{30000}{2486} = 12.07(m^2)$

②水平管内制冷剂的冷凝换热系数。

查 R22 饱和液体在冷凝温度 37℃ 时的物性表可得：

$\lambda = 0.078\ W/(m \cdot k)$，$\rho = 1142.2\ kg/m^3$，$\gamma = 170.2\ kJ/kg$，$\mu = 0.14 \times 10^{-3}\ N \cdot s/m^2$；

所以：

$$\beta^{1/3} = \left[\frac{\lambda^3 \rho^2 g \gamma}{\mu}\right]^{1/3} = 1.95 \times 10^4$$

$$h_{cn} = 0.455\left(\frac{\beta}{q \cdot d_i}\right)^{1/3} = 2656[W/(m^2 \cdot K)]$$

$$h_{cns} = \varepsilon_s h_{cn} = 0.25 q^{0.15} h_{cn} = 2145[W/(m^2 \cdot K)]$$

3) 铜管外表面与水膜的对流换热系数

$$h_w = 704(1.39 + 0.22 t_w)\left(\frac{\Gamma}{d_0}\right)^{1/3} = 2042[W/(m^2 \cdot K)]$$

③传热系数和传热面积的计算。

从制冷剂蒸气到空气的传热量 $q_k = K_c A_0(t_k - t_{am})$，对于氟利昂系统，油污的热阻可以忽略，铜管外表面的污垢热阻可取 $R_{fou} = 2.0 \times 10^{-4}\ m^2 \cdot K/W$，忽略水膜和铜管壁导热热阻，可求得蒸发式冷凝器传热系数：

$$K_c = \frac{1}{\dfrac{A_o}{A_i h_{cns}} + \dfrac{A_o R_{oil}}{A_i} + R_p \dfrac{A_o}{A_i} + R_{fou} + \dfrac{1}{h_w} + \dfrac{1}{h_j}} = 502[W/(m^2 \cdot K)]$$

进一步求得：$A_0 = \dfrac{q_k}{K_c(t_k - t_{am})} = \dfrac{30000}{502 \times (37 - 32)} = 11.92(m^2)$

计算可得，与初算换热面积非常接近。如果计算结果不相符，则重新假设水膜温度 t_w，继续重复以上计算步骤，直到计算结果相近。

7.5　闭式能源塔

7.5.1　闭式能源塔的结构与工作原理

能源塔是指利用外置循环工质，即时按需采集空气中冷源或热源的一种装置。能源塔通过对冷却塔结构进行改造，利用二级循环换热方式解决冬季运行时的结霜问题，实现冬夏季两用的装置。冬季利用冰点低于零度的载体介质，高效提取低温环境下相对湿度较高的空气中的低品位热能,通过向能源塔热泵机组输入少量高品位能源,实现低温环境下低品位热能向高品位转移,对建筑物进行供热以及提供热水。夏季,由于能源塔的特殊设计,起到高效冷却塔的作用,通过蒸发作用来将空调中产生的废热排到大气中。

　　从构造上看,能源塔主要由围护构架、旋流风动系统、低温高效换热器、汽液分离系统、凝结水分离系统、低温防霜系统(如图 7 – 44 所示)组成。其中,围护构架包括塔体框架、顶部的出风筒,侧壁的围护板及进风栅;旋流风动系统由位于风筒内部的变速电动机控制装置和斜射旋流风机组成;低温高效换热器由围护构架内部的高效肋片、换热管、进液口及出液口构成;低温高效换热器上方设有由斜流折射分离器和斜射旋流分离器构成的汽液分离系统;低温高效换热器下方设有由接水盘、凝结水控制装置和溶液控制阀构成的凝结水分离系统;还设有由溶液池、喷淋泵控制装置、喷淋器构成的低温防霜系统。当空气经低温高效换热器表面逆向流通时,形成传热面与空气之间的显热与潜热交换,获得低于环境温度 2 ~ 3℃的溶液作为能源塔热泵的低品位热源。消噪汽液分离器可有效地分离负压条件下产生的水分和降低风机运行时产生的噪声。

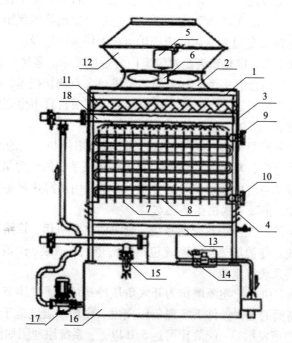

图 7 – 44　能源塔结构图

1—塔体框架;2—出风筒;3—围护板;4—进风器;5—变速电动机控制装置;6—斜射旋流风机;
7—高效肋片;8—换热管;9—进液口;10—出液口;11—斜流折射分离器;12—斜射旋流分离器;
13—接水盘;14—凝结水控制装置;15—溶液控制阀;16—溶液池;17—喷淋泵控制装置;18—喷淋器

　　能源塔的核心技术是溶液浓缩装置。冬季阴雨连绵期间,能源塔防冻液膜直接与空气进行显热与潜热交换的同时,凝结了空气中的水分,使防冻溶液浓度降低,冰点上升。而浓缩装置的作用是将稀释的防冻液浓缩,使冰点下降。

　　能源塔分为开式和闭式两类。开式能源是防冻液直接与空气接触,闭式能源塔的循环介质一直在管道内部流动不与外部空气接触。开式能源塔由于防冻液直接与空气接触,溶液温度易受外界气象条件变化的影响使其冰点不断变化，需要定期启动溶液浓缩装置，管理非常麻烦。而闭式能源塔克服了以上缺点，通过使空气逆向流过低温高效肋片换热器的表面，形成传热面与空气之间的显热和潜热交换。同时，由于闭式能源塔的高效换热器的管内防冻液依靠溶液泵强制循环，流动速度快，换热效率高。

7.5.2 闭式能源塔热泵空调系统

在国内，已经有四代能源塔热泵空调成套设备产品。第一代能源塔热泵系统仅就制冷及供热效果而言至今仍然可行，为解决冬季工况下空气中热量的来源及蒸发器结霜问题，能源塔利用盐类溶液作为二级循环防冻溶液，并加大了冷却塔流量以保证换热量。但是开式结构存在一些固有的缺陷，在低温高湿情况下，空气中的水蒸气遇到二级防冻溶液会在其表面冷凝使得溶液稀释，可能造成换热工况不稳定，严重时会使循环溶液失去防冻功能，严重影响设备运行的安全性。而且开式结构下，盐类循环溶液中混入空气对金属设备腐蚀严重，且污染环境。

继第一代能源塔热泵应用后，经历了二代及三代产品的实验与工程应用，能源塔热泵空调技术一直在研发和改进。能源塔热泵技术研究所近年研制出第四代闭式能源塔热泵成套设备。该设备在湖南省吉首市金煌大酒店的应用中，在无任何电辅及辅助热源情况下，闭式能源塔热泵在冰冻期正常工作，供热量满足建筑室内舒适度要求，客房供暖温度达18℃，证明了其良好的热泵性能。目前已有多个工程采用能源塔热泵空调新技术，如浙江舟山市普陀山大酒店、浙江息末小庄度假村、镇江阿得宝假日酒店、湖南吉首市金煌宾馆等，项目范围已逐步扩展到了长江流域。

能源塔热泵是一种外观呈塔形，以空气为热源，通过塔体与空气的换热作用，实现制冷、供暖以及提供生活热水等多种功能的新设备。能源塔热泵系统的热源虽然也来自空气，但它有别于传统空气源热泵从空气中获取能量的方式，而是利用水源热泵将能源塔从空气中吸收的低品位热源用于制冷、供暖和提供生活热水。

能源塔热泵空调系统由能源塔热交换系统、能源塔热泵机组、管路切换装置和建筑物内末端系统四大部分组成。能源塔热交换系统包括能源塔、溶液泵、溶液浓度控制装置、溶液存储装置以及附属管路系统等组成。

在夏季，能源塔热泵机组把能源塔作为开式负压冷却塔，通过调节风机的流量来实现变风量控制，可在高温高湿的气候条件下实现负压蒸发，冷却水温度低于传统冷却塔，提高了制冷机效率。利用水的蒸发散热，能效比可达5.0以上，系统原理图如图7-45所示。

冬季供热时，由能源塔旋流风机扰动环境中的低温高湿空气从塔体底部进入，经低温高效换热器底部迎风面逆向流通，形成传热面与环境空气之间的显热与潜热交换。来自热泵蒸发器的低温循环溶液从高效换热器上部进入，底部流出，获得低于环境温度2~3℃的溶液作为能源塔热泵的低品位热源。能源塔热泵机组利用冰点低于0℃的载体介质，高效提取-9℃以上、相对湿度较高的低温环境下空气中的低品位热能进行供热，解决了传统空气源热泵冬季结霜的问题，省去了传统空气源热泵的电辅助加热。系统原理图如图7-46所示。

能源塔热泵技术投资较少，而且节能效果较好。在新建或既有建筑改造中应用，特别是与使用燃油或燃气溴化锂机组相比，有着一定的节能优势，是长江以南区域供暖、制冷并提供卫生热水方式的可选方案。所有新建和改建的办公楼、酒店、宾馆、工业厂房、医院、学

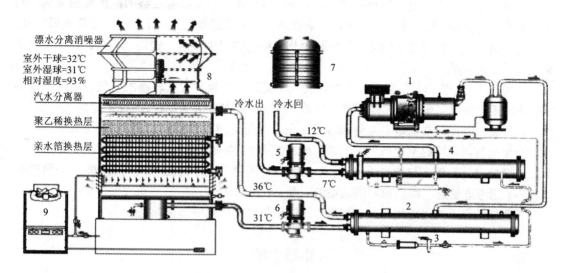

图 7 - 45 闭式能源塔热泵制冷系统

1—压缩机；2—冷凝器；3—膨胀阀；4—蒸发器；5—负荷泵；6—冷源泵；

7—膨胀罐；8—负压冷源塔；9—防霜浓缩装置

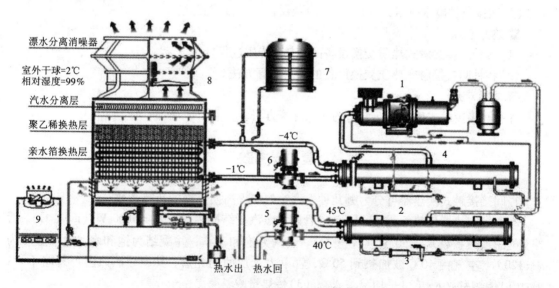

图 7 - 46 闭式能源塔热泵供热原理图

1—压缩机；2—冷凝器；3—膨胀阀；4—蒸发器；5—负荷泵；6—冷源泵；7—膨胀罐；8—热源塔；9—防霜装置

校、大型商场、体育馆等公共建筑，以及居民住宅楼和农村集中建设的住宅均可采用。系统特点如下：

①节能效果较好。由于南方地区冬季特殊气候、阴雨连绵，潮湿阴冷，空气湿度大，所以传统风冷热泵容易结霜，融霜耗电大，效率低，难以达到舒适的供热温度，能源塔热泵系统恰好可以弥补这一缺点。冬季，有效地利用湿球温度高储藏的巨大能量的特点，能源塔提取低品位能性能相对比风冷热泵稳定，整个冬季机组的性能系数能效比为 3.0～3.5。夏季，

由于能源塔是按照冬季提取热负荷能力设计的，转化为冷却塔后有足够的换热面积可承受瞬间高峰空调冷负荷，冷却水温低，换热效率较高。机组的能效比为4.2~4.5，节能效果较好。

②一机多用。实现冬季供暖、夏季制冷及全年提供卫生热水。提高了设备使用率，降低初投资，节能环保。

③运行稳定、寿命长。热泵机组冬季使用的热源，是相对湿度较高的空气中的低品位热能，蒸发压力稳定度和蒸发温度都高于风冷热泵，使得能源塔热泵系统有更宽的运行范围；热泵机组夏季使用的能源塔有足够的蒸发面积可承受瞬间高峰空调负荷，冷却水温低，效率高。全年运行与风冷热泵比较，机组能耗小，磨损轻，寿命长。

④系统设计简单。与地源热泵比：不用考虑地源侧冬夏季冷热负荷均衡问题；与风冷热泵比：不用考虑辅助电加热和冬季融霜的问题，单机功率范围大。

⑤适用性强。既可应用于新建建筑，又适用于既有建筑的节能改造。

本章小结

■ 本章主要内容

本章主要讲述了常见的间接接触式热湿交换设备的工作原理、热工计算方法、性能影响因素等内容。这些间接接触式热质交换设备包括：(1)间壁式热交换器；(2)间接蒸发冷却器；(3)间接蒸发冷水机组；(4)蒸发式冷凝器；(5)闭式能源塔。

■ 本章重点

(1)各种间接接触式热质交换设备的传热、传质过程分析。

(2)各种间接接触式热质交换设备的热工计算方法。

■ 本章难点

各种间接接触式热质交换设备的热工计算方法。

复习思考题

1. 间接接触式换热器可分为哪几种类型？如何提高换热器的传热系数？

2. 空气加热器传热面积 $F = 10 \text{ m}^2$，管内水蒸汽凝结换热系数 $h_1 = 5800 \text{ W}/(\text{m}^2 \cdot \text{℃})$，管外空气总换热系数 $h_2 = 50 \text{ W}/(\text{m}^2 \cdot \text{℃})$，蒸汽为饱和蒸汽，并凝结为饱和水，饱和温度为 $t_1 = 120\text{℃}$，空气由 10℃ 被加热到 50℃，管束为未加肋的光管，其中导热热阻可忽略不计，求：(1)传热系数 K；(2)平均温差 Δt_m；(3)传热量 Q。

3. 间接蒸发冷却器的工作原理、性能评价指标是什么？

4. 蒸发冷却空调系统的分类以及与传统空调的区别？

5. 间接蒸发冷水机组空调系统的优点？

6. 基于间接蒸发冷水机组的空调系统形式有哪些？

7. 闭式能源塔热泵空调系统原理及优缺点？

8. 为什么说露点蒸发冷却的极限温度是露点温度，而不是湿球温度？

9. 影响间壁式换热器的传热系数的因素有哪些？

10. 为什么蒸发式冷凝器的冷却效果比风冷式冷凝器的冷却效果好？

11. 夏季空气调节时，通过表冷器让空气与水进行热交换，提高风侧流速，其他条件不变，表冷器的传热系数会升高还是会降低？能不能无限制提升高风速来提高传热？为什么？增加风速后，出风温度会不会显著降低？为什么？

12. 用表冷器对空气进行冷却，有如图 7－47 所示的两种连接方式，请问哪种连接方式换热量更大(假设进风、进水温度、流量、流速都相同，表冷器的换热面积、结构形式也相同，只有连接方式不同)？哪中出风温度更低？

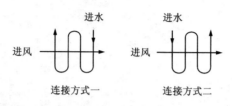

图 7－47   习题 12 附图

13. 大家知道，空调系统中，经常会用到吊顶式空气处理机组和新风机组，吊顶式空气处理机组用于处理室内回风，而新风机组用于处理室外新风。实际上，吊顶机组与新风机组在结构上是基本相同的，里面主要是一台表面式热交换器和一台风机，二者有时可以通用，在空气处理机组样本中会同时给出机组的新风工况下的冷量和回风工况下的冷量，但当同一台吊顶机组用作新风处理时的冷量会远大于用作处理回风时的冷量，这是为什么？(注：两种工况下的风量、水量、进水温度都相同，但新风工况下，机组的进风干球温度为 35℃，湿球温度为 28℃，而回风工况下，机组进风干球温度为 27℃，湿球温度为 19.5℃。

14. 现要设计一台空气处理机组，机组处理风量为 15000 m^3/h，要求能够将进风参数为：$t_1 = 27℃$，$RH_1 = 60\%$，$ts_1 = 21.2℃$，$h_1 = 61.4$ kJ/kg 的空气，处理到出风状态为：$t_2 = 18℃$，$RH_2 = 95\%$，$ts_2 = 17.4℃$，$h_2 = 49.2$ kJ/kg 的空气。机组的进水温度为 7℃，出水温度为 12℃。请你设计满足要求的表冷器。已知表冷器的传热系数计算公式为：

$$K = \left[\frac{1}{34.492 v_y^{0.529} \xi^{0.725}} + \frac{1}{222.797 \omega^{0.8}} \right]^{-1}$$

该换热器的管间距为 38 mm，管内外径分别为 11.7 mm 和 12.7 mm，每米管长的换热面积为：0.695 m^2/m。要求设计表冷器的换热面积、尺寸和排数。空气密度近似按 1.2 kg/m^3 计算，表冷器近似按纯逆流计算。

15. 已知某工程需要将风量为 8000 kg/h，进风温度为 $t_1 = 35℃$，$ts_1 = 28℃$，$h_1 = 89.4$ kJ/kg 的空气，处理到出风状态为：$t_2 = 20℃$，$ts_2 = 19℃$，$h_2 = 54.0$ kJ/kg 的空气。拟采用 JW 型表冷器，请你采用效能——传热单元法设计表冷器。空气密度近似按 1.2 kg/m^3 计算，表冷器近似按纯逆流计算。

16. 如图 7－48 所示的一热交换装置，冷热两种介质呈完全逆流热交换，已知热介质的流量为 0.63 kg/s，冷介质的流量为 1.05 kg/s，已知热介质的进口温度为 190℃，冷介质的进口温度为 60℃，现需要将热介质冷却到 150℃，已知换热器的传热系数为 0.7 kW/($m^2 \cdot$ ℃)，热交换器中没有发生相变过程，并已知冷、热介质的比热分别为 1 kJ/(kg · ℃) 和 2 kJ/(kg · ℃)。试计算：(1)热交换器的换热量；(2)冷却介质的出口温度；(3)计算传热的对数平均温差;(4)计算需要的传热面积。

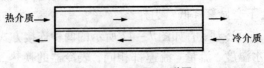

热介质 →

冷介质 ←

图 7 -48　习题 16 附图

附 录

附表 1 气体扩散系数

系统	温度/K	扩散系数 $\times 10^5/(m^2 \cdot s^{-1})$	系统	温度/K	扩散系数 $\times 10^5/(m^2 \cdot s^{-1})$
空气-氨	273	1.98	氢-氩	295.4	8.3
空气-水	273	2.2	氢-氨	298	7.83
	298	2.6	氢-二氧化硫	323	6.1
	315	2.88	氢-乙醇	340	5.86
空气-二氧化碳	276	1.42	氮-氩	298	7.29
	317	1.77	氮-正丁醇	423	5.87
空气-氢	273	6.61	氦-空气	317	7.65
空气-乙醇	298	1.35	氦-甲烷	298	6.75
	315	1.45	氦-氮	298	6.87
空气-乙酸	273	1.06	氦-氧	298	7.29
空气-正己烷	294	0.80	氩-甲烷	298	2.02
空空气-苯	298	0.962	二氧化碳-氮	298	1.67
空气-甲苯	298.9	0.86	二氧化碳-氧	293	1.53
空气-正丁醇	273	0.703	氮-正丁烷	298	0.96
	298.9	0.87	水-二氧化碳	307.3	2.02
氢-甲烷	298	7.26	一氧化碳-氮	373	3.18
氢-氮	298	7.84	一氯甲烷-二氧化硫	303	0.693
	358	10.52	乙醚-氨	299.5	1.078
氢-苯	311.1	4.04			

附表 2　液体扩散系数

溶质(A)	溶剂(B)	温度(K)	浓度/(kmol·m^{-3})	扩散系数×10^9/(m^2·s^{-1})
Cl_2	H_2O	289	0.12	1.26
HCl	H_2O	273	9	2.7
		273	2	1.8
		283	9	3.3
		283	2.5	2.5
		289	0.5	2.44
NH_3	H_2O	278	3.5	1.24
		288	1.0	1.77
CO_2	H_2O	283	0	1.46
		293	0	1.77
NaCl	H_2O	291	0.05	1.26
		291	0.2	1.21
		291	1.0	1.24
		291	3.0	1.36
		291	5.4	1.54
甲醇	H_2O	288	0	1.28
醋酸	H_2O	288.5	1.0	0.82
		288.5	0.01	0.91
		291	1.0	0.96
乙醇	H_2O	283	3.75	0.50
		283	0.05	0.83
		289	2.0	0.90
正丁醇	H_2O	288	0	0.77
CO_2	乙醇	290	0	3.2
氯仿	乙醇	293	2.0	1.25

附表3 固体扩散系数

溶质(A)	固体(B)	温度/K	扩散系数/(m² · s⁻¹)
H_2	硫化橡胶	298	0.85×10^{-9}
O_2	硫化橡胶	298	0.21×10^{-9}
N_2	硫化橡胶	298	0.15×10^{-9}
CO_2	硫化橡胶	298	0.11×10^{-9}
H_2	硫化氯丁橡胶	290	0.103×10^{-9}
		300	0.18×10^{-9}
He	SiO_2	293	$(2.4 \sim 5.5) \times 10^{-14}$
H_2	Fe	293	2.59×10^{-13}
Al	Cu	293	1.30×10^{-34}
Bi	Pb	293	1.10×10^{-20}
Hg	Pb	293	2.5×10^{-19}
Sb	Ag	293	3.51×10^{-25}
Cd	Cu	293	2.71×10^{-19}

附表4 干饱和水蒸气的热物理性质

温度 T /℃	压力 $P \times 10^{-5}$ /Pa	密度 ρ /(kg·m⁻³)	焓 h /(kJ·kg⁻¹)	气化潜热 r /(kJ·kg⁻¹)	质量定压热容 c_p /[kJ·(kg·K)⁻¹]	导热系数 $\lambda \times 10^2$ /[W·(m·K)⁻¹]	热扩散系数 $\alpha \times 10^3$ /[m²·h⁻¹]	(动力)黏度 $\mu \times 10^6$ /(Pa·s)	运动黏度 $\nu \times 10^6$ /(m²·s)⁻¹	Pr
0	0.00611	0.004847	2501.6	2501.6	1.8543	1.83	7313.0	8.022	1655.01	0.815
10	0.01227	0.009396	2520.0	2477.7	1.8594	1.88	3881.3	8.424	896.54	0.831
20	0.02338	0.01729	2538.0	2454.3	1.8661	1.94	2167.2	8.84	509.90	0.847
30	0.04241	0.03037	2556.5	2430.9	1.8744	2.00	1265.1	9.218	303.53	0.863
40	0.07375	0.05116	2574.5	2407.0	1.8853	2.06	768.45	9.620	188.04	0.883
50	0.12335	0.08302	2592.0	2382.7	1.8987	2.12	483.59	10.022	120.72	0.896
60	0.19920	0.1302	2609.6	2358.4	1.9155	2.19	315.55	10.424	80.07	0.913
70	0.3116	0.1982	2626.8	2334.1	1.9364	2.25	210.57	10.817	54.57	0.930
80	0.4736	0.2933	2643.5	2309.0	1.9615	2.33	145.53	11.219	38.25	0.947
90	0.7011	0.4235	2660.3	2283.1	1.9921	2.40	102.22	11.621	27.44	0.966
100	1.0130	0.5977	2676.2	2257.1	2.0281	2.48	73.57	12.023	20.12	0.984

续附表4

温度 T /℃	压力 $P \times 10^{-5}$ /Pa	密度 ρ /(kg·m^{-3})	焓 h /(kJ·kg^{-1})	气化潜热 r /(kJ·kg^{-1})	质量定压热容 c_p /[kJ·(kg·K)$^{-1}$]	导热系数 $\lambda \times 10^2$ /[W·(m·K)$^{-1}$]	热扩散系数 $\alpha \times 10^3$ /[m^2·h^{-1}]	(动力)黏度 $\mu \times 10^6$ /(Pa·s)	运动黏度 $\nu \times 10^6$ /(m^2·s)$^{-1}$	Pr
110	1.4327	0.8265	2691.3	2229.9	2.0704	2.56	53.83	12.425	15.03	1.00
120	1.9854	1.122	2705.9	2202.3	2.1198	2.65	40.15	12.798	11.41	1.02
130	2.7013	1.497	2719.7	2173.8	2.1763	2.76	30.46	13.170	8.80	1.04
140	3.614	1.967	2733.1	2144.1	2.2408	2.85	23.38	13.543	6.89	1.06
150	4.760	2.548	2745.3	2113.1	2.3142	2.97	18.10	13.896	5.45	1.08
160	6.181	3.260	2756.6	2081.3	2.3974	3.08	14.20	14.249	4.37	1.11
170	7.920	4.123	2767.1	2047.8	2.4911	3.21	11.25	14.612	3.54	1.13
180	10.027	5.165	2776.3	2013.0	2.5958	3.36	9.03	14.965	2.90	1.15
190	12.551	6.397	2784.2	1976.6	2.7126	3.51	7.29	15.298	2.39	1.18
200	15.549	7.864	2790.9	1938.5	2.8428	3.68	5.92	15.651	1.99	1.21
210	19.077	9.593	2796.4	1898.3	2.9877	3.87	4.86	15.995	1.67	1.24
220	23.198	11.62	2799.7	1856.4	3.1497	4.07	4.00	16.338	1.41	1.26
230	27.976	14.00	2801.8	1811.6	3.3310	4.30	3.32	16.701	1.19	1.29
240	33.478	16.76	2802.2	1764.7	3.5366	4.54	2.76	17.073	1.02	1.33
250	39.776	19.99	2800.6	1714.5	3.7723	4.84	2.31	17.446	0.873	1.36
260	46.943	23.73	2796.4	1661.3	4.0470	5.18	1.94	17.848	0.752	1.40
270	55.058	23.10	2789.7	1604.8	4.3735	5.55	1.63	18.280	0.651	1.44
280	64.202	33.19	2780.5	1543.7	4.7675	6.00	1.37	18.750	0.565	1.49
290	74.461	39.16	2767.5	1477.5	5.2528	6.55	1.15	19.270	0.492	1.54
300	85.927	46.19	2751.1	1405.9	5.8632	7.22	0.96	19.839	0.430	1.61
310	98.700	54.54	2730.2	1327.6	6.6503	8.02	0.80	20.691	0.380	1.71
320	112.89	64.60	2703.8	1241.0	7.7217	8.65	0.62	21.691	0.336	1.94
330	128.63	76.99	2670.3	1143.8	9.3613	9.61	0.48	23.093	0.300	2.24
340	146.05	92.76	2626.0	1030.8	12.2103	10.70	0.34	24.692	0.266	2.82
350	165.35	113.6	2567.8	895.6	17.1504	11.90	0.22	26.594	0.234	3.83
360	186.75	144.1	2485.3	721.4	25.1162	13.70	0.14	29.193	0.203	5.34
370	210.54	201.1	2342.9	452.6	81.1025	16.60	0.04	33.989	0.169	15.7
374.15	221.20	315.5	2107.2	0.0	∞	23.80	0.0	44.992	0.143	∞

附表 5 饱和水的热物理性质

温度 T /℃	压力 $P \times 10^{-5}$ /Pa	密度 ρ /(kg· m^{-3})	焓 h /(kJ· kg^{-1})	质量定压热容 c_p /[kJ·(kg·K)$^{-1}$]	导热系数 λ/[W·(m·K)$^{-1}$]	热扩散系数 $\alpha \times 10^8$ /(m^2·s^{-1})	(动力)黏度 $\mu \times 10^6$ /(Pa·s)	运动黏度 $\nu \times 10^6$ /(m^2·s^{-1})	体积膨胀系数 $\beta \times 10^4$ /K^{-1}	表面张力 $\sigma \times 10^4$ /(N·m^{-1})	Pr
0	1.013	999.9	0	4.212	0.551	13.1	1788	1.789	-0.63	756.4	13.67
10	1.013	999.7	42.04	4.191	0.574	13.7	1306	1.306	+0.70	741.6	9.52
20	1.013	998.2	83.91	4.183	0.599	14.3	1004	1.006	1.82	726.9	7.02
30	1.013	995.7	125.7	4.174	0.618	14.9	801.5	0.805	3.21	712.2	5.42
40	1.013	992.2	167.5	4.174	0.635	15.3	653.3	0.659	3.87	696.5	4.31
50	1.013	988.1	209.3	4.174	0.648	15.7	549.4	0.556	4.49	676.9	3.54
60	1.013	983.2	251.1	4.179	0.659	16.0	469.9	0.478	5.11	662.2	2.98
70	1.013	977.8	293.0	4.187	0.668	16.3	406.1	0.415	5.70	643.5	2.55
80	1.013	971.8	335.0	4.195	0.674	16.6	355.1	0.365	6.32	625.9	2.21
90	1.013	965.3	377.0	4.208	0.680	16.8	314.9	0.325	6.95	607.2	1.95
100	1.013	958.4	419.1	4.220	0.683	16.9	282.5	0.295	7.52	588.6	1.75
110	1.43	951.0	461.4	4.233	0.685	17.0	259.0	0.272	8.08	569.0	1.60
120	1.98	943.1	503.7	4.250	0.686	17.1	237.4	0.252	8.64	548.4	1.47
130	2.7	934.8	546.4	4.266	0.686	17.2	217.8	0.233	9.19	528.8	1.36
140	3.61	926.1	589.1	4.287	0.685	17.2	201.1	0.217	9.72	507.2	1.26
150	4.76	917.0	632.2	4.313	0.684	17.3	186.4	0.203	10.3	486.6	1.17
160	6.18	907.4	675.4	4.264	0.683	17.3	173.6	0.191	10.7	466.0	1.10
170	7.92	897.3	719.3	4.380	0.679	17.3	162.8	0.181	11.3	443.4	1.05
180	10.03	886.9	763.3	4.417	0.674	17.2	153.0	0.173	11.9	422.8	1.00
190	12.55	870.0	807.8	4.459	0.670	17.1	144.2	0.165	12.6	400.2	0.96
200	15.55	863.0	852.5	4.505	0.663	17.0	136.4	0.158	13.3	376.7	0.93
210	19.08	852.3	897.7	4.555	0.655	16.9	130.5	0.153	14.1	354.1	0.91
220	23.20	840.3	943.7	4.614	0.645	16.6	124.6	0.148	14.8	331.6	0.89
230	27.98	827.3	990.2	4.681	0.637	16.4	119.7	0.145	15.9	310.0	0.88
240	33.48	813.6	1037.5	4.756	0.628	16.2	114.8	0.141	16.8	285.5	0.87
250	39.78	799.0	1085.7	4.844	0.618	15.9	109.9	0.137	18.1	261.9	0.86
260	46.94	784.0	1135.1	4.949	0.605	15.6	105.9	0.135	19.7	237.4	0.87
270	55.05	767.9	1185.3	5.070	0.590	15.1	102	0.133	21.6	214.8	0.88
280	64.20	750.7	1236.8	5.230	0.574	14.6	98.1	0.131	23.7	191.3	0.90

续附表5

温度 T /℃	压力 $P \times 10^{-5}$ /Pa	密度 ρ /(kg·m^{-3})	焓 h /(kJ·kg^{-1})	质量定压热容 c_p /[kJ·(kg·K)$^{-1}$]	导热系数 λ/[W·(m·K)$^{-1}$]	热扩散系数 $\alpha \times 10^8$ /(m^2·s^{-1})	(动力)黏度 $\mu \times 10^6$ /(Pa·s)	运动黏度 $\nu \times 10^6$ /(m^2·s^{-1})	体积膨胀系数 $\beta \times 10^4$ /K^{-1}	表面张力 $\sigma \times 10^4$ /(N·m^{-1})	Pr
290	74.46	732.3	1290.0	5.485	0.558	13.9	94.2	0.129	26.2	168.7	0.93
300	85.92	712.5	1344.9	5.736	0.540	13.2	91.2	0.128	29.2	144.2	0.97
310	98.70	691.1	1402.2	6.071	0.523	12.5	88.3	0.128	32.9	120.7	1.03
320	112.89	667.1	1462.1	6.574	0.506	11.5	85.3	0.128	38.2	98.10	1.11
330	128.63	640.2	1526.2	7.244	0.484	10.4	81.4	0.127	43.3	76.71	1.22
340	146.05	610.1	1594.8	8.165	0.457	9.17	77.5	0.127	53.4	56.70	1.39
350	165.35	574.4	1671.4	9.504	0.430	7.88	72.6	0.126	66.8	38.16	1.60
360	186.75	528.0	1761.5	13.984	0.395	5.36	66.7	0.126	109	20.21	2.35
370	210.54	450.5	1892.5	40.321	0.337	1.86	56.9	0.126	264	4.709	6.79

附表6　空气的热物理性质($p = 101.325$ kPa)

温度 T /℃	密度 ρ /(kg·m^{-3})	质量定压热容 $c_p \times 10^{-3}$ /[J/(kg·K)]	导热系数 $\lambda \times 10^2$/[W/(m·K)]	导温系数 $\alpha \times 10^5$ /(m^2·s^{-1})	(动力)黏度 $\mu \times 10^5$ /(Pa·s)	运动黏度 $\nu \times 10^6$ /(m^2·s^{-1})	Pr
-50	1.584	1.013	2.034	1.27	1.46	9.23	0.728
-40	1.515	1.013	2.115	1.38	1.52	10.04	0.728
-30	1.453	1.013	2.196	1.49	1.57	10.80	0.723
-20	1.395	1.009	2.278	1.62	1.62	11.60	0.716
-10	1.342	1.009	2.359	1.74	1.67	12.43	0.712
0	1.293	1.005	2.440	1.88	1.72	13.28	0.707
10	1.247	1.005	2.510	2.01	1.77	14.16	0.705
20	1.205	1.005	2.581	2.14	1.81	15.06	0.703
30	1.165	1.005	2.673	2.29	1.86	16.00	0.701
40	1.128	1.005	2.754	2.43	1.91	16.96	0.699
50	1.093	1.005	2.824	2.57	1.96	17.95	0.698

续附表 6

温度 T /℃	密度 ρ /(kg·m^{-3})	质量定压热容 $c_P \times 10^{-3}$ [J/(kg·K)]	导热系数 $\lambda \times 10^2$/[W/(m·K)]	导温系数 $\alpha \times 10^5$ /(m^2·s^{-1})	(动力)黏度 $\mu \times 10^5$ /(Pa·s)	运动黏度 $\nu \times 10^6$ /(m^2·s^{-1})	Pr
60	1.060	1.005	2.893	2.72	2.01	18.97	0.696
70	1.029	1.009	2.963	2.86	2.06	20.02	0.694
80	1.000	1.009	3.004	3.02	2.11	21.09	0.692
90	0.972	1.009	3.126	3.19	2.15	22.10	0.690
100	0.946	1.009	3.207	3.36	2.19	23.13	0.688
120	0.898	1.009	3.335	3.68	2.29	25.45	0.686
140	0.854	1.013	3.486	4.03	2.37	27.80	0.684
160	0.815	1.017	3.637	4.39	2.45	30.09	0.682
180	0.779	1.022	3.777	4.75	2.53	32.49	0.681
200	0.746	1.026	3.928	5.14	2.60	34.85	0.680
250	0.674	1.038	4.625	6.10	2.74	40.61	0.677
300	0.615	1.047	4.602	7.16	2.97	48.33	0.674
350	0.566	1.059	4.904	8.19	3.14	55.46	0.676
400	0.524	1.068	5.206	9.31	3.31	63.09	0.678
500	0.456	1.093	5.740	11.53	3.62	79.38	0.687
600	0.404	1.114	6.217	13.83	3.91	96.89	0.699
700	0.362	1.135	6.70	16.34	4.18	115.4	0.706
800	0.329	1.156	7.170	18.88	4.43	134.8	0.713
900	0.301	1.172	7.623	21.82	4.67	155.1	0.717
1000	0.277	1.185	8.064	24.59	4.90	177.1	0.719
1100	0.257	1.197	8.494	27.63	5.12	199.3	0.722
1200	0.239	1.210	9.145	31.65	5.35	233.7	0.724

附表7 喷淋室热交换效率实验公式的系数和指数

喷嘴排数	喷孔直径(mm)	喷水方向	热交换效率	冷却干燥 A或A'	m或m'	n或n'	减焓冷却加湿 A或A'	m或m'	n或n'	绝热加湿 A或A'	m或m'	n或n'	等温加湿 A或A'	m或m'	n或n'	增焓冷却加湿 A或A'	m或m'	n或n'	加热加湿 A或A'	m或m'	n或n'	逆流双级喷水室的冷却干燥 A或A'	m或m'	n或n'
1	5	顺喷	η_1	0.635	0.245	0.42	—	—	—	—	—	—	0.87	0	0.05	0.885	0	0.61	0.86	0	0.09	—	—	—
			η_2	0.662	0.23	0.67	—	—	—	—	—	—	0.89	0.06	0.29	0.8	0.13	0.42	1.05	0	0.25	—	—	—
		逆喷	η_1	0.73	0	0.35	—	—	—	0.8	0.25	0.4	—	—	—	—	—	—	—	—	—	—	—	—
			η_2	0.88	0	0.38	—	—	—	0.8	0.25	0.4	—	—	—	—	—	—	—	—	—	—	—	—
	3.5	顺喷	η_1	0.745	0.07	0.265	—	—	—	—	—	—	—	—	—	—	—	—	0.875	0.06	0.07	—	—	—
			η_2	0.755	0.12	0.27	—	—	—	—	—	—	—	—	—	—	—	—	1.01	0.06	0.15	—	—	—
		逆喷	η_1	0.56	0.29	0.46	—	—	—	1.05	0.1	0.4	—	—	—	—	—	—	—	—	—	—	—	—
			η_2	0.73	0.15	0.25	—	—	—	0.75	0.15	0.29	—	—	—	—	—	—	—	—	—	—	—	—
2	5	一顺	η_1	—	—	—	—	—	—	—	—	—	0.81	0.1	0.135	0.82	0.09	0.11	0.923	0	0.06	—	—	—
			η_2	—	—	—	—	—	—	—	—	—	0.88	0.03	0.15	0.84	0.05	0.21	1.24	0	0.27	—	—	—
		一逆	η_1	—	—	—	0.76	0.124	0.234	—	—	—	—	—	—	—	—	—	—	—	—	—	—	—
			η_2	—	—	—	0.835	0.04	0.23	—	—	—	—	—	—	—	—	—	—	—	—	—	—	—
		两逆	η_1	—	—	—	0.54	0.35	0.41	—	—	—	—	—	—	—	—	—	—	—	—	0.945	0.1	0.36
			η_2	—	—	—	0.62	0.3	0.41	—	—	—	—	—	—	—	—	—	—	—	—	1	0	0
	3.5	一顺	η_1	—	—	—	—	—	—	—	—	—	—	—	—	—	—	—	0.931	0	0.13	—	—	—
			η_2	—	—	—	—	—	—	—	—	—	—	—	—	—	—	—	0.89	0.95	0.125	—	—	—
		一逆	η_1	—	—	—	0.783	0.1	0.3	0.783	0.1	0.3	—	—	—	—	—	—	—	—	—	—	—	—
		两逆	η_1	0.655	0.33	0.33	—	—	—	—	—	—	—	—	—	—	—	—	—	—	—	—	—	—
			η_2	0.783	0.18	0.18	—	—	—	—	—	—	—	—	—	—	—	—	—	—	—	—	—	—

注：1）实验条件：离心喷嘴；喷嘴密度 $n = 13$ 个/m²排；$\psi p = 1.5 \sim 3.0$ kg/(m²·s)；喷嘴前水压 $P_0 = 1.0 \sim 2.5$ atm（工作压力）；2）$\eta_1 = A(\nu p)^m \mu^n$；$\eta_2 = A'(\nu p)^{m'} \mu^{n'}$。

附表 8　有代表性流体的污垢热阻 R_f (m² · K/W)

流体	流速（m/s）	
	≤1	>1
海水	1.0×10^{-4}	1.0×10^{-4}
澄清的河水	3.5×10^{-4}	1.8×10^{-4}
污浊的河水	5.0×10^{-4}	3.5×10^{-4}
硬度不大的井水、自来水	1.8×10^{-4}	1.8×10^{-4}
冷却塔或喷淋室循环水（经处理）	1.8×10^{-4}	1.8×10^{-4}
冷却塔或喷淋室循环水（未经处理）	5.0×10^{-4}	5.0×10^{-4}
处理过的锅炉给水（50℃以下）	1.0×10^{-4}	1.0×10^{-4}
处理过的锅炉给水（50℃以上）	2.0×10^{-4}	2.0×10^{-4}
硬水（ >257 g/m³ ）	5.0×10^{-4}	5.0×10^{-4}
燃烧油	9.0×10^{-4}	9.0×10^{-4}
制冷剂	2.0×10^{-4}	2.0×10^{-4}

附表 9　总传热系数有代表性的数值取值范围

流体组合	传热系数 $K/[W \cdot (m^2 \cdot K)^{-1}]$
水 – 水	850 ~ 1700
水油	110 ~ 350
水蒸汽冷凝器（水在管内）	1000 ~ 6000
氨冷凝器（水在管内）	800 ~ 1400
酒精冷凝器（水在管内）	250 ~ 700
肋片管换热器（水在管内，空气为叉流）	25 ~ 50

附表 10　部分水冷式表面冷却器的传热系数和阻力实验公式

型号	排数	作为冷却用之传热系数 K /$[\mathrm{W}\cdot(\mathrm{m}^2\cdot{}^\circ\!\mathrm{C})^{-1}]$	干冷时空气阻力 ΔH_g 和 湿冷时空气阻力 ΔH_s /Pa	水阻力(kPa)	作为热水加热用之传热系数 K/$[\mathrm{W}\cdot(\mathrm{m}^2\cdot{}^\circ\!\mathrm{C})^{-1}]$	试验时用的型号
B 或 U-II 型	2	$K=\left[\dfrac{1}{34.3V_y^{0.781}\xi^{1.03}}+\dfrac{1}{207w^{0.8}}\right]^{-1}$	$\Delta H_g=20.97V_y^{1.39}$			B-2B-6-27
B 或 U-II 型	6	$K=\left[\dfrac{1}{31.4V_y^{0.857}\xi^{0.87}}+\dfrac{1}{281.7w^{0.8}}\right]^{-1}$	$\Delta H_g=29.75V_y^{1.98}$ $\Delta H_s=38.93V_y^{1.84}$	$\Delta h=64.68w^{1.854}$		B-6R-8-24
GL 或 GL-II型	6	$K=\left[\dfrac{1}{21.1V_y^{0.845}\xi^{1.15}}+\dfrac{1}{216.6w^{0.8}}\right]^{-1}$	$\Delta H_g=19.99V_y^{1.862}$ $\Delta H_s=32.05V_y^{1.695}$	$\Delta h=64.68w^{1.854}$		GL-6R-8-24
W	2	$K=\left[\dfrac{1}{42.1V_y^{0.52}\xi^{1.03}}+\dfrac{1}{332.6w^{0.8}}\right]^{-1}$	$\Delta H_g=5.68V_y^{1.89}$ $\Delta H_s=25.28V_y^{0.895}$	$\Delta h=8.18w^{1.93}$	$K=34.77V_y^{0.4}w^{0.079}$	小型试验样品
JW	4	$K=\left[\dfrac{1}{39.7V_y^{0.52}\xi^{1.03}}+\dfrac{1}{332.6w^{0.8}}\right]^{-1}$	$\Delta H_g=11.96V_y^{1.72}$ $\Delta H_s=42.8V_y^{0.992}$	$\Delta h=12.54w^{1.93}$	$K=31.87V_y^{0.48}w^{0.08}$	小型试验样品
JW	6	$K=\left[\dfrac{1}{41.5V_y^{0.52}\xi^{1.02}}+\dfrac{1}{325.6w^{0.8}}\right]^{-1}$	$\Delta H_g=16.66V_y^{1.75}$ $\Delta H_s=62.23V_y^{1.11}$	$\Delta h=14.5w^{1.93}$	$K=30.7V_y^{0.485}w^{0.08}$	小型试验样品
JW	8	$K=\left[\dfrac{1}{35.5V_y^{0.58}\xi^{1.0}}+\dfrac{1}{353.6w^{0.8}}\right]^{-1}$	$\Delta H_g=23.8V_y^{1.74}$ $\Delta H_s=70.56V_y^{1.21}$	$\Delta h=20.19w^{1.93}$	$K=27.3V_y^{0.58}w^{0.075}$	小型试验样品
SXL-B	2	$K=\left[\dfrac{1}{27V_y^{0.425}\xi^{0.74}}+\dfrac{1}{157w^{0.8}}\right]^{-1}$	$\Delta H_g=17.35V_y^{1.54}$ $\Delta H_s=35.28V_y^{1.4}\xi^{0.183}$	$\Delta h=15.48w^{1.97}$	$K=\left[\dfrac{1}{21.5V_y^{0.526}}+\dfrac{1}{319.8w^{0.8}}\right]^{-1}$	
KL-1	4	$K=\left[\dfrac{1}{32.6V_y^{0.57}\xi^{0.987}}+\dfrac{1}{350.1w^{0.8}}\right]^{-1}$	$\Delta H_g=24.21V_y^{1.823}$ $\Delta H_s=24.01V_y^{1.913}$	$\Delta h=18.03w^{2.1}$	$K=\left[\dfrac{1}{28.61V_y^{0.656}}+\dfrac{1}{286.1w^{0.8}}\right]^{-1}$	
KL-2	4	$K=\left[\dfrac{1}{29V_y^{0.622}\xi^{0.758}}+\dfrac{1}{385w^{0.8}}\right]^{-1}$	$\Delta H_g=27V_y^{1.43}$ $\Delta H_s=42.2V_y^{1.2}\xi^{0.18}$	$\Delta h=22.5w^{1.8}$	$K=11.16V_y+15.54w^{0.276}$	KL-2-4-10/600
KL-3	6	$K=\left[\dfrac{1}{27.5V_y^{0.778}\xi^{0.843}}+\dfrac{1}{460.5w^{0.8}}\right]^{-1}$	$\Delta H_g=26.3V_y^{1.75}$ $\Delta H_s=63.3V_y^{1.2}\xi^{0.15}$	$\Delta h=27.9w^{1.81}$	$K=12.97V_y+15.08w^{0.13}$	KL/3-6-10/600

附表 11　部分空气加热器的传热系数和阻力计算公式

加热器型号	传热系数 $K/[W \cdot (m^2 \cdot ℃)^{-1}]$		空气阻力 $\Delta H/Pa$	热水阻力 /kPa
	蒸气	热水		
SRZ 型 5、6、10D	$13.6(v\rho)^{0.49}$		$1.76(v\rho)^{1.998}$	
SRZ 型 5、6、10Z	$13.6(v\rho)^{0.49}$		$1.47(v\rho)^{1.98}$	
SRZ 型 5、6、10X	$14.5(v\rho)^{0.532}$		$0.88(v\rho)^{2.12}$	D 型: $15.2\omega^{1.96}$
SRZ 型 7D	$14.3(v\rho)^{0.51}$		$2.06(v\rho)^{1.17}$	Z、X 型: $19.3\omega^{1.88}$
SRZ 型 7Z	$14.3(v\rho)^{0.51}$		$2.94(v\rho)^{1.52}$	
SRZ 型 7X	$15.1(v\rho)^{0.571}$		$1.37(v\rho)^{1.917}$	
SRZ 型 B×A/2	$15.2(v\rho)^{0.40}$	$16.5(v\rho)^{0.24}$ *	$1.71(v\rho)^{1.67}$	
SRZ 型 B×A/3	$15.1(v\rho)^{0.43}$	$14.5(v\rho)^{0.29}$ *	$3.03(v\rho)^{1.62}$	
SYA 型 D	$15.4(v\rho)^{0.297}$	$16.6(v\rho)^{0.36}\omega^{0.226}$	$0.86(v\rho)^{1.96}$	
SYA 型 Z	$15.4(v\rho)^{0.297}$	$16.6(v\rho)^{0.36}\omega^{0.226}$	$0.82(v\rho)^{1.94}$	
SYA 型 X	$15.4(v\rho)^{0.297}$	$16.6(v\rho)^{0.36}\omega^{0.226}$	$0.78(v\rho)^{1.87}$	
I 型 2C	$25.7(v\rho)^{0.375}$		$0.80(v\rho)^{1.985}$	
I 型 1C	$26.3(v\rho)^{0.423}$		$0.40(v\rho)^{1.985}$	
GL 或 GL-II型	$19.8(v\rho)^{0.608}$	$31.9(v\rho)^{0.46}\omega^{0.5}$	$0.84(v\rho)^{1.862} \times N$	$10.8\omega^{1.854} \times N$
B、U 型或 U-II型	$19.8(v\rho)^{0.608}$	$25.5(v\rho)^{0.556}\omega^{0.0115}$	$0.84(v\rho)^{1.862} \times N$	$10.8\omega^{1.854} \times N$

注: $v\rho$ 为空气质量流速, $kg/(m^2 \cdot s)$; ω 为水流速, m/s; N 为排数; * 为用130℃过热水, $\omega = 0.023 \sim 0.037$ m/s。

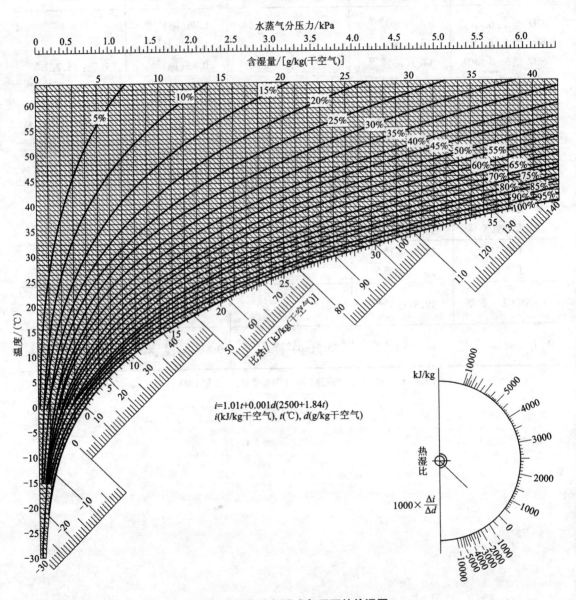

水蒸气分压力/kPa

含湿量/[g/kg(干空气)]

$$i=1.01t+0.001d(2500+1.84t)$$
$$i(kJ/kg干空气),\ t(℃),\ d(g/kg干空气)$$

温度/(℃)

比焓/[kJ/kg(干空气)]

kJ/kg

热湿比

$$1000\times\frac{\Delta i}{\Delta d}$$

附图 湿空气在标准大气压下的焓湿图

参考文献

[1] 梁文懂, 肖时钧. 传递现象基础[M]. 北京: 冶金工业出版社, 2006.

[2] 张寅平, 张立志, 刘晓华, 莫金汉. 建筑环境传质学[M]. 北京: 中国建筑工业出版社, 2006.

[3] 连之伟. 热质交换原理与设备[M]. 第三版. 北京: 中国建筑工业出版社, 2011.

[4] 魏琪. 热质交换原理与设备[M]. 重庆: 重庆大学出版社, 2007.

[5] 赵荣义, 范存养, 薛殿华, 钱以明. 空气调节[M]. 第四版. 北京: 中国建筑工业出版社, 2009.

[6] 章熙民, 任泽霈, 梅飞鸣. 传热学[M]. 第五版. 北京: 中国建筑出版社, 2008.

[7] A. L. 莱德森. 工程传质(挪威)[M]. 北京: 烃加工出版社, 1998.

[8] 王补宣. 工程传热传质学[M]. 第二版. 北京: 科学出版社. 2015.

[9] 弗兰克 P. 英克鲁佩勒等著, 葛新石等译, 传热和传质基本原理[M]. 第六版. 北京: 化学工业出版社, 2007.

[10] 王运东, 骆广生, 刘谦. 传递过程原理[M]. 北京: 清华大学出版社, 2002.

[11] 魏学孟, 张维功, 焦磊. 喷水室热工计算的研究[J]. 哈尔滨建筑大学学报. 1996, 29(2): 73-78.

[12] 周兴禧编. 制冷空调工程中的质量传递[M]. 上海: 上海交通大学出版社, 1991.

[13] 黄翔. 空调工程[M]. 第 2 版. 北京: 机械工业出版社, 2014.

[14] 黄翔. 蒸发冷却空调理论与应用[M]. 北京: 中国建筑工业出版社, 2010.

[15] 江亿, 谢晓云, 于向阳. 间接蒸发冷却技术 - 中国西北地区可再生干空气资源的高效利用[J]. 暖通空调. 2009, 39(9): 1-4.

[16] 江亿, 于向阳, 谢晓云. 蒸发制冷冷水机组[P]: 中国专利, 200610164414.3. 2006-11-30.

[17] 谢晓云, 江亿等. 间接蒸发冷水机组设计开发及性能分析[J]. 暖通空调. 2007, 37(7): 66-71.

[18] 黄翔, 白翔斌, 郝航. 蒸发冷却冷水机组出水温度探讨[J]. 流体机械. 2012, 40(9): 83-86.

[19] 郝小礼, 陈亚男, 于向阳等. 基于间接蒸发冷水机组的串联空调系统设计方法[J]. 暖通空调. 2013, 43(1): 41-45.

[20] 江亿, 谢晓云, 于向阳. 一种基于间接蒸发冷却技术的空调系统[P]: 中国专利, 200610114684.3. 2006-11-21.

[21] 郝小礼, 陈亚男, 于向阳等. 外冷型多级蒸发制冷空气处理机组性能分析[J]. 暖通空调, 2012, 42(4): 108-112.

[22] 彦启森. 空气调节用制冷技术[M]. 第 4 版. 中国建筑工业出版社, 2010.

[23] 董天禄. 离心式/螺杆式制冷机组及应用[M]. 第四版. 北京: 机械工业出版社, 2010.

[24] 宋应乾, 马宏权, 龙惟定. 能源塔热泵技术在空调工程中的应用与分析[J]. 暖通空调. 2011, 41(4): 20-23.

[25] R. B. Bird, W. E. Stewart, E. N. Lightfoot. Transport Phenomena(2cd Ed.)(影印本)[M]. 北京: 化学工业出版社, 2002.

[26] E. l. Cussler. Diffusion Mass Transfer in Fluid Syatem[M]. 2cd Ed. Cambridge University Press, 1997.

[27] J. H. Preey, C. H. Chiltm. Chemical Engineering Handbook[M]. 5th Ed.. McGraw-Hill, 1973.

[28] E. R. Gilliland. IEC, 1934, 26: 681-685.

[29] J. R. Welty, C. E. Wicks, R. E. Wilson. Fundamentals of Momentum. Heat and Mass Transfer[M]. 2cd Ed. John-Wiley & Sons Inc. , 1976.

[30] M. Steeman, A. Janssens, H. J. Steeman. On coupling 1D non-isothermal heat and mass transfer in porous materials with a multi-zone building energy simulation model[J]. Building and Environment. 2010(45): 865-877.

[31] M. J. Cunningham, G. A. Tsongas, D. Mc Quade. Solar-driven Moisture Transfer Through Absorbent Roofing Materials[J]. ASHRAE Transaction. 1990, 95(2): 465-471.

[32] Shakun. The Causes and Control of Moid and Mildew in Hot and Humid Climates[J]. ASHRAE Transactions. 1998, 104(1): 1282-1292.

[33] Fanhong Kong, Huaizhu Wang, Qunli Zhang. Heat and Mass Coupled Transfer Combined with Freezing Process in Building Exterior Envelope[J]. Applied Mechanics and Materials. 2011, 71-78: 3385-3388.

[34] Dariuse J. Gawin, Aldona Wieckowska. Effect of Moisture on Hygrothermal and Energy Performance of a Building with Cellular Concrete Walls in Climatic Conditions of Poland[J]. ASHRAE Transaction. 2004, 110(2): 795-803.

[35] M. H. Hosni, J. M. Sipes. Experimental Results for Diffusion and Infiltration of Moisture in Concrete Masonry Walls Exposed to Hot and Humid Climates[J]. ASHRAE Transaction. 1999, 105(2): 191-203.

[36] I. C. Finlay, D. Harris. Evaporative cooling of tube banks[J]. International Journal of Refrigeration. 1984, 4(4): 214-224.